U0346837

国家科技重大专项
大型油气田及煤层气开发成果丛书
（2008—2020）
卷56

沁水盆地煤层气水平井开采技术及实践

朱庆忠　杨延辉　刘　忠　李志军　等编著

石油工業出版社

内容提要

本书主要针对我国沁水盆地高煤阶煤层气水平井开采技术方面取得的成果，系统阐述了适应水平井开采条件的精细选区评价、开发设计及优化、单井产能评价、钻井工程优化设计及钻完井关键、分段压裂改造工艺技术及优化、无杆举升工艺及配套智能化控制技术等开采全过程技术系列。通过展示现场应用实例，印证该技术在沁水盆地煤层气高效开发及产业化发展过程中具有的引领作用，尤其对于推动沁水盆地资源占比较高的中深部煤层气高效开发，提供了具体方法和技术支持。

本书适合煤层气研究人员和现场技术人员阅读，也可供专业院校师生提供实践案例参考。

图书在版编目（CIP）数据

沁水盆地煤层气水平井开采技术及实践 / 朱庆忠等编著 . —北京：石油工业出版社，2023.1

（国家科技重大专项 · 大型油气田及煤层气开发成果丛书：2008—2020）

ISBN 978-7-5183-5386-6

Ⅰ . ① 沁… Ⅱ . ① 朱… Ⅲ . ① 煤层 – 地下气化煤气 – 水平井 – 油气开采 – 研究 – 沁水县 Ⅳ . ① P618.110.622.54

中国版本图书馆 CIP 数据核字（2022）第 086225 号

责任编辑：常泽军　吴英敏
责任校对：罗彩霞
装帧设计：李　欣　周　彦

出版发行：石油工业出版社
（北京安定门外安华里 2 区 1 号　100011）
网　址：www.petropub.com
编辑部：（010）64523825　图书营销中心：（010）64523633
经　销：全国新华书店
印　刷：北京中石油彩色印刷有限责任公司

2023 年 1 月第 1 版　2023 年 1 月第 1 次印刷
787×1092 毫米　开本：1/16　印张：14.25
字数：360 千字

定价：150.00 元

《国家科技重大专项·大型油气田及煤层气开发成果丛书（2008—2020）》

编委会

《沁水盆地煤层气水平井开采技术及实践》

编写组

组　长： 朱庆忠

副组长： 杨延辉　刘　忠　李志军

成　员：（按姓氏拼音排序）

陈必武　陈彦君　董　晴　杜海为　樊　彬　冯小英

李佳峰　李宗源　连小华　刘　斌　刘　华　刘　帅

鲁秀芹　毛崇昊　梅永贵　宋　洋　覃蒙扶　王玉婷

魏　宁　杨洲鹏　张　波　张　晨　张倩倩　张永平

周　叡　周　智

丛书·序

能源安全关系国计民生和国家安全。面对世界百年未有之大变局和全球科技革命的新形势，我国石油工业肩负着坚持初心、为国找油、科技创新、再创辉煌的历史使命。国家科技重大专项是立足国家战略需求，通过核心技术突破和资源集成，在一定时限内完成的重大战略产品、关键共性技术或重大工程，是国家科技发展的重中之重。大型油气田及煤层气开发专项，是贯彻落实习近平总书记关于大力提升油气勘探开发力度、能源的饭碗必须端在自己手里等重要指示批示精神的重大实践，是实施我国“深化东部、发展西部、加快海上、拓展海外”油气战略的重大举措，引领了我国油气勘探开发事业跨入向深层、深水和非常规油气进军的新时代，推动了我国油气科技发展从以“跟随”为主向“并跑、领跑”的重大转变。在“十二五”和“十三五”国家科技创新成就展上，习近平总书记两次视察专项展台，充分肯定了油气科技发展取得的重大成就。

大型油气田及煤层气开发专项作为《国家中长期科学和技术发展规划纲要（2006—2020年）》确定的10个民口科技重大专项中唯一由企业牵头组织实施的项目，以国家重大需求为导向，积极探索和实践依托行业骨干企业组织实施的科技创新新型举国体制，集中优势力量，调动中国石油、中国石化、中国海油等百余家油气能源企业和70多所高等院校、20多家科研院所及30多家民营企业协同攻关，参与研究的科技人员和推广试验人员超过3万人。围绕专项实施，形成了国家主导、企业主体、市场调节、产学研用一体化的协同创新机制，聚智协力突破关键核心技术，实现了重大关键技术与装备的快速跨越；弘扬伟大建党精神、传承石油精神和大庆精神铁人精神，以及石油会战等优良传统，充分体现了新型举国体制在科技创新领域的巨大优势。

经过十三年的持续攻关，全面完成了油气重大专项既定战略目标，攻克了一批制约油气勘探开发的瓶颈技术，解决了一批“卡脖子”问题。在陆上油气勘探、陆上油气开发、工程技术、海洋油气勘探开发、海外油气勘探开发、非常规油气勘探开发领域，形成了6大技术系列、26项重大技术；自主研发20项重大工程技术装备；建成35项示范工程、26个国家级重点实验室和研究中心。我国油气科技自主创新能力大幅提升，油气能源企业被卓越赋能，形成产量、储量增长高峰期发展新态势，为落实习近平总书记“四个革命、一个合作”能源安全新战略奠定了坚实的资源基础和技术保障。

《国家科技重大专项·大型油气田及煤层气开发成果丛书（2008—2020）》（62卷）是专项攻关以来在科学理论和技术创新方面取得的重大进展和标志性成果的系统总结，凝结了数万科研工作者的智慧和心血。他们以“功成不必在我，功成必定有我”的担当，高质量完成了这些重大科技成果的凝练提升与编写工作，为推动科技创新成果转化为现实生产力贡献了力量，给广大石油干部员工奉献了一场科技成果的饕餮盛宴。这套丛书的正式出版，对于加快推进专项理论技术成果的全面推广，提升石油工业上游整体自主创新能力和科技水平，支撑油气勘探开发快速发展，在更大范围内提升国家能源保障能力将发挥重要作用，同时也一定会在中国石油工业科技出版史上留下一座书香四溢的里程碑。

在世界能源行业加快绿色低碳转型的关键时期，广大石油科技工作者要进一步认清面临形势，保持战略定力、志存高远、志创一流，毫不放松加强油气等传统能源科技攻关，大力提升油气勘探开发力度，增强保障国家能源安全能力，努力建设国家战略科技力量和世界能源创新高地；面对资源短缺、环境保护的双重约束，充分发挥自身优势，以技术创新为突破口，加快布局发展新能源新事业，大力推进油气与新能源协调融合发展，加大节能减排降碳力度，努力增加清洁能源供应，在绿色低碳科技革命和能源科技创新上出更多更好的成果，为把我国建设成为世界能源强国、科技强国，实现中华民族伟大复兴的中国梦续写新的华章。

中国石油董事长、党组书记
中国工程院院士
戴厚良

丛书·前言

石油天然气是当今人类社会发展最重要的能源。2020 年全球一次能源消费量为 134.0×10^8t 油当量，其中石油和天然气占比分别为 30.6% 和 24.2%。展望未来，油气在相当长时间内仍是一次能源消费的主体，全球油气生产将呈长期稳定趋势，天然气产量将保持较高的增长率。

习近平总书记高度重视能源工作，明确指示“要加大油气勘探开发力度，保障我国能源安全”。石油工业的发展是由资源、技术、市场和社会政治经济环境四方面要素决定的，其中油气资源是基础，技术进步是最活跃、最关键的因素，石油工业发展高度依赖科学技术进步。近年来，全球石油工业上游在资源领域和理论技术研发均发生重大变化，非常规油气、海洋深水油气和深层—超深层油气勘探开发获得重大突破，推动石油地质理论与勘探开发技术装备取得革命性进步，引领石油工业上游业务进入新阶段。

中国共有 500 余个沉积盆地，已发现松辽盆地、渤海湾盆地、准噶尔盆地、塔里木盆地、鄂尔多斯盆地、四川盆地、柴达木盆地和南海盆地等大型含油气大盆地，油气资源十分丰富。中国含油气盆地类型多样、油气地质条件复杂，已发现的油气资源以陆相为主，构成独具特色的大油气分布区。历经半个多世纪的艰苦创业，到 20 世纪末，中国已建立完整独立的石油工业体系，基本满足了国家发展对能源的需求，保障了油气供给安全。2000 年以来，随着国内经济高速发展，油气需求快速增长，油气对外依存度逐年攀升。我国石油工业担负着保障国家油气供应安全，壮大国际竞争力的历史使命，然而我国石油工业面临着油气勘探开发对象日趋复杂、难度日益增大、勘探开发理论技术不相适应及先进装备依赖进口的巨大压力，因此急需发展自主科技创新能力，发展新一代油气勘探开发理论技术与先进装备，以大幅提升油气产量，保障国家油气能源安全。一直以来，国家高度重视油气科技进步，支持石油工业建设专业齐全、先进开放和国际化的上游科技研发体系，在中国石油、中国石化和中国海油建立了比较先进和完备的科技队伍和研发平台，在此基础上于2008年启动实施国家科技重大专项技术攻关。

国家科技重大专项“大型油气田及煤层气开发”（简称“国家油气重大专项”）是《国家中长期科学和技术发展规划纲要（2006—2020年）》确定的16个重大专项之一，目标是大幅提升石油工业上游整体科技创新能力和科技水平，支撑油气勘探开发快速发展。国家油气重大专项实施周期为2008—2020年，按照“十一五”“十二五”“十三五”3个阶段实施，是民口科技重大专项中唯一由企业牵头组织实施的专项，由中国石油牵头组织实施。专项立足保障国家能源安全重大战略需求，围绕“6212”科技攻关目标，共部署实施201个项目和示范工程。在党中央、国务院的坚强领导下，专项攻关团队积极探索和实践依托行业骨干企业组织实施的科技攻关新型举国体制，加快推进专项实施，攻克一批制约油气勘探开发的瓶颈技术，形成了陆上油气勘探、陆上油气开发、工程技术、海洋油气勘探开发、海外油气勘探开发、非常规油气勘探开发6大领域技术系列及26项重大技术，自主研发20项重大工程技术装备，完成35项示范工程建设。近10年我国石油年产量稳定在2×10^8t左右，天然气产量取得快速增长，2020年天然气产量达$1925\times10^8m^3$，专项全面完成既定战略目标。

通过专项科技攻关，中国油气勘探开发技术整体已经达到国际先进水平，其中陆上油气勘探开发水平位居国际前列，海洋石油勘探开发与装备研发取得巨大进步，非常规油气开发获得重大突破，石油工程服务业的技术装备实现自主化，常规技术装备已全面国产化，并具备部分高端技术装备的研发和生产能力。总体来看，我国石油工业上游科技取得以下七个方面的重大进展：

（1）我国天然气勘探开发理论技术取得重大进展，发现和建成一批大气田，支撑天然气工业实现跨越式发展。围绕我国海相与深层天然气勘探开发技术难题，形成了海相碳酸盐岩、前陆冲断带和低渗—致密等领域天然气成藏理论和勘探开发重大技术，保障了我国天然气产量快速增长。自2007年至2020年，我国天然气年产量从$677\times10^8m^3$增长到$1925\times10^8m^3$，探明储量从$6.1\times10^{12}m^3$增长到$14.41\times10^{12}m^3$，天然气在一次能源消费结构中的比例从2.75%提升到8.18%以上，实现了三个翻番，我国已成为全球第四大天然气生产国。

（2）创新发展了石油地质理论与先进勘探技术，陆相油气勘探理论与技术继续保持国际领先水平。创新发展形成了包括岩性地层油气成藏理论与勘探配套技术等新一代石油地质理论与勘探技术，发现了鄂尔多斯湖盆中心岩性地层大油区，支撑了国内长期年新增探明 10×10^8t 以上的石油地质储量。

（3）形成国际领先的高含水油田提高采收率技术，聚合物驱油技术已发展到三元复合驱，并研发先进的低渗透和稠油油田开采技术，支撑我国原油产量长期稳定。

（4）我国石油工业上游工程技术装备（物探、测井、钻井和压裂）基本实现自主化，具备一批高端装备技术研发制造能力。石油企业技术服务保障能力和国际竞争力大幅提升，促进了石油装备产业和工程技术服务产业发展。

（5）我国海洋深水工程技术装备取得重大突破，初步实现自主发展，支持了海洋深水油气勘探开发进展，近海油气勘探与开发能力整体达到国际先进水平，海上稠油开发处于国际领先水平。

（6）形成海外大型油气田勘探开发特色技术，助力“一带一路”国家油气资源开发和利用。形成全球油气资源评价能力，实现了国内成熟勘探开发技术到全球的集成与应用，我国海外权益油气产量大幅度提升。

（7）页岩气、致密气、煤层气与致密油、页岩油勘探开发技术取得重大突破，引领非常规油气开发新兴产业发展。形成页岩气水平井钻完井与储层改造作业技术系列，推动页岩气产业快速发展；页岩油勘探开发理论技术取得重大突破；煤层气开发新兴产业初见成效，形成煤层气与煤炭协调开发技术体系，全国煤炭安全生产形势实现根本性好转。

这些科技成果的取得，是国家实施建设创新型国家战略的成果，是百万石油员工和科技人员发扬艰苦奋斗、为国找油的大庆精神铁人精神的实践结果，是我国科技界以举国之力团结奋斗联合攻关的硕果。国家油气重大专项在实施中立足传统石油工业，探索实践新型举国体制，创建“产学研用”创新团队，创新人才队伍建设，创新科技研发平台基地建设，使我国石油工业科技创新能力得到大幅度提升。

为了系统总结和反映国家油气重大专项在科学理论和技术创新方面取得的重大进展和成果，加快推进专项理论技术成果的推广和提升，专项实施管理办公室与技术总体组规划组织编写了《国家科技重大专项·大型油气田及煤层气开发成果丛书（2008—2020）》。丛书共 62 卷，第 1 卷为专项理论技术成果总论，第 2～9 卷为陆上油气勘探理论技术成果，第 10～14 卷为陆上油气开发理论技术成果，第 15～22 卷为工程技术装备成果，第 23～26 卷为海洋油气理论技术装备成果，第 27～30 卷为海外油气理论技术成果，第 31～43 卷为非常规油气理论技术成果，第44～62卷为油气开发示范工程技术集成与实施成果（包括常规油气开发7卷，煤层气开发5卷，页岩气开发4卷，致密油、页岩油开发3卷）。

各卷均以专项攻关组织实施的项目与示范工程为单元，作者是项目与示范工程的项目长和技术骨干，内容是项目与示范工程在2008—2020年期间的重大科学理论研究、先进勘探开发技术和装备研发成果，代表了当今我国石油工业上游的最新成就和最高水平。丛书内容翔实，资料丰富，是科学研究与现场试验的真实记录，也是科研成果的总结和提升，具有重大的科学意义和资料价值，必将成为石油工业上游科技发展的珍贵记录和未来科技研发的基石和参考资料。衷心希望丛书的出版为中国石油工业的发展发挥重要作用。

国家科技重大专项“大型油气田及煤层气开发”是一项巨大的历史性科技工程，前后历时十三年，跨越三个五年规划，共有数万名科技人员参加，是我国石油工业史上一项壮举。专项的顺利实施和圆满完成是参与专项的全体科技人员奋力攻关、辛勤工作的结果，是我国石油工业界和石油科技教育界通力合作的典范。我有幸作为国家油气重大专项技术总师，全程参加了专项的科研和组织，倍感荣幸和自豪。同时，特别感谢国家科技部、财政部和发改委的规划、组织和支持，感谢中国石油、中国石化、中国海油及中联公司长期对石油科技和油气重大专项的直接领导和经费投入。此次专项成果丛书的编辑出版，还得到了石油工业出版社大力支持，在此一并表示感谢！

中国科学院院士 贾承造

《国家科技重大专项·大型油气田及煤层气开发成果丛书（2008—2020）》

分卷目录

序号	分卷名称
卷 1	总论：中国石油天然气工业勘探开发重大理论与技术进展
卷 2	岩性地层大油气区地质理论与评价技术
卷 3	中国中西部盆地致密油气藏“甜点”分布规律与勘探实践
卷 4	前陆盆地及复杂构造区油气地质理论、关键技术与勘探实践
卷 5	中国陆上古老海相碳酸盐岩油气地质理论与勘探
卷 6	海相深层油气成藏理论与勘探技术
卷 7	渤海湾盆地（陆上）油气精细勘探关键技术
卷 8	中国陆上沉积盆地大气田地质理论与勘探实践
卷 9	深层—超深层油气形成与富集：理论、技术与实践
卷 10	胜利油田特高含水期提高采收率技术
卷 11	低渗—超低渗油藏有效开发关键技术
卷 12	缝洞型碳酸盐岩油藏提高采收率理论与关键技术
卷 13	二氧化碳驱油与埋存技术及实践
卷 14	高含硫天然气净化技术与应用
卷 15	陆上宽方位宽频高密度地震勘探理论与实践
卷 16	陆上复杂区近地表建模与静校正技术
卷 17	复杂储层测井解释理论方法及 CIFLog 处理软件
卷 18	成像测井仪关键技术及 CPLog 成套装备
卷 19	深井超深井钻完井关键技术与装备
卷 20	低渗透油气藏高效开发钻完井技术
卷 21	沁水盆地南部高煤阶煤层气 L 型水平井开发技术创新与实践
卷 22	储层改造关键技术及装备
卷 23	中国近海大中型油气田勘探理论与特色技术
卷 24	海上稠油高效开发新技术
卷 25	南海深水区油气地质理论与勘探关键技术
卷 26	我国深海油气开发工程技术及装备的起步与发展
卷 27	全球油气资源分布与战略选区
卷 28	丝绸之路经济带大型碳酸盐岩油气藏开发关键技术

序号	分卷名称
卷 29	超重油与油砂有效开发理论与技术
卷 30	伊拉克典型复杂碳酸盐岩油藏储层描述
卷 31	中国主要页岩气富集成藏特点与资源潜力
卷 32	四川盆地及周缘页岩气形成富集条件、选区评价技术与应用
卷 33	南方海相页岩气区带目标评价与勘探技术
卷 34	页岩气气藏工程及采气工艺技术进展
卷 35	超高压大功率成套压裂装备技术与应用
卷 36	非常规油气开发环境检测与保护关键技术
卷 37	煤层气勘探地质理论及关键技术
卷 38	煤层气高效增产及排采关键技术
卷 39	新疆准噶尔盆地南缘煤层气资源与勘查开发技术
卷 40	煤矿区煤层气抽采利用关键技术与装备
卷 41	中国陆相致密油勘探开发理论与技术
卷 42	鄂尔多斯盆缘过渡带复杂类型气藏精细描述与开发
卷 43	中国典型盆地陆相页岩油勘探开发选区与目标评价
卷 44	鄂尔多斯盆地大型低渗透岩性地层油气藏勘探开发技术与实践
卷 45	塔里木盆地克拉苏气田超深超高压气藏开发实践
卷 46	安岳特大型深层碳酸盐岩气田高效开发关键技术
卷 47	缝洞型油藏提高采收率工程技术创新与实践
卷 48	大庆长垣油田特高含水期提高采收率技术与示范应用
卷 49	辽河及新疆稠油超稠油高效开发关键技术研究与实践
卷 50	长庆油田低渗透砂岩油藏 CO_2 驱油技术与实践
卷 51	沁水盆地南部高煤阶煤层气开发关键技术
卷 52	涪陵海相页岩气高效开发关键技术
卷 53	渝东南常压页岩气勘探开发关键技术
卷 54	长宁—威远页岩气高效开发理论与技术
卷 55	昭通山地页岩气勘探开发关键技术与实践
卷 56	沁水盆地煤层气水平井开采技术及实践
卷 57	鄂尔多斯盆地东缘煤系非常规气勘探开发技术与实践
卷 58	煤矿区煤层气地面超前预抽理论与技术
卷 59	两淮矿区煤层气开发新技术
卷 60	鄂尔多斯盆地致密油与页岩油规模开发技术
卷 61	准噶尔盆地砂砾岩致密油藏开发理论技术与实践
卷 62	渤海湾盆地济阳坳陷致密油藏开发技术与实践

本卷·前言

我国煤层气产业化工作起始于沁水盆地高煤阶煤层气开发，其煤系地层主要发育二叠系山西组 3 号煤层和石炭系太原组 15 号煤层两套主力煤层，拥有煤层气资源量 $4\times10^8m^3$，其中位于渗透率大于 1mD 的浅部煤层气资源占比小于 25%，近 70% 的煤层气资源位于渗透率小于 0.1mD 的中深层，具有典型的低渗透特征。

水平井开采技术是提高单井产气量的有效途径，其发展经历了模仿学习—实践认识—自主创新的过程，是煤层气产业发展的缩影。“十一五”前期，借鉴国外低煤阶煤层气开发技术，规模应用了裸眼多分支水平井开采技术，并在埋藏浅、渗透率高等地质条件最好的潘庄区块和樊庄区块南部取得了效果，平均单井日产气量能够达到万立方米以上，为我国煤层气取得产业突破做出了先导性贡献。“十一五”后期，随着煤层气开发工作逐渐向渗透率小于 0.1mD 的中深层推进，裸眼多分支水平井单井日产气量下降到 $3000m^3$ 以下，经济效益急剧变差，技术适应性变差，制约了行业快速发展。“十二五”后期及“十三五”以来，华北油田创新提出下管柱支撑井眼的单支水平井开采技术，并通过不断优化完善形成了基于疏导式开发的水平井开采系列技术，可适应不同储层条件、井眼可支撑、可重复作业的新型水平井开采，筛管完井、套管压裂完井的单支水平井投资仅分别为裸眼多分支水平井的 1/3、1/2，平均单井日产气量上升至 $7500m^3$ 以上。“十三五”期间，新型单支水平井已经在沁水盆地高煤阶煤层气规模应用了近 400 口井，技术在现场应用取得了较好效果。在沁水盆地的樊庄、郑庄、潘庄、柿庄、马必东、沁南东区块均取得了产量突破，产能到位率达到 90% 以上，马必东区块埋深超过 1400m 的套管压裂单支水平井，日产气量突破了万立方米，证实了该技术能够解决沁水盆地埋深大、物性差区域未动用资源的高效开发问题。将发力“十四五”沁水盆地产业基地更大规模建设，实现资源量占比高的中深部煤层气快速高效开发，促进沁水盆地煤层气产业的快速上升。

本书是中国石油华北油田对沁水盆地高煤阶煤层气水平井开采技术应用的实践与经验的总结。本书系统总结了沁水盆地高煤阶煤层气水平井开采技术系列。在水平井有利区评价技术方面，系统建立了适应不同类型水平井开采技术、有效提高与单井产量密切相关的五类地质评价因素，涵盖了微构造精细识别、煤层发育情况、含气性分析、煤体结构判识及地应力预测，并以此为基础综合评价确定水平井开发有利区；建立了完善的水平井地质设计技术系列，形成了不同类型水平井的地质适应性、开发可行性论证方法，制定了基于建立有效缝网和最大控储的井网、井距、井眼轨迹等优化设计；形成了水平井钻完井工程技术系列，在钻井工程优化设计、井壁稳定及储层保护、地质导向及井眼轨迹控制、半程固井及钻井配套工艺等全部钻完井过程中，实现了“裂缝网络可控、水平段稳定可控、储层伤害可控、钻井成本可控”；形成了疏导式煤储层水平井压裂改造工程技术系列，在压裂规模设计及压裂液体系、支撑剂体系等参数优选方面技术成熟，配套形成的连续油管底封拖动、普通油管底封拖动、不动管柱水力喷射、桥射联作多簇分段压裂施工技术，能够适应不同现场工作的要求；配套形成的无杆排采举升工艺技术系列，解决了新型单支水平井的排采问题，现场应用的主要类型有射流泵排采举升工艺技术、水力管式泵排采举升工艺技术、电潜螺杆泵排采举升工艺技术和液压双循环无杆泵举升工艺技术。

本书共 8 章。框架结构与核心关键内容由朱庆忠提出，杨延辉协助完成了协调和审核工作。前言由杨延辉、刘忠执笔；第一章由刘忠、王玉婷、陈彦君执笔；第二章由刘忠、王玉婷、冯小英、杨洲鹏、董晴执笔；第三章由杨延辉、鲁秀芹、魏宁、张晨、张倩倩执笔；第四章由李志军、陈必武、李宗源、张波执笔；第五章由梅永贵、杜海为、李佳峰、连小华执笔；第六章由朱庆忠、樊彬、毛崇昊、刘斌、覃蒙扶执笔；第七章由张永平、周叡、宋洋、刘华、周智、刘帅执笔；第八章由杨延辉、刘忠执笔。全书由刘忠、董晴统稿，朱庆忠、杨延辉审定。此外，崔周旗、张建国、张聪、张全江、张永琪、王刚、肖宇航、焦勇、刘春黎、贾慧敏、陈勇智、何军、杜慧让、崔建斌、李浩也对本书做出了贡献。

本书在编写过程中，得到了中国石油华北油田分公司、中国石油勘探开发研究院廊坊分院等单位领导、专家和工程技术人员的大力支持和帮助，在此一并表示感谢。

由于沁水盆地高煤阶煤层气开采过程的复杂性及水平井钻井、压裂技术应用的局限性，目前水平井开采技术还存在钻井垮塌、井眼轨迹不平滑、压裂施工井段确定不准确等诸多问题，仍需要持续研究和探索，也希望能够借助本书与同行进行深入交流，以不断完善和丰富高煤阶煤层气水平井开采技术。由于水平有限，书中难免有疏漏和不足之处，敬请广大读者批评指正。

目　录

第一章　地质背景

沁水盆地位于华北地台山西隆起南部，是我国重要的聚煤盆地之一。沁水煤层气田处于沁水盆地南部晋城斜坡带，东为太行山复式背斜隆起，南为中条山隆起，西为霍山凸起，北部与盆地腹部相接（以北纬36°线为界）。区内山西组3号煤层和太原组15号煤层发育稳定、厚度大，是近年来勘探开发的主要目的层位。本章主要从区域构造特征、区域储层特征和水文地质特征等方面介绍了沁水煤层气田的基本地质情况。

第一节　区域构造特征

一、构造演化

沁水盆地的构造演化主要经历了印支运动、燕山运动、喜马拉雅运动和第四纪以来的新构造运动4个时期。由于沁水盆地在稳定沉积阶段并不是作为一个独立的沉积坳陷存在，故中生代晚期的构造形成阶段（燕山运动时期）对盆地的现今形态影响巨大，是认识沁水盆地的关键。

（1）印支运动时期。印支运动近南北向水平挤压应力场对沁水盆地的影响不大，并未在盆地内部形成明显的地质构造，仅使盆地南北两缘产生了一定程度的隆起抬升及少量东西向的逆掩断层，形成沁水盆地雏形［图1–1–1（a）］。

（2）燕山运动时期。沁水盆地构造活动以挤压抬升和褶皱作用最为显著，在盆地内部形成宽缓褶皱以及一系列北东—北北东向的小规模正断层。在大型褶皱的两翼，往往发育一系列的次级褶皱，在盆地两缘特别是盆地东缘靠近太行山造山带形成了北东向展布的逆冲断层［图1–1–1（b）］。

（3）喜马拉雅运动时期。沁水盆地燕山期之后构造应力场主应力方向发生反转，最大挤压应力方向为北北东—南南西向，形成了规模较小的近南北向背、向斜相间分布，并叠加在燕山期北东—北北东向次级褶皱之上的宽缓褶皱。在喜马拉雅中后期又恢复到北东—南西向挤压应力场，长治一带形成了一些规模不大的断陷盆地，石炭系—二叠系煤系和三叠系等继续遭受剥蚀，并在西北部和东南部因拉张形成北东向正断裂，致使沁水盆地定型于现今状态［图1–1–1（c）］。

（4）第四纪以来的新构造运动时期。伴随着霍山和太行山的不断隆起，产生北东—南西向的近水平挤压应力场，形成了北西向小褶皱，这种构造应力场一直持续到现今。在此构造应力场的作用下，燕山期形成的具有压剪性质的断层再次活动，致使盆地内部及边缘断裂构造进一步复杂化，盆地中部文王山地垒、二岗山地垒的发育与此有关。现今构造应力场总体上继承了古近纪至第四纪以来的构造应力场特征。沁水盆地东部和顺—长治带表现为北东东—南西西向水平挤压应力场，北部、中部和南部地区挤压应力场总体表现为呈北东—南西向，由此形成了沁水盆地现代构造格局。

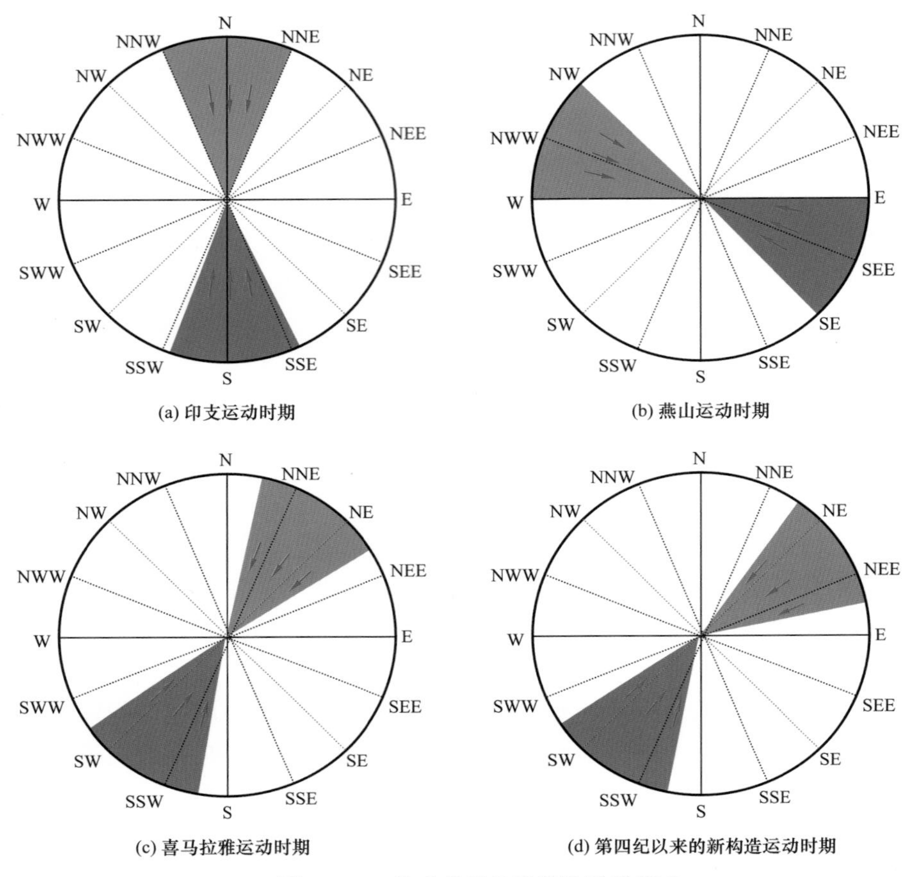

图 1–1–1 沁水盆地构造演化阶段模式

二、构造特征

沁水盆地是介于太行山和吕梁隆起带之间的一个北北东向的复式向斜构造，轴线大致沿榆社—沁县—沁水—王必一线，形态宽缓，构造相对比较简单，断层不甚发育。南北翘起端呈箕状斜坡，东西两翼呈不对称斜坡，东翼较平缓，倾角为 2°～5°，西翼较陡，倾角为 3°～8°。

盆地西部以褶皱和正断层相叠加为特征；盆地东北部和南部以东西向、北东向褶皱为主；盆地中部以北北东—北东向褶皱发育为主。断层则主要发育于东西边部，在盆地中部有一组近东西向的正断层，即双头—襄垣断裂构造带。王红岩（2005）根据盆地内不同地区构造样式差异，将其划分为 12 个构造区带（图 1–1–2）。

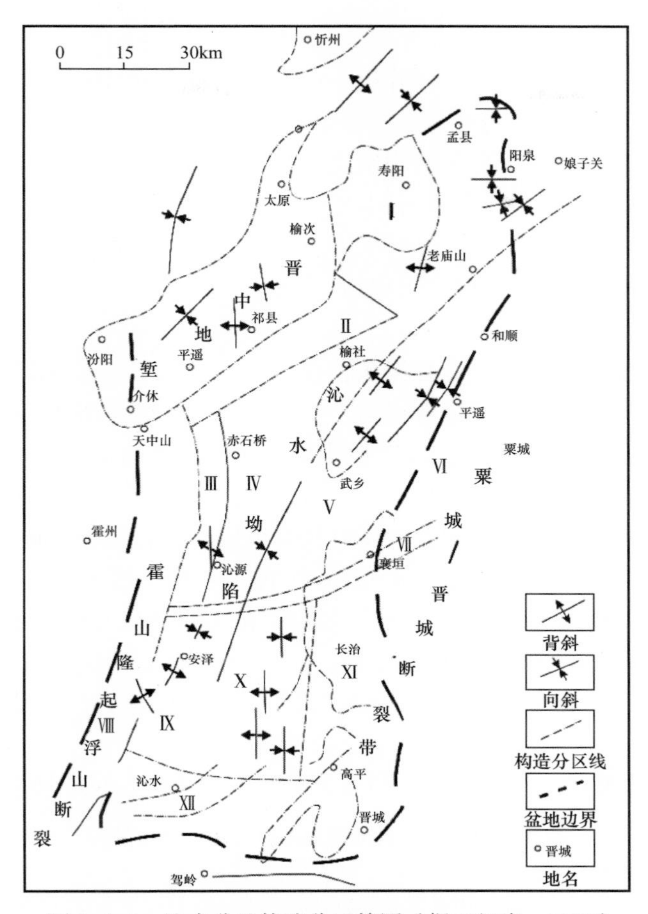

图 1-1-2　沁水盆地构造分区简图（据王红岩，2005）

Ⅰ—寿阳—阳泉斜坡带；Ⅱ—天中山—仪城断裂构造带；Ⅲ—聪子峪—古阳斜坡带；Ⅳ—漳源—沁源带状断裂背斜构造带；Ⅴ—榆社—武乡断裂背斜构造带；Ⅵ—娘子关—坪头挠褶带；Ⅶ—双头—襄垣断裂构造带；Ⅷ—古县—浇底断裂构造带；Ⅸ—安泽—西坪断裂背斜构造带；Ⅹ—丰宜—晋仪复向斜带；Ⅺ—屯留—长治斜坡带；Ⅻ—固县—晋城断裂鼻状构造带

第二节　区域储层特征

一、地层层序

1. 区域地层

区内晚古生代以来的地层发育比较连续（表 1-2-1），其中奥陶系主要出露于东南部，石炭系和二叠系占据了区块主体，三叠系发育不全，出露仅限于盆地中部，第四系分布比较局限，散见于现代沟谷与山间河谷中。地层走向北北东，倾向北西西，倾角平均 4°。

1）奥陶系（O）

区内出露地层主要为中奥陶统峰峰组，由灰色—深灰色中厚层石灰岩、条带状泥质灰岩、角砾状灰岩、白云质灰岩夹薄层石膏组成，未见底，厚度大于450m。

区域上该组与下伏中奥陶统马家沟组之间呈整合接触，岩性组合与沉积构造、沉积层序反映为干旱气候条件下咸化潟湖沉积。

2）石炭系（C）

发育中石炭统本溪组和上石炭统太原组。

（1）本溪组（C_2b）。

为一套富铝质细碎屑岩，主要有深灰色泥岩、泥质粉砂岩、细砂岩，偶夹透镜状石灰岩和砾岩。该组平行不整合于峰峰组之上，或超覆于中奥陶统马家沟组之上，厚度从0～10m不等，平均厚度为3.5m，具有北厚南薄、东厚西薄的变化规律。

本溪组基本层序有如下两种类型：

① 下部层序：由块状砾岩、砂岩、鲕粒灰岩组成。砾岩呈长透镜状，成分以石英岩、石英砂岩为主，卵状居多，粒径从1.8～8cm均有，个别可达12cm，分布较均匀，长轴大致平行排列，含量为55%～75%。为硅质胶结，成分成熟度和结构成熟度高。砂岩主要为石英砂岩，发育平行层理和小型槽状层理。

② 中上部层序：下部单元为深灰色砂质泥岩、鲕粒泥灰岩，上部单元为灰色砂质泥岩、粉砂岩。

该组石灰岩呈透镜状，富含腕足类和藻类化石，属滨海、浅海环境沉积产物。

表1-2-1 沁水盆地南部地层与构造事件简表

地层			岩石地层单位及简要特征		构造期	主要地质事件
新生界	第四系			淡黄色砂、砾石、亚砂土、亚黏土等，厚度为0～330m	喜马拉雅期	伸展背景下的断块差异性振荡升降，山间和山前断陷盆地河湖相碎屑物堆积
	新近系			由浅黄色—浅红色亚黏土、砾石层等，厚度为0～268m		
	古近系					
中生界	白垩系				燕山期	地壳整体抬升遭受剥蚀，岩浆活动强烈，褶皱和脆性断裂发育
	侏罗系	上统				
		中统	黑峰组	砂质页岩及含砾粗砂岩，厚度为0～254m		
		下统				
	三叠系	上统	延长组	黄绿色长石石英砂岩，厚度为30～138m	印支期	陆壳差异升降，山间断陷盆地河湖相杂色碎屑岩建造
		中统	铜川组 二马营组 和尚沟组 刘家沟组	由浅红色—灰蓝色砾岩、砂岩、砂质泥岩组成，厚度为22～2764m		
		下统				

续表

地层			岩石地层单位及简要特征		构造期	主要地质事件
古生界	二叠系	上统	石千峰组	由河流相砂砾岩、杂斑砂岩、砂岩、粉砂岩、泥岩组成，厚度为245～870m	海西期	稳定陆表海盆地台型碳酸盐岩—沼泽含煤碎屑岩沉积
			上石盒子组			
		下统	下石盒子组	泥岩、砂岩、粉砂质泥岩，厚度为35～91m		
			山西组	由近海三角洲及河湖相砂岩、泥岩、粉砂岩和煤组成，厚度为34～72m		
	石炭系	上统	太原组	由海陆交互相砂岩、粉砂岩、泥岩、石灰岩及煤组成，厚度为76～177m		
		中统	本溪组	铝土质泥岩、粉砂岩、细砂岩，厚度约27m		
		下统				晋冀鲁豫运动
	志留系—泥盆系				加里东期	
	奥陶系	上统				
		中统	峰峰组	石灰岩、泥质灰岩、白云质灰岩夹薄层石膏，厚度大于450m		稳定陆表海沉积
			马家沟组	上部为豹皮灰岩夹泥岩，局部为泥灰岩，下部为厚层状石灰岩，底部为钙质页岩，厚度为200～500m		
		下统	中—厚层状白云岩，局部为泥质白云岩夹竹叶状白云岩，厚度为38～105m			
	寒武系		由浅海相紫红色砂砾岩、泥岩、鲕状灰岩、白云岩和竹叶状灰岩组成，厚度为377～570m			
元古宇	蓟县系		串岭沟组	石英砂岩、紫红色泥岩夹白云岩及偏碱性基性火山岩，厚度为59～330m	蓟县期	裂陷槽火山—沉积事件
太古宇				由片麻岩、变粒岩和斜长角闪岩组成	阜平期	中—高级变质和韧性剪切变形，盆地基底形成

（2）太原组（C_3t）。

区内分布广泛，由深灰色—灰黑色泥岩、粉砂岩，灰白色细粒砂岩、煤层和1～2层石灰岩组成，以深灰色含黄铁矿、菱铁矿结核泥质粉砂岩的首次出现为标志。太原组整合于本溪组之上，厚度为83～100m，一般在92m左右。

根据岩石和化石组合，结合区域地层对比，太原组自下而上可以分为3个岩性段。

一段：由灰黑色泥岩、深灰色泥质粉砂岩、灰白色细砂岩、煤层及1～2层不稳定石灰岩组成，厚度为4.8～38m，一般为17m。该组富含黄铁矿、菱铁矿结核，生物化石丰富，是一种典型的障壁海滩、潟湖、潮坪、沼泽交替沉积。

二段：由深灰色灰岩、黑色泥岩、粉砂岩、细中粒砂岩和煤层组成，厚度为19～42.5m，一般在30m左右。该组以颜色深、颗粒细、石灰岩夹层多，煤层薄而不稳定、发育逆粒序层理为特征。

三段：由砂岩、粉砂岩、泥岩、石灰岩及4～6层煤组成，厚度为35.20～77.38m，一般为50m。剖面上的岩性组合反映了该段沉积期属于碳酸盐台地→滨海→三角洲平原的多次交替。

3）二叠系（P）

发育下二叠统山西组、下石盒子组和上二叠统上石盒子组与石千峰组。

（1）山西组（P_1s）。

该区广泛分布，由深灰色—灰黑色泥岩、砂质泥岩、粉砂岩夹煤系地层组成，底部普遍发育灰色中—细粒砂岩、含细砾粗砂岩，厚度为41～83m，一般在60m左右。与下伏太原组呈整合接触。

该组砂岩发育平行层理、板状斜层理、槽状交错层理和反粒序层理，层面有生物爬痕、钻迹等构造。泥岩、粉砂岩和煤层中保存有形态完整，数量丰富的植物化石。

（2）下石盒子组（P_1x）。

岩性组合较为复杂，底部为浅色—灰白色斜层理中粒砂岩夹细砂岩；中—下部为灰色—深灰色细砂岩与泥岩互层，局部夹浅灰色中粒砂岩，偶见不稳定薄煤层；上部由灰色含砾粗砂岩、中粒砂岩、互层状灰绿色细粒砂岩和粉砂岩、泥岩组成；顶部为灰绿色—紫红色泥岩夹粉砂岩，见锰、铁质斑块。地层厚度为80～96m，平均为86m，整合于山西组之上，产植物化石，为分流河道与泥炭沼泽环境交替沉积。

（3）上石盒子组（P_2s）。

区内广泛分布，底部为灰白色—灰绿色含砾砂岩，发育正粒序层理；下部为鲕粒结构泥岩，普遍含有暗红色锰、铁质斑块；中—下部由深灰色薄层泥岩夹粉砂岩、白色含砾粗砂岩组成；上部为灰绿色—紫红色中细粒砂岩与粉砂岩、砂质泥岩、泥岩互层，整合于下石盒子组之上，厚度为345～440m，平均为390m，基本层序属向上变细型且呈旋回式发育。岩性组合和沉积构造的垂向序列自下而上构成完整的河床→边滩→河漫滩亚相。

（4）石千峰组（P_2sh）。

底部为灰白色含砾粗砂岩，发育正粒序层理；中—下部为黄绿色—灰绿色中—粗粒砂岩与紫红色泥岩互层，偶夹砂质泥岩；上部为紫红色泥岩夹灰色结核状灰岩或薄层细粒砂岩，整合于上石盒子组之上，厚度为0～281m。岩性组合和沉积构造反映为干旱条件下河湖环境沉积。

4）三叠系（T）

发育下三叠统刘家沟组和和尚沟组。

（1）刘家沟组（T_1l）。

主要由棕红色—黄色细砂岩与粉砂岩互层组成，局部夹棕红色泥岩和紫红色砂砾岩透镜体，整合于石千峰组之上，厚度为 0～72m，平均为 36m。沉积序列和沉积构造反映为干旱条件下辫状河流产物。

（2）和尚沟组（T_1h）

岩性组合为灰紫色薄—中厚层细粒砂岩夹紫红色泥岩，整合于刘家沟组之上，厚度为 131～474m，平均为 250m。

5）第四系（Q）

主要分布于现代沟谷和河道中。沟谷处多为褐黄色—黄棕色亚黏土，常见棕灰色—浅灰色钙质结核，顶部为耕植土。河道中主要堆积砾石层、砾质砂土。与下部地层不整合接触，厚度为 0～330m。

2. 主要煤系地层及发育煤层

该区含煤地层为石炭系—二叠系，为海陆交互相含煤岩系。主要含煤地层包括上石炭统太原组、下二叠统山西组（图 1-2-1）。

1）太原组（C_3t）。

太原组为一套海陆交互相沉积，是区内主要的含煤地层之一。该组主要沉积岩为灰白色—灰色砂岩、粉砂岩、泥岩、石灰岩以及煤层。与下伏地层整合接触。太原组共有 11 层煤层发育，具体为 5 号、6 号、7 号、8-1 号、8-2 号、9 号、10 号、11 号、12 号、13 号和 15 号煤层，太原组煤层累计厚度一般为 4～9m，含煤系数为 7%～11%。其中，9 号煤层分布相对局限，15 号煤层全区广泛分布。

根据地层沉积旋回差异，可将太原组划分为上、中、下三段。

下段：自 K_1 砂岩顶至 K_2 石灰岩底。沉积岩岩性为泥岩、粉砂岩、砂质泥岩、煤层及泥灰岩。该段地层厚度为 4～41m，顶部有全区稳定发育的 15 号煤层，厚度一般为 2～8m，北部较厚，南部较薄（图 1-2-2），发育阳泉—武乡一带和太原—平遥西部两个厚煤区，煤层厚度为 6～8m；盆地南部安泽—屯留—长治一带煤层较薄，为 2～4m。

中段：自 K_2 石灰岩至 K_4 石灰岩顶，岩性为泥岩、粉砂岩、石灰岩及煤层。该层发育 3 段石灰岩层，为 K_2、K_3、K_4 石灰岩，形成的煤层有 11 号、12 号和 13 号煤层。其中，K_2 石灰岩位于 15 号煤层之上，常为该煤层的直接顶板；K_3 石灰岩位于 13 号煤层之上；K_4 石灰岩位于 11 号煤层之上，厚度为 0～2.85m。

上段：自 K_4 石灰岩顶至 K_7 砂岩底，岩性为砂岩、粉砂岩、泥岩、石灰岩与煤层。该层发育两段石灰岩层，为 K_5、K_6 石灰岩，发育 5 号、7 号、8-1 号、8-2 号和 9 号煤层，其中 9 号煤层较稳定。K_5 石灰岩位于 7 号煤层之上，厚度为 0～6.63m；K_6 石灰岩位于 5 号煤层之上，厚度为 0～5.04m。上段厚度一般为 35～77m。

2）山西组（P_1s）

山西组是该区最重要的含煤地层，为陆表海沉积背景之上发育的三角洲沉积体系，沉积岩有砂岩、泥岩、粉砂岩、砂质泥岩与煤层等，发育 1 号、2 号和 3 号煤层，累计厚度 4～7m，含煤系数为 6%～13%。其中，3 号煤层是全区稳定发育的煤层。

根据各个旋回的沉积差异，山西组可划分为上、下两段。

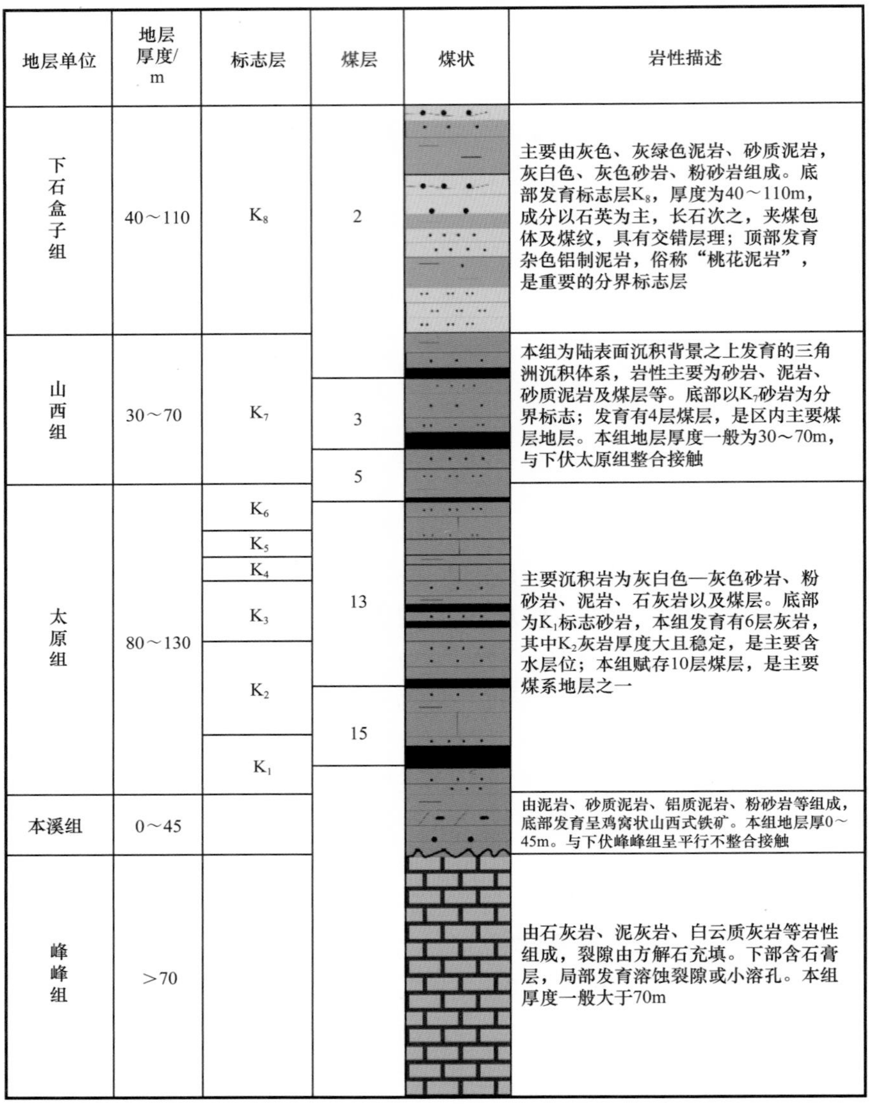

地层单位	地层厚度/m	标志层	煤层	煤状	岩性描述
下石盒子组	40～110	K_8	2		主要由灰色、灰绿色泥岩、砂质泥岩，灰白色、灰色砂岩、粉砂岩组成。底部发育标志层K_8，厚度为40～110m，成分以石英为主，长石次之，夹煤包体及煤纹，具有交错层理；顶部发育杂色铝制泥岩，俗称“桃花泥岩”，是重要的分界标志层
山西组	30～70	K_7	3 5		本组为陆表面沉积背景之上发育的三角洲沉积体系，岩性主要为砂岩、泥岩、砂质泥岩及煤层等。底部以K_7砂岩为分界标志；发育有4层煤层，是区内主要煤层地层。本组地层厚度一般为30～70m，与下伏太原组整合接触
太原组	80～130	K_6 K_5 K_4 K_3 K_2 K_1	13 15		主要沉积岩为灰白色—灰色砂岩、粉砂岩、泥岩、石灰岩以及煤层。底部为K_1标志砂岩，本组发育有6层灰岩，其中K_2灰岩厚度大且稳定，是主要含水层位；本组赋存10层煤层，是主要煤系地层之一
本溪组	0～45				由泥岩、砂质泥岩、铝质泥岩、粉砂岩等组成，底部发育呈鸡窝状山西式铁矿。本组地层厚0～45m。与下伏峰峰组呈平行不整合接触
峰峰组	>70				由石灰岩、泥灰岩、白云质灰岩等岩性组成，裂隙由方解石充填。下部含石膏层，局部发育溶蚀裂隙或小溶孔。本组厚度一般大于70m

图 1–2–1　研究区煤系地层柱状图

下段：自底部的 K_7 砂岩到 3 号煤层顶板泥岩。在沉积晚期形成了开阔且持续稳定的泥炭沼泽环境，形成了 3 号煤层，厚度一般为 1～8m。盆地北部和东南部煤层较厚（图 1–2–3），连续性好，有 3 个厚煤区，分别是太原西山（最厚可达 8m 以上）、寿阳和长治地区（最厚可达 7m 以上）。位于 3 号煤层之下的 K_7 砂岩为灰色、深灰色细粒砂岩夹泥质条带，厚度为 0.20～9.25m，横向上常相变为粉砂岩，局部与煤层直接接触成为 3 号煤层底板。

上段：主要为滨海三角洲沉积体系，在沉积过程中形成了1～2层稳定性较差的薄煤层。

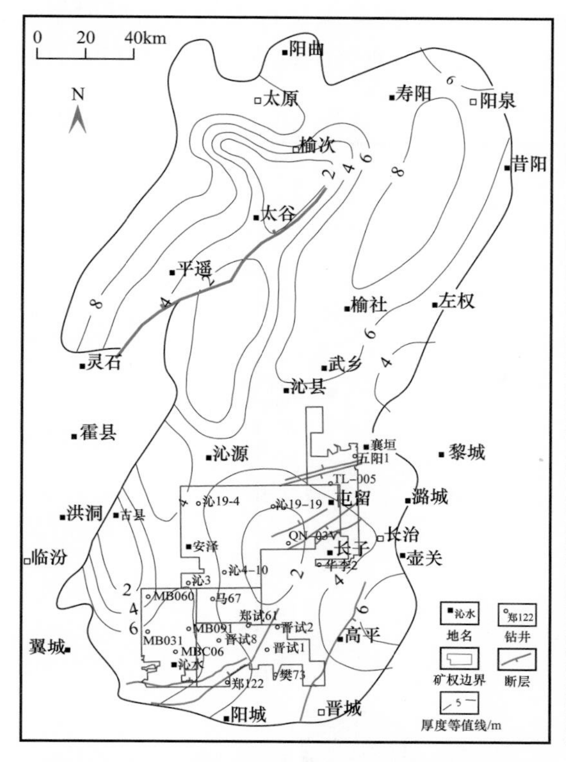

图 1-2-2 沁水盆地太原组 15 号煤层厚度分布

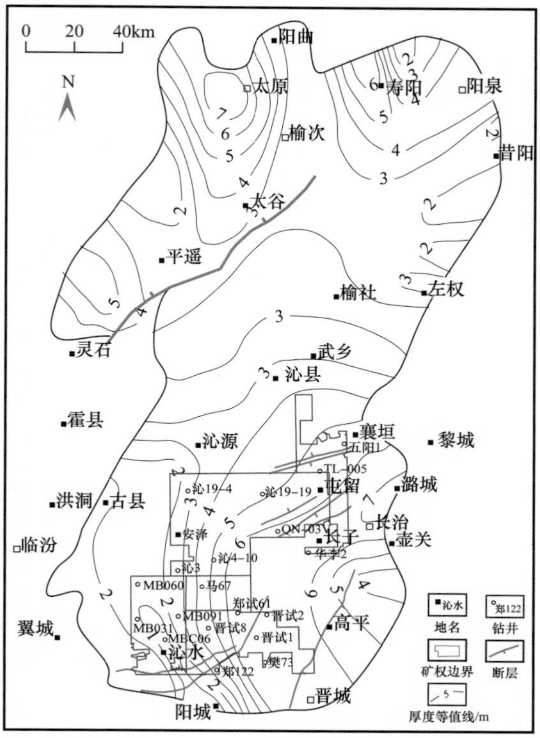

图 1-2-3 沁水盆地山西组 3 号煤层厚度分布

二、储层特征

1. 煤岩煤质特征

1）煤岩类型与煤级

沁水盆地煤层均为腐殖煤。宏观煤岩组分总体上以亮煤为主，其次为镜煤和暗煤。宏观煤岩类型上多以半亮煤和半暗煤为主，光亮煤和暗淡煤较少。山西组煤宏观煤岩类型以半亮煤和半暗煤为主，其次为暗淡煤，最次为光亮煤。太原组煤宏观煤岩类型以半亮煤和半暗煤为主，其次为光亮煤，最次为暗淡煤（表 1-2-2）。

表 1-2-2 沁水盆地宏观煤岩类型统计 单位：%

层位	光亮煤	半亮煤	半暗煤	暗淡煤
山西组	0～17.9/4.55	18.2～62.7/43.95	15.4～59.2/31.36	0～47.6/19.80
太原组	0～43.3/17.23	4.1～63.8/42.87	0～82.9/31.20	0～22.7/9.23

注：“/”后数值为平均值。

煤级是指在煤化作用过程中，煤的组成和结构所发生的物理化学特性改变的程度。煤的镜质组反射率是表征煤级的重要指标，随着煤级的增高而增大。沁水盆地实测煤层镜质组反射率为 0.54%～4.5%，而沁水盆地南部实测煤层最大镜质组反射率为 1.65%～4.08%，以贫煤—无烟煤三号为主，安泽以东局部地区为瘦煤。区域展布具有南高北低的特点（图 1–2–4）。

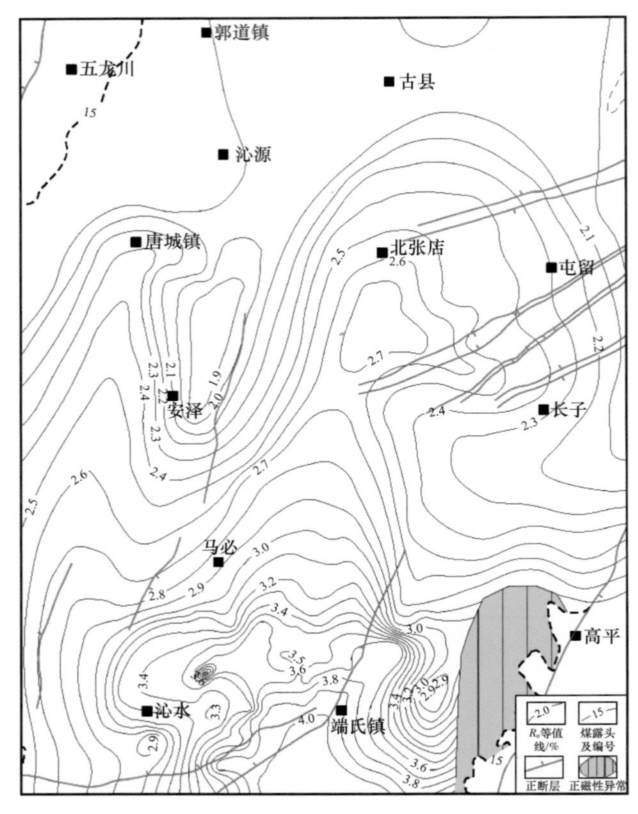

图 1–2–4 沁水盆地南部 3 号煤最大镜质组反射率平面分布

2）煤岩显微组分特征

沁水盆地上古生界石炭系—二叠系煤岩样品的显微组分主要由镜质组和惰质组构成，镜质组含量最高，含量为 50.8%～92.5%；其次是惰质组，含量为 0.8%～36.4%。根据 Q11–24 井等 109 口评价井取心测试数据，沁水盆地南部山西组 3 号煤层煤岩镜质组含量为 54.2%～92.8%，平均 74.7%；惰质组含量为 7.2%～45.8%，平均 25.3%。根据沁水盆地南部 A101 井等 91 口评价井取心测试数据，太原组 15 号煤层煤岩镜质组含量为 50.1%～95.6%，平均 79.8%；惰质组含量为 4.4%～48.5%，平均 20.2%。

3）煤质特征

沁水盆地石炭系—二叠系两大主煤层水分、灰分和挥发分的含量都呈现出一定的非均质性。山西组煤岩水分含量为 0.90%～2.61%，平均 1.42%；煤岩灰分含量为 9.00%～27.44%，平均 16.38%；挥发分含量为 3.60%～35.29%，平均 10.62%。太原组煤岩水分含量为0.42%～3.29%，平均1.50%；煤岩灰分含量为4.80%～40.55%，平均15.60%；挥发分含量为6.16%～21.39%，平均为11.71%。

根据ZS15井等60口井山西组3号煤层煤质分析，沁水盆地南部工业成分中水分含量为0.68%～2.82%，平均1.38%；原煤灰分含量为7.94%～21.98%，平均13.12%，属中—低灰煤；挥发分含量为6.42%～12.57%，平均7.79%。根据沁水盆地南部F61井等53口井太原组15号煤层煤质分析，工业成分中水分含量为0.37%～2.61%，平均1.18%；原煤灰分含量为1.09%～24.65%，平均14.61%，属中—低灰煤；挥发分含量为3.29%～9.86%，平均7.34%（表1-2-3）。

表1-2-3　沁水盆地南部煤岩工业分析统计　单位：%

层位	水分含量	灰分含量	挥发分含量
山西组3号煤层	0.68～2.82/1.38	7.94～21.98/13.12	6.42～12.57/7.79
太原组15号煤层	0.37～2.61/1.18	1.09～24.65/14.61	3.29～9.86/7.34

注："/"后数值为平均值。

2. 储层物性特征

1）孔隙发育特征

沁水盆地南部高煤阶煤储层孔隙总体上不发育，孔隙类型主要包括铸模孔、植物组织孔和气孔等。其中，铸模孔多见，有的呈条带状分布且部分相互连通。植物组织孔大部分已变形，有的甚至被压扁，呈条带和孤立状分布，多数被矿物质充填；气孔呈气孔群、条带状和零散状出现，气孔直径大小不等，一般为0.1～18μm，多呈圆形和次圆形。

2）裂隙发育特征

沁水盆地南部高煤阶煤储层中内生显微裂隙较为发育，但长度短、宽度窄，连通性相对较差。在不同区块内，内生显微裂隙发育程度差异较大。樊庄—郑庄区块内最发育，平均裂隙密度约8条/cm；沁南东—夏店区块，平均裂隙密度约6条/cm；安泽区块内生显微裂隙不发育，平均裂隙密度仅1条/cm。

沁水盆地南部高煤阶煤储层中外生显微裂隙发育较好，延伸长，裂口宽度大，且部分外生显微裂隙与割理相连通，连通性相对较好。不同区块外生显微裂隙发育程度有一定差异，其中樊庄—郑庄区块内生显微裂隙发育程度最高，平均裂隙密度约6条/cm（图1-2-5）；其次是安泽区块，平均裂隙密度约5条/cm；沁南东—夏店区块外生显微裂隙不发育，平均裂隙密度约3条/cm。

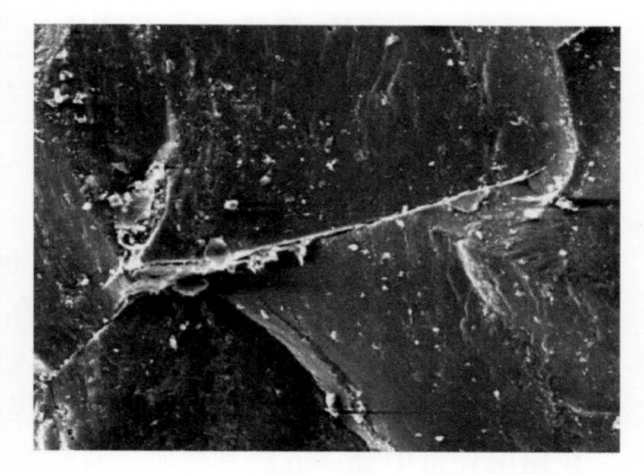

图1-2-5　沁水盆地南部Z132井显微裂隙发育特征扫描电镜（SEM）照片

3）煤岩渗透率

利用试井法求取煤层渗透率是目前国内外公认的最佳做法。国内近年来主要采用注入/压降法求取煤层的渗透率，沁水盆地山西组主采煤层的平均渗透率为0.657mD，太原组主采煤层的平均渗透率为0.515mD（王学军等，2015）。沁水盆地南部区块山西组3号煤层的试井渗透率为0.03～0.26mD（表1-2-4），整体属于低渗透储层。其中，樊庄区块由于埋深浅，渗透率在各区块中最高。

表1-2-4　沁水盆地南部不同地区3号煤层渗透率统计

区块	樊庄	郑庄	沁南东	马必东	安泽
渗透率/mD	0.26	0.03	0.04	0.03	0.07

三、储层温度特征

根据试井资料，沁水盆地南部煤层整体属于低温气藏。郑庄—樊庄区块3号煤层温度为20.87～38.84℃，3号煤层地温梯度为1.24～2.47℃/100m，平均1.84℃/100m，15号煤层温度为24.95～36.3℃，15号煤层地温梯度为1.54～3.28℃/100m，平均2.19℃/100m，属于低温气藏。安泽区块3号煤层温度为25～38.14℃，地温梯度为1.34～2.19℃/100m，平均1.85℃/100m，也属于低温气藏。沁南东—夏店区块3号煤层温度为12.07～29.5℃，平均18℃，地温梯度为0.45～2.5℃/100m，平均1.37℃/100m，地温梯度偏低（表1-2-5）。其中，古城井区、五阳井区地温梯度极低，普遍在0.6℃/100m左右。

表1-2-5　沁水盆地南部煤岩工业分析统计

区块	山西组3号煤层		太原组15号煤层	
	煤层温度/℃	地温梯度/（℃/100m）	煤层温度/℃	地温梯度/（℃/100m）
郑庄—樊庄	20.87～38.84	1.24～2.47/1.84	24.95～36.3	1.54～3.28/2.19
安泽	25～38.14	1.34～2.19/1.85	—	—
沁南东—夏店	12.07～29.5	0.45～2.5/1.37	—	—

四、储层压力特征

煤层气储层压力指作用到煤岩孔隙空间内流体的压力，由三个方面的作用力组成，即上覆地层的压力、静水柱压力和原地层存在的构造应力。在一定的封闭条件下，储层压力的大小通常以压力水头（液柱高度）表示；储层压力梯度指从井口至测试层段中点算起的单位深度的压力数值。现阶段采用煤层气储层压力梯度来衡量储层压力的大小，为了在储层评价中统一方法和原则，煤层气领域的储层压力划分以静水压力作为储层压力的划分依据，将其划分为3种类型：正常储层压力应为0.95～1MPa/100m，即基本上等于静水压力梯度，小于0.95MPa/100m为低压储层压力，大于1MPa/100m为高压储层压力。

沁水盆地煤储层压力围绕沁水复向斜呈近似椭圆形分布，总体上轴部大、翼部低（王学军等，2015）。沁水盆地南部区域内64井次煤层气试井储层压力数据统计结果见表1-2-6。沁水盆地南部3号煤层储层压力变化范围为2.33～11.95MPa，储层压力梯度变化范围为0.38～1.08MPa/100m；15号煤层储层压力测试结果变化范围为1.58～12.63MPa，储层压力梯度测试结果变化范围为0.37～0.82MPa/100m。可见，沁水盆地南部煤层气储层压力梯度变化范围比较大，以低压—常压储层压力为主，占总测试结果的89.1%；仅7井次测试结果显示为高压储层压力。

表1-2-6　沁水盆地南部不同地区储层压力统计

区块	山西组3号煤层		太原组15号煤层	
	储层压力/MPa	压力梯度/（MPa/100m）	储层压力/MPa	压力梯度/（MPa/100m）
樊庄	2.33～4.5/3.49	0.38～0.84/0.56	2.33～5.04/3.7	0.37～0.82/0.52
郑庄	3.49～11.32/7.02	0.52～1.08/0.84	1.58～12.63/7.14	0.466～1.18/0.87
安泽—马必东	3.42～11.95/7.13	0.55～1.07/0.77	9.71	0.89
沁南东—夏店	4.07～8.46/5.65	0.61～0.96/0.72	—	—

第三节　水文地质特征

沁水盆地沉积地层在水文地质结构上可划分为4个大的含水岩组：

（1）煤系基底寒武系—奥陶系石灰岩岩溶水含水岩组，为区域性强含水岩组；

（2）煤系地层含水岩组，可以划分出太原亚组和山西亚组两个亚组，太原亚组以碎屑岩夹石灰岩并含可采煤层为特征，山西亚组则以碎屑岩含可采煤层为特征；

（3）煤系上覆基岩含水岩组，为碎屑岩类，其中主要含水层为砂岩层；

（4）新生界松散含水层组，分布于新生界断陷盆地和较大河流的河谷中。

由于煤系及上覆地层主要为碎屑岩类，除太原组中夹有多层薄层石灰岩外，其余皆为砂页岩类，泥质岩类占相当比例，各个时代的含水岩组中多呈现出隔水层和含水层相间的组合关系，在天然条件下，各个含水岩组内部、各个含水岩组之间的水力联系弱，同时由于各含水层的补给区、排泄区高程不同，渗透性差异大，故水位差别也大。

沟通各含水层间联系的通道主要是断层、陷落柱以及覆盖在不同含水层之上的新生界松散含水层。新生界底部含水层，可以覆盖在不同时代的含水岩层之上，成为沟通其间水力联系的通道。盆地内断层多正断层，导水者多，岩溶陷落柱在沁水盆地南部晋城、潞安多个矿区发育，在地质历史上是导水、导气的通道，而后期改造可能被充填，但其中仍有一些对煤层气的解吸起作用。

各含水层均以大气降水补给为主，煤系及上覆地层浅部（特别是风化带）渗透性较强，而深部渗透性很弱，由于补给区内许多地段地形复杂，切割强烈，往往形成在高处补给、在低处排泄的现象。地下水的汇聚条件较差，被沟谷切割的各个含水层补给、排泄可以相对独立，同一含水层浅部由于受地形切割，也可能形成相对独立的区段，只有在各含水层的深部方才形成径流较弱的相对统一的水流区。

盆地内基岩出露区是地下水的补给区，煤系及上覆地层的透水性弱，富水性也弱，风化带之下向深部富水性迅速减弱，交替比较强烈的地段只是在浅部。

沁水盆地南部奥陶系虽然遍布整个盆地之中，但从现有资料看，径流只是发生在浅部和中深部，各泉域之间的联系也只是发生在浅部地区，盆地深部岩溶水则处于停滞状态，泉域之间可以产生分水岭移动，但是盆地中心的径流并不明显或极其微弱。

第二章　开发区精细评价技术

煤层气有利区评价是煤层气开发的基础性工作。由于煤层气藏地质差异大、非均质性强，在开发前期需要对有利区开展精细评价，以杜绝煤层气低产井区。有利区选取的准确性决定了煤层气水平井开发的适应性及单井产量的高低。有利区精细评价主要对地质因素及储层特征进行研究，其中地质因素主要包括断层影响范围的确定、构造形态的变化、煤体结构的预测及地应力的影响；储层特征主要包括煤层特征的展布和含气性的分布特征。通过煤层地质因素及储层特征研究，指导煤层气水平井井位部署，提高煤层气单井产气量，实现煤层气的高效开发。

第一节　构造精细评价

利用高精度三维地震精细解释、煤储层解释，能够更为精确地确定小断层及微构造，准确确定煤层变化及埋深，进一步提高水平井钻井精度及煤层钻遇率。对煤储层的构造精细评价主要是在三维地震基础上进行精细构造解释，包括对地质特征的再认识、区域构造形态的刻画等，最终形成 2m 精度、明确微小断层及陷落柱等不利区的构造图件，指导煤层气水平井优化部署及开发生产，重点对影响产量的地质因素进行了精细评价，主要包括断层影响、构造特征和构造形态特征等。

一、精细构造解释及构造形态刻画

1. 精细构造解释

在精细构造解释过程中，利用地震数据体完成精细层位追踪，结合相干体进行断层解释，同时通过优选地震子波精细标定与多属性结合，完成精细构造成图；同时在地震属性上可以利用倾向曲率与三维可视化，完成对构造形态特征的描述，能够更好地刻画煤层发育情况（图 2–1–1）。

沁水盆地现已实现了广泛的三维地震覆盖，为开展煤层的地震相识别奠定了良好的基础。由于煤层具低速度、低密度特点，波阻抗远低于其顶底界面砂岩、泥岩或石灰岩的波阻抗。因此，在煤层顶底界面反射较强，顶界面反射系数为负，底界面反射系数为正。当地震资料为正极性剖面时，薄煤层位于最大波谷与最大波峰之间；当地震资料为零相位正极性剖面时，薄煤层顶底 1/2 处正对应地震剖面的波谷到波峰的零相位位置，利用煤层明显的地震相标志可较好地进行煤层的识别。

以沁水盆地沁南西区块为例，在层位及断层构造解释过程中，与多属性联合构造解释技术相结合，精确标定解释层位，准确识别断层和陷落柱。利用第三代相干算法，提

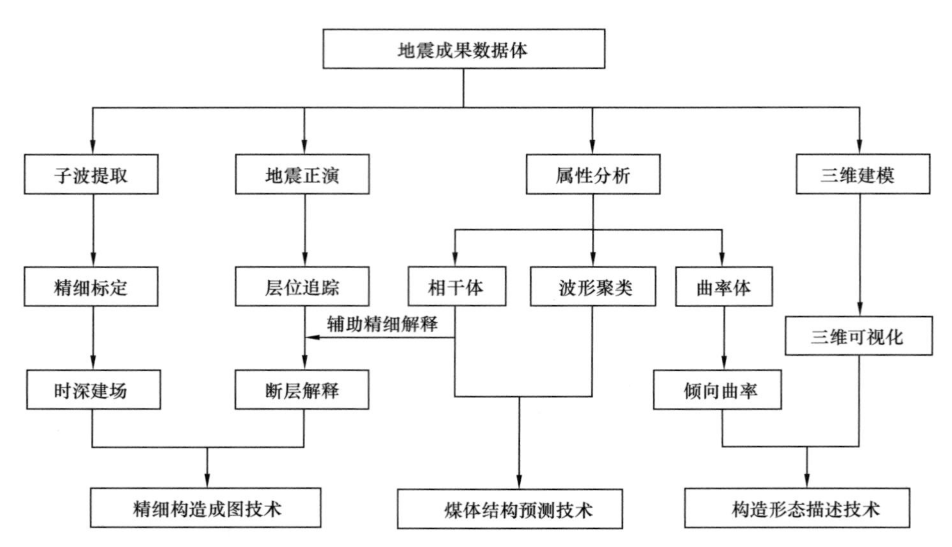

图 2-1-1　精细构造解释及构造形态描述流程示意图

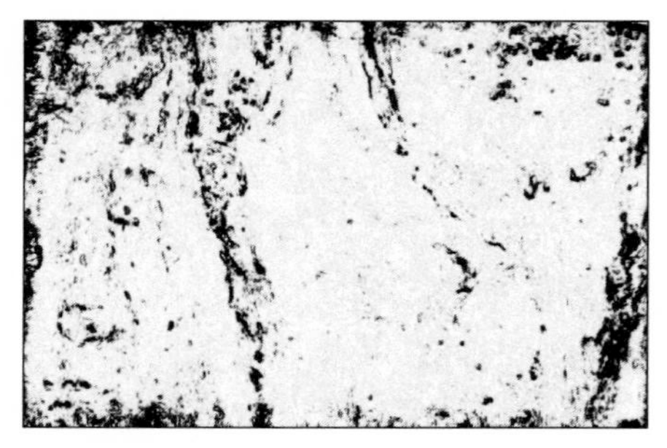

图 2-1-2　相干体属性精准识别断层及陷落柱发育情况

取相干属性作为参照进行断层识别，其分辨能力更高，能识别肉眼不能识别的小断层、小陷落柱（图 2-1-2），提高构造解释精度。

在构造解释过程中，优选适应地震主频的地震子波进行地震拟合，进行合成记录的构建（图 2-1-3）。合成记录的制作既是一个简单模型正演，通过已知井点的模型来模拟地震响应，也是反射系数 R 与子波 W 的褶积过程：

$$S(t)=R(t)*W(t) \tag{2-1-1}$$

式中　$S(t)$——时间 t 处的合成记录；

$R(t)$——时间 t 处的反射系数；

$W(t)$——时间 t 处的子波。

具体实现方法，主要是利用测井曲线中的声波时差曲线（Sonic）计算出地层中某一点（H_i，v_i）的层速度：

$$v_i=\frac{1000}{\text{Sonic}(H_i)} \tag{2-1-2}$$

式中　H_i——地层中 i 点的深度，m；

Sonic（H_i）——深度 H_i 处的声波时差，μs/m；

v_i——地层中 i 点的层速度，m/s。

利用密度测井曲线求得地层密度 ρ，然后根据式（2-1-3）计算反射系数 $R(i)$：

$$R(i)=\frac{\rho_{i+1}v_{i+1}-\rho_i v_i}{\rho_{i+1}v_{i+1}+\rho_i v_i} \tag{2-1-3}$$

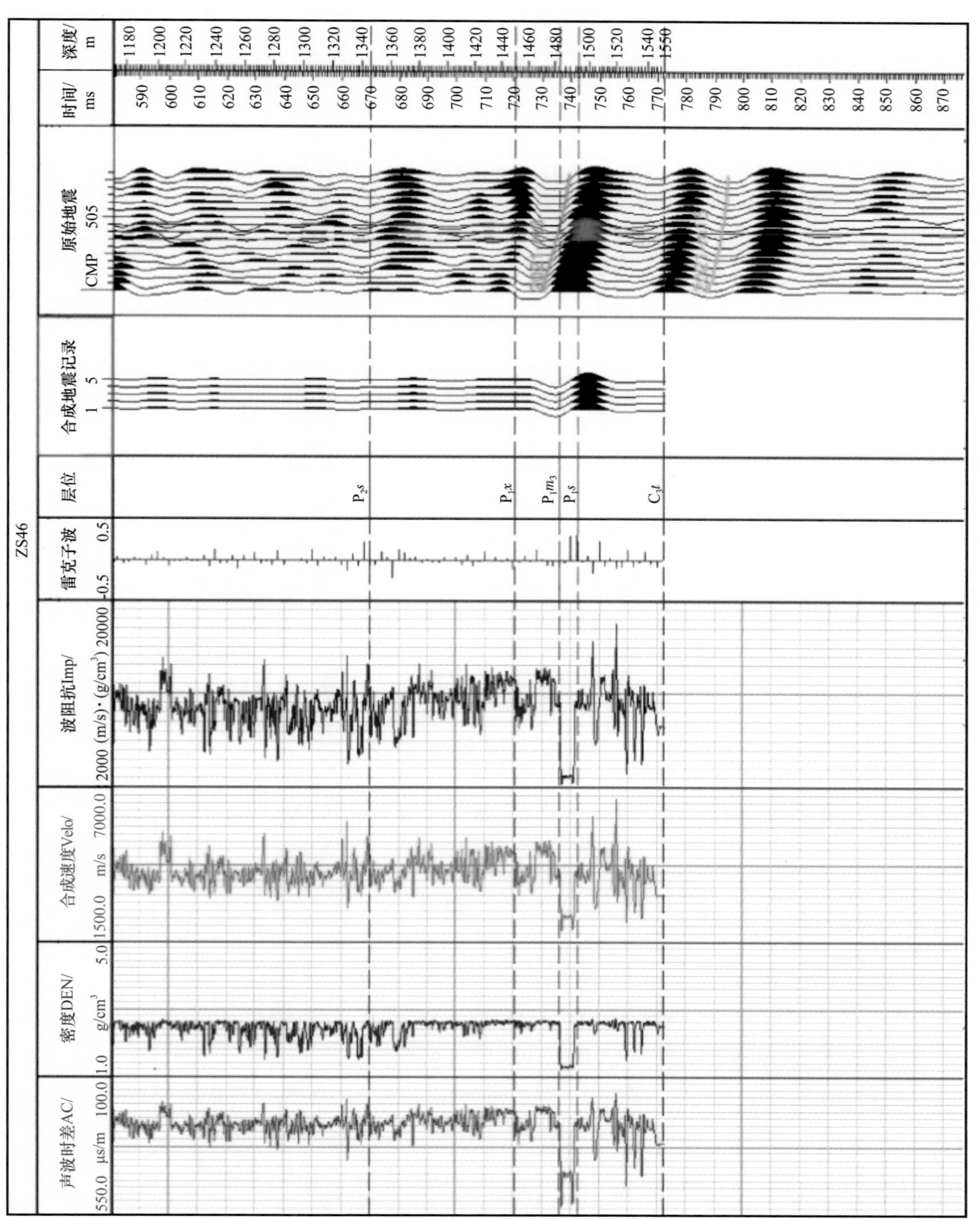

图 2-1-3　井震结合精准标定建立时深关系

式中 ρ_i——地层中 i 点的地层密度，g/cm^3；

v_i——地层中 i 点的层速度，m/s；

$R(i)$——地层中 i 点的反射系数。

根据上述方法就可以得到反射系数 $R(i)$。

在合成记录标定后，采用新型井震标定技术（图 2–1–3）完成时深建场，精确进行时深转换，进而完成精细构造成图。

最终构造成图解释精度提高到构造海拔等值线为 2m，断层断距为 10m，陷落柱直径为 60m。整体断裂认识更加清楚，构造形态认识更加精细（图 2–1–4、图 2–1–5）。与原有地质认识相比，新增断层 28 条、陷落柱 31 个，新识别局部背斜构造 3 个（表 2–1–1）。

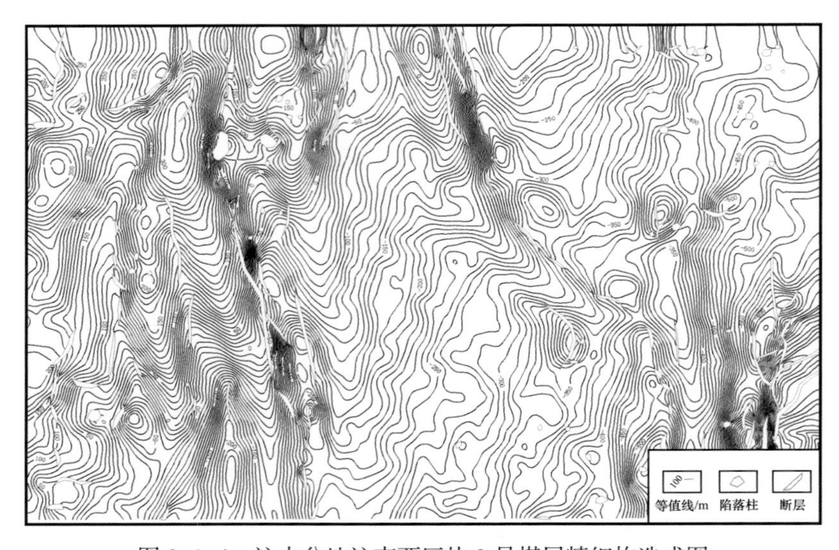

图 2–1–4　沁水盆地沁南西区块 3 号煤层精细构造成图

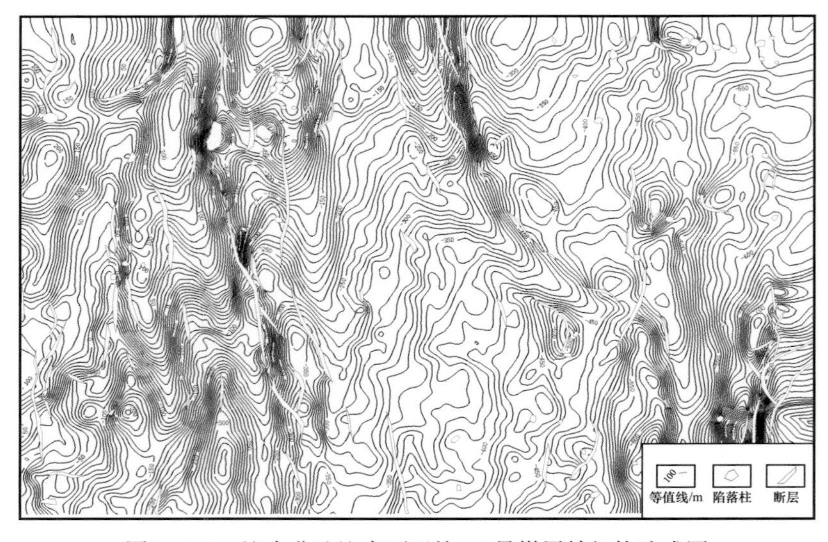

图 2–1–5　沁水盆地沁南西区块 15 号煤层精细构造成图

表 2-1-1 沁水盆地沁南西区块新老构造图断层统计 单位：个

类别	断层	陷落柱	背斜
原构造图	9	0	1
新构造图	37	31	4
新增	28	31	3

利用精细构造成图技术，该区断裂认识更加清楚、构造形态认识更加准确（图 2-1-6），其中 3 号煤层构造特征为西部褶皱发育、东部为单斜构造，西部发育 3 组近南北向背斜向斜相间分布，向斜核部断层、陷落柱发育，断裂密度为 1.04 条 $/km^2$；东部发育一个北西向背斜，断层、陷落柱零散分布，断裂密度为 0.43 条 $/km^2$。

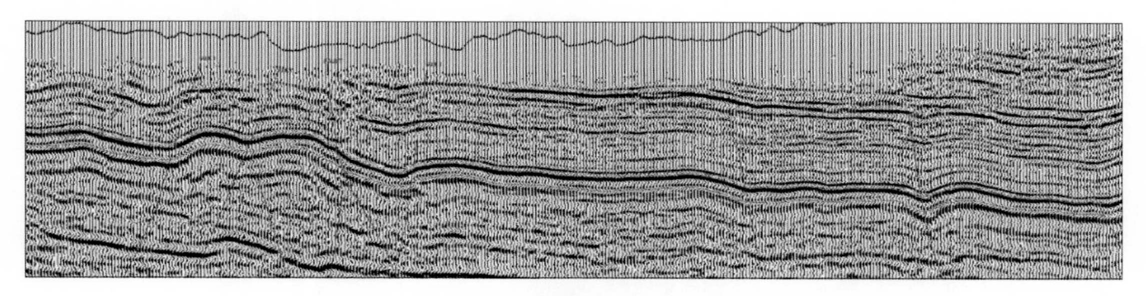

图 2-1-6 沁水盆地沁南西区块东西向地震解释剖面

15 号煤层构造格局与 3 号煤层基本一致，因经历海西期中较活跃的构造运动阶段，断层、陷落柱更加发育，共解释断层 47 条、陷落柱 36 个，整体分布规律与 3 号煤层基本一致，西部向斜核部断层、陷落柱发育，断裂密度为 1.13 条 $/km^2$，东部断层、陷落柱零散分布，断裂密度为 0.66 条 $/km^2$。

2. 构造形态刻画

构造形态对煤层气井产量有重要控制作用。正向构造，如背斜、鼻状构造等高部位的煤层气井产气量高，产水量少；构造腰部产气量中等，产水量中等；构造底部产气量低，产水量大。研究表明，在构造褶皱过程中，背斜部位由于地层抬升，地层压裂下降，发生解吸作用，甲烷等烃类气体受浮力作用，通过孔隙和裂隙等通道由构造低部位向高部位运移，煤层水受重力作用由高处向低处渗流，逐步形成“构造顶部富气贫水，腰部气、水共存，底部富水贫气”煤层气富集模式（图 2-1-7）。

利用三维可视化及倾向曲率属性预测，能够直观展示煤层起伏变化及展布情况，例如在沁水盆地郑庄区块中，整体上东西两侧抬升，中间凹陷，断层发育及展布清晰可见（图 2-1-8）。倾向曲率中，红色区域为褶皱构造高部位，代表正曲率，为地层背斜、隆起等发育区；蓝色区域为构造低部位，代表负曲率，为向斜、沟谷等发育区。

该区 3 号煤层西部褶皱不发育，地层相对平缓；中部褶皱发育，构造相对复杂，地层起伏较大；东部地层起伏剧烈，高低差异较大（图 2-1-9）。15 号煤层受到四期构造

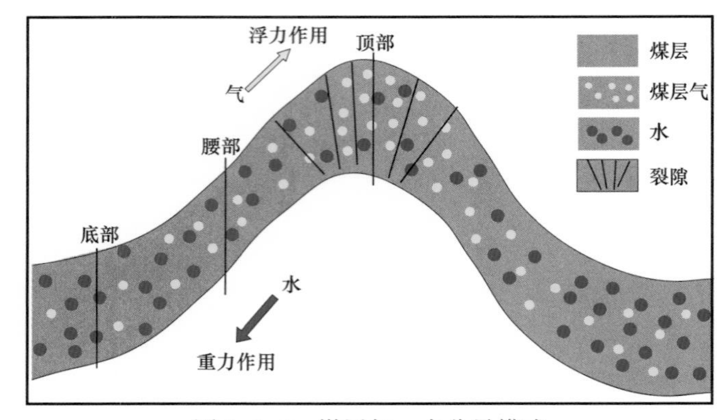

图 2-1-7　煤层气、水分异模式

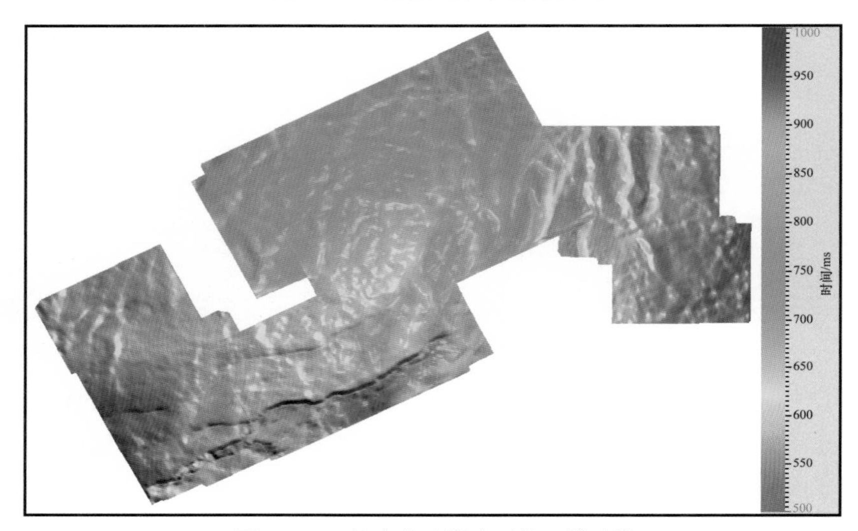

图 2-1-8　沁水盆地郑庄区块三维建模

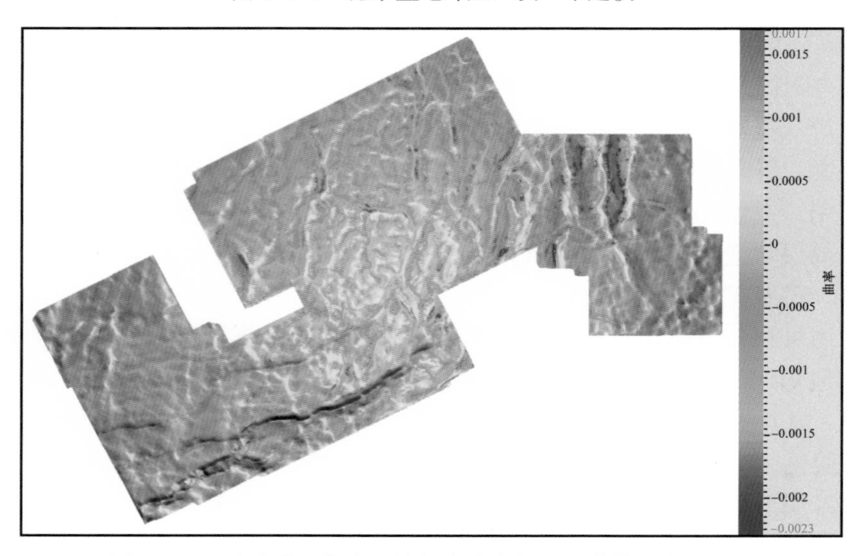

图 2-1-9　沁水盆地郑庄区块倾向曲率与三维建模叠合示意图

运动，整体趋势与3号煤层一致，但在微小变化上则更为剧烈，断裂也更为发育。同时，将实际产气量进行了对比分析，在低洼区、地层突变区（断层发育）产气效果较差，局部小背斜处则具有一定的高产条带特征。

通过构造精细评价，实现2m精细构造图，能够准确预测煤层埋深，确定断层及陷落柱影响区域。断裂导致气体逸散，周围煤层含气量降低，其影响距离与其规模呈正相关关系；陷落柱直径大小反映其对煤层破坏作用强弱，直径越大，破坏作用越强，周围煤层含气量越低；此外，压裂裂缝沟通断裂，使改造效果变差。因此，应避免断层影响区域，作为煤层气高效开发建产区。

利用倾向曲率属性对目的煤层的构造形态进行精细刻画，可以将构造形态划分为构造平缓区、褶皱构造高部位及褶皱构造低部位，在煤层气开发过程中应尽量避免褶皱构造低部位，规避开发的风险区。

二、构造影响范围确定

通过对断层、陷落柱精细描述，开展断层影响范围综合研究，以沁水盆地郑庄区块为例，根据区内探井3号煤层的含气量实际测试资料，绘制了含气量等值线图（图2-1-10）。可以看出，该区3号煤层的含气量普遍较高，一般为20～30m³/t，平均为22.48m³/t。含气量高值区主要分布在区块的正北部以及中部地区构造简单的区域，含气量可达30m³/t以上；含气量低值区主要分布在区块的南部区域性断层发育区、东北部中等规模断层以及褶曲发育区、西北部中等规模断层发育区，以及西南部煤层埋深浅部区，煤层含气量一般低于20m³/t。

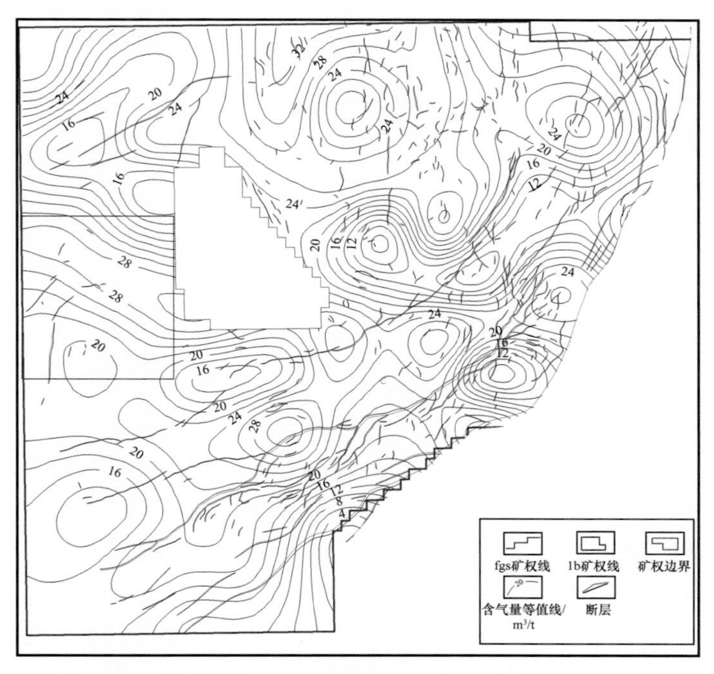

图2-1-10　沁水盆地郑庄区块3号煤层含气量分布

断层对煤层气运移以及煤层气藏的保存条件有重要影响。在地质历史时期中，断层自身不断发展变化，对煤层气的控制作用产生不同影响。

1. 断层对煤层含气量的控制范围

断层对煤层含气量具有明显的控制作用，靠近断层含气量有明显降低的趋势。断层对煤层含气量的影响在一定的控制范围之内。随着距离的增加，含气量有明显升高的趋势；达到一定距离之后，断层对煤层含气量几乎没有影响。以断层为中心，一般呈现含气量中间低、四周高的状态。统计研究区部分典型含气量低值井距断层的水平距离（图 2–1–11）发现，断层对煤层含气量的控制范围一般在 1km 以内。煤层距断层小于 0.5km 时，断层对煤层含气量的影响非常严重，煤层含气量小于 10m³/t，断层面上煤层含气量甚至小于 5m³/t；煤层距断层 0.5～1.0km 时，随着距离的增加，断层对煤层的影响逐渐减弱，煤层含气量呈现逐渐递增的趋势，一般为 10～25m³/t；煤层距断层大于 1.0km 时，断层对煤层含气量的影响很弱，煤层含气量一般大于区内平均值。

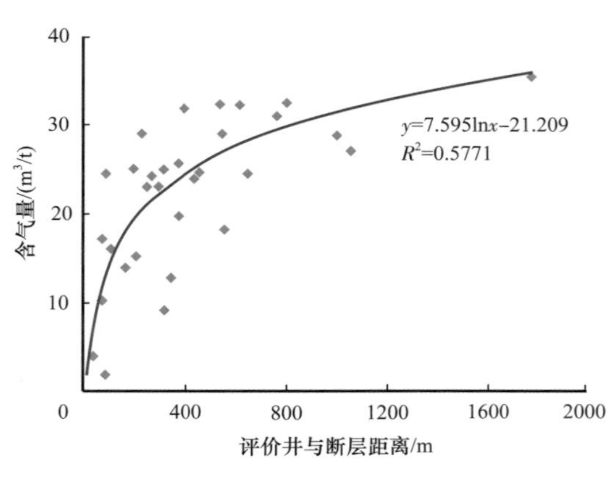

图 2–1–11　煤层距断层远近与含气量关系

断层规模大小对煤层含气量也有一定的影响，断层规模越大，断层附近的煤层含气量越低；断层规模越小，断层附近煤层含气量越高，尤其是小型的逆断层是煤层气富集的有利区。区块南部的寺头断层和后城腰断层延伸长、断距大、倾角陡，控制了郑庄地区南部煤层的含气量。在两断层之间，含气量明显低于 20m³/t，局部甚至低于 5m³/t。在区块的东北部、西南部以及西北部，大多为中等规模断层，断层延伸长度为 2～10km，断距为 10～100m，倾角为 10°～30°，煤层含气量一般也低于 20m³/t。区块正北部发育一系列延伸长度为 0.3～1.0km 的小型逆断层，断距一般小于 40m，倾角为 10°～30°，走向为 160°～190°，含气量一般高于 25m³/t。

2. 断层不同部位含气量分布特征

研究表明，断层不同部位煤层含气量具有明显的差异。一般而言，同一断层上升盘煤层的含气量低于下降盘含气量。例如在 35 井和 47 井附近，对于同一断层，上升盘煤层含气量一般比下降盘含气量低 10m³/t 左右。分析研究区两条典型三维地震剖面（图 2–1–12）发现，部分断层上升盘煤层含气量明显较低，而下降盘一般高于区内平均值。例如，32 井和 140 井位于 f1 断层的上、下盘位置，32 井煤层含气量仅为 11.74m³/t，而 140 井却远高于区内平均值，为 27.08m³/t。但是这种关系是在断层与煤层距离小于 1.0km 的，如果超出断层控制距离，上、下盘煤层含气量差异不是特别明显。例如，74 井煤层含气量为 26.89m³/t，虽然位于 f5 断层的上升盘，其主要原因就是 74 井超出了断层的控制范围。然而，35 井和 82 井都处于断层下降盘，相距断层相对较近，但是含气量却出现了明显的差异，这可能与断层自身封堵性质有关。

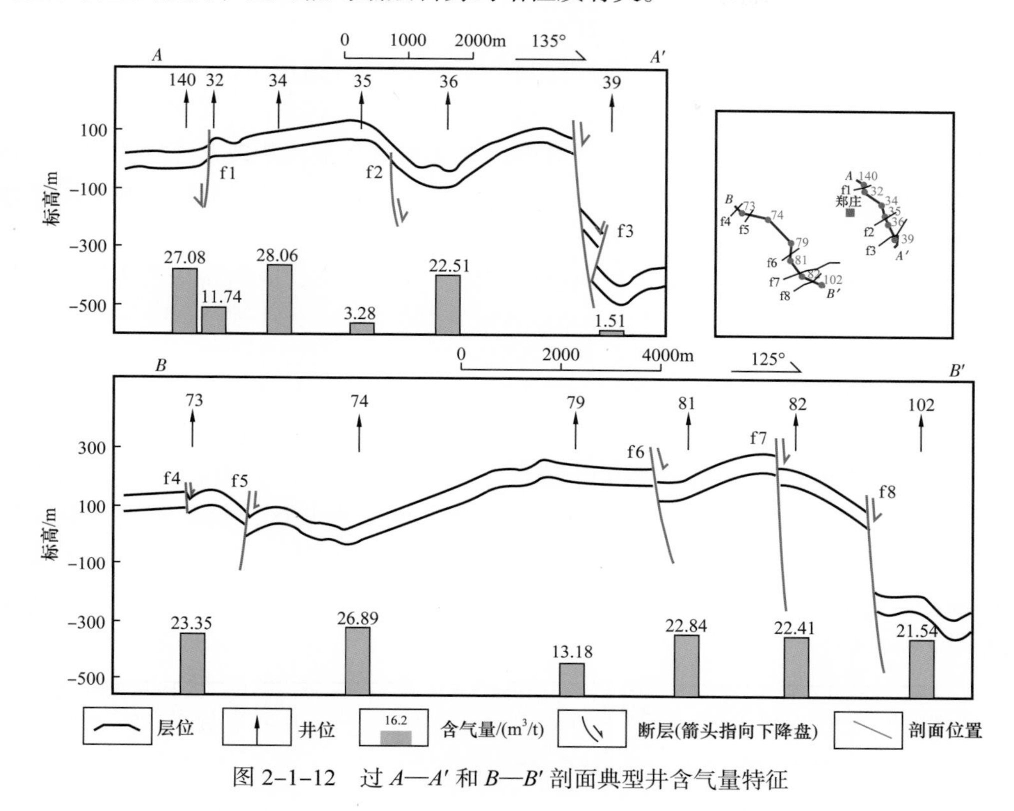

图 2–1–12 过 *A*—*A*′ 和 *B*—*B*′ 剖面典型井含气量特征

3. 断层影响范围及构造形态分析

综合分析认为，不同断层属性影响范围不同，从对比统计结果来看，陷落柱的存在会产生大量纵向裂隙，造成煤层气的散失，严重影响煤层的含气量，大规模正断层影响范围达 500m 左右，逆断层影响范围为 150m 左右（表 2–1–2）。通过统计分析，最终确定影响煤层气水平井生产的断层、陷落柱距离为 200m。

表 2–1–2 断层影响范围统计

断层属性	距断层距离 / m	<100	100～150	150～200	200～250	250～300	300～350	350～400	400～450	450～500
正断层	总井数 / 口	32	10	16	9	8	5	6	2	2
	产量小于 200m³/d 井数 / 口	31	9	10	6	7	3	1	1	0
逆断层	总井数 / 口	7	4	2	2	2				
	产量小于 200m³/d 井数 / 口	5	2	1	0	0				

不同构造形态条件下，断裂系统、煤体结构、应力状态和水动力状态等存在一定的差异，将构造形态划分为三大类型。

（1）构造平缓的构造高部位、斜坡带：构造最稳定的区域，地层产状宽阔平缓，倾角一般小于8°，构造稳定，断裂系统基本不发育，煤层气逸散少；煤岩受到的破坏小，煤体结构相对原生，利于煤层气的保存、改造和采出；适宜各类水平井部署。

（2）褶曲发育区的构造高部位、斜坡带：构造相对复杂、断裂系统较为发育，微小褶皱起伏变化；煤体结构以原生、原生—碎裂煤为主；煤层整体较稳定，相对利于水平井的部署。

（3）褶曲发育区的构造低部位：地层产状陡，起伏较大，应力挤压严重，对煤层破坏严重，低部位水动力强，含气性差，难以有效开发。

三、评价区构造影响划分

通过对构造精细评价完成基础分区，为有利区划分确定奠定基础，通过对郑庄实际生产数据的分析，判断断层影响范围，以此对沁南西区块断层影响范围进行划分，以距断裂250m为界，划分了断裂影响区和非断裂影响区，剔除断层影响区影响（图2-1-13）；同时对构造形态进行预测，依据马必东区块实际生产经验，褶皱高部位及平缓区高产，褶皱构造低部位低产，划分为构造平缓区、褶皱构造高部位及褶皱构造低部位（图2-1-14）。

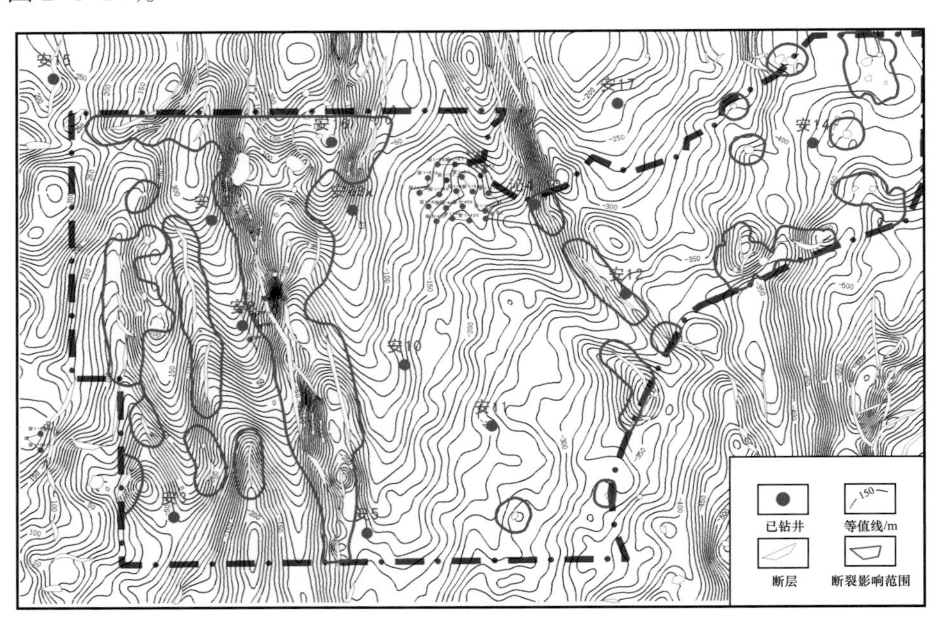

图2-1-13　沁水盆地沁南西区块断裂影响范围划分

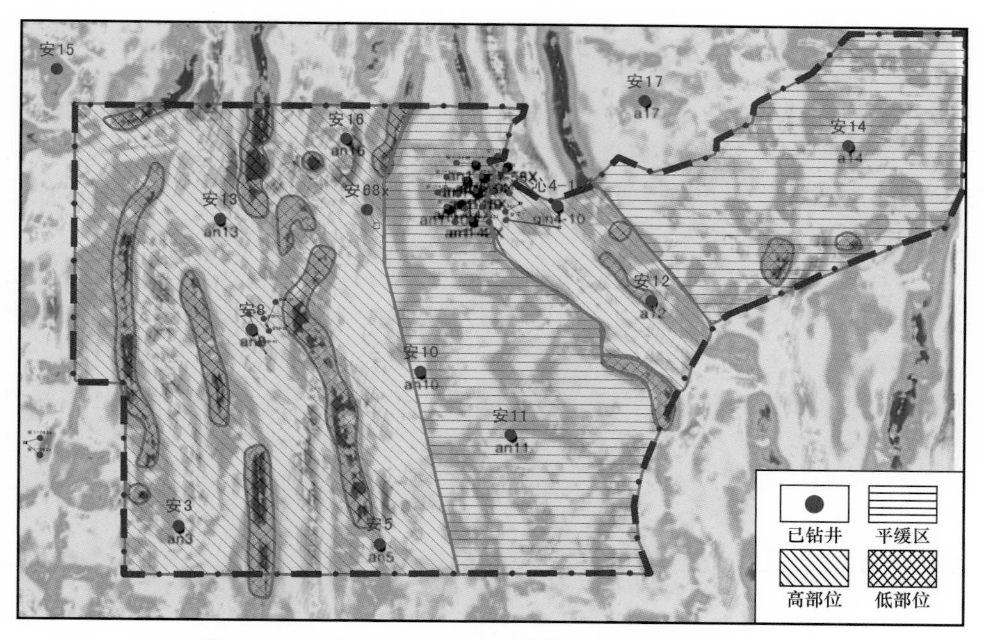

图 2-1-14 沁水盆地沁南西区块构造形态影响范围划分

第二节 煤层厚度识别及展布特征预测

煤储层是一种非常规裂缝性储层，具有一定特殊性，主要影响煤层气水平井开发生产的因素在于煤层厚度分布认识，对于煤储层展布特征，主要通过测井描述及地震预测两种方式进行煤层认识。利用测井、取心等连井剖面等，能够从纵向上识别煤层分布情况，利用地球物理预测技术（如振幅属性、地震反演等），能够从平面上预测煤层厚度发育情况，从而规避煤层减薄、分叉等风险区，寻求煤层厚度大、横向分布稳定、夹矸不发育的优质煤层“甜点区”。煤层厚度认识及展布特征预测技术流程如图 2-2-1 所示。

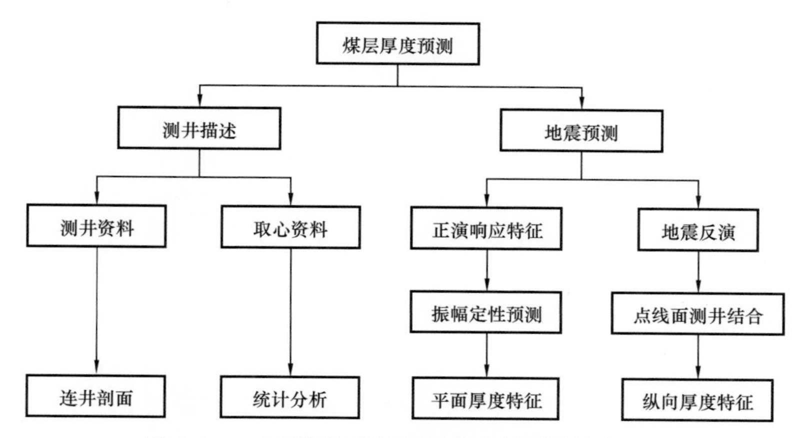

图 2-2-1 煤层厚度认识及展布特征预测技术流程

一、煤层厚度评价井测井描述

沁水盆地主要煤层厚度较大且分布稳定，是煤层气藏形成的物质基础，也是煤层气开采和评价的一个重要参数。煤层厚度大，不仅产气量大、资源丰度高，而且有利于煤层气赋存。利用评价井测井曲线及实钻数据，对区域煤储层厚度进行连井测井描述及区域煤层厚度差值，完成初步煤层厚度评价。

各煤组中3号煤层和15号煤层单层厚度最大、分布最稳定，是主要的可采煤层，也是煤层气勘探的主要目的层。其中，山西组3号煤层发育稳定；太原组15号煤层平面分布稳定，但厚度存在差异。

利用连井剖面测井描述技术，在沁水盆地郑庄区块可以看出目的层3号煤层位于山西组下部，由深灰色、灰黑色泥岩、砂质泥岩、粉砂岩夹煤系地层组成。3号煤层电性特征明显：在自然伽马曲线上呈现箱状、齿状低值；电阻率曲线上为齿状高阻，如图2–2–2所示。

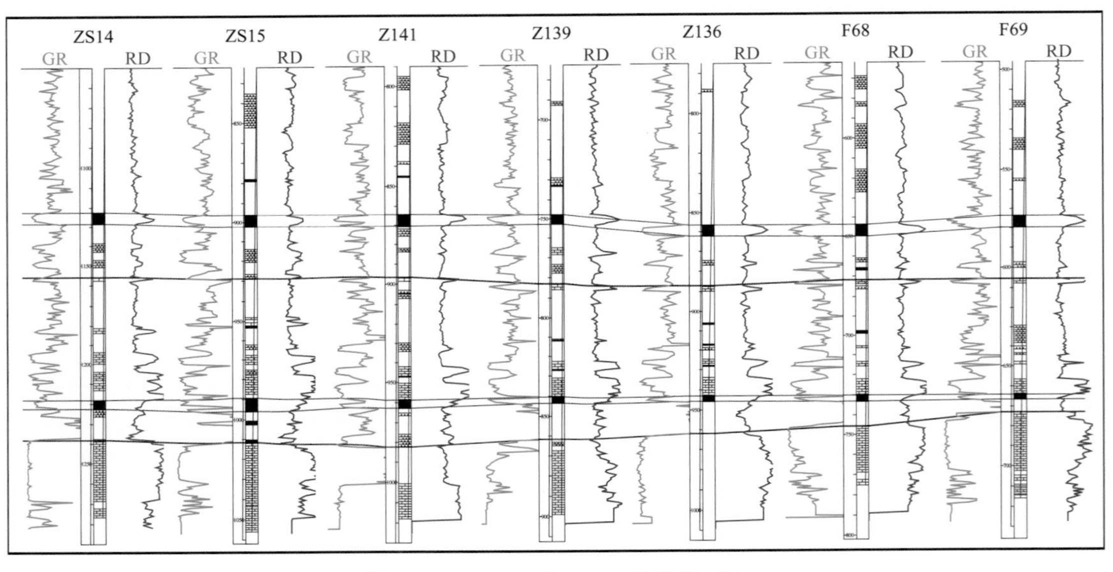

图2–2–2　ZS14井—F69井煤层对比

根据沁水盆地沁南西区块及邻近区48口井完成煤层厚度统计（表2–2–1），进行连井煤层厚度测井评价，绘制3号煤层及15号煤层厚度分布图，可以看出3号煤层发育稳定，变化小，净厚度为5.25～6.95m，主体大于5.50m，平均6.1m（图2–2–3）；15号煤层总厚度为3.30～9.25m，在中部分2～3叉，$15^{\#}_{上}$发育稳定，净厚度为2.25～8.40m，主体在2.50m以上，平均为4.10m（图2–2–4）。

通过对测井连井剖面进行定性分析，识别煤储层展布情况，整体上沁水盆地3号煤层发育厚度为4～7m，平均厚度为6m，总体上表现为东厚西薄的趋势，分布稳定。埋深为300～1000m，大部分区域不超过800m。15号煤层展布趋势与3号煤层相近，但煤层较薄，且发育多套夹矸，平均单层厚度为2～3m。

表 2-2-1　沁水盆地沁南西区块部分煤层厚度统计

井号	厚度 /m					
	3 号煤层		15 号煤层			
	总厚度	净厚度	总厚度	总净厚度	$15^{\#}{}_{上}$煤总厚度	$15^{\#}{}_{上}$煤净厚度
Q1	5.70	5.30	6.00	5.00	4.30	3.30
Q2	7.25	6.65	6.65	5.55	3.75	2.65
Q3	7.55	6.95	8.40	8.40	8.40	8.40
Q4	6.30	5.80	7.10	6.10	7.10	6.10
Q5	6.90	6.90	3.30	3.30	3.30	3.30
Q6	6.60	5.25	6.20	5.20	3.25	2.25
Q7	6.30	6.30	3.80	3.80	3.80	3.80
Q8	7.15	6.35	9.25	7.75	3.10	3.10

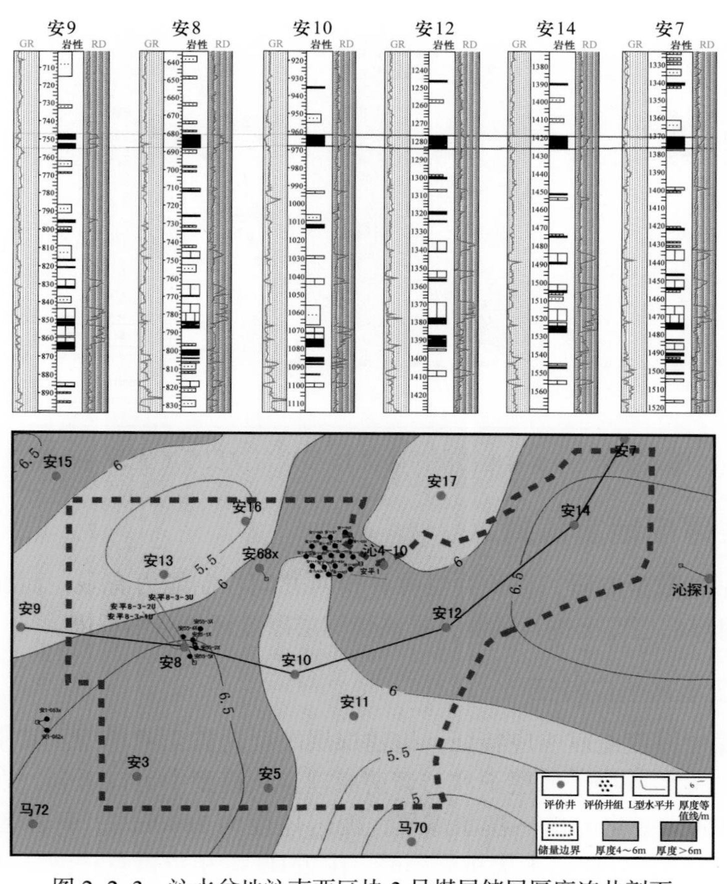

图 2-2-3　沁水盆地沁南西区块 3 号煤层储层厚度连井剖面

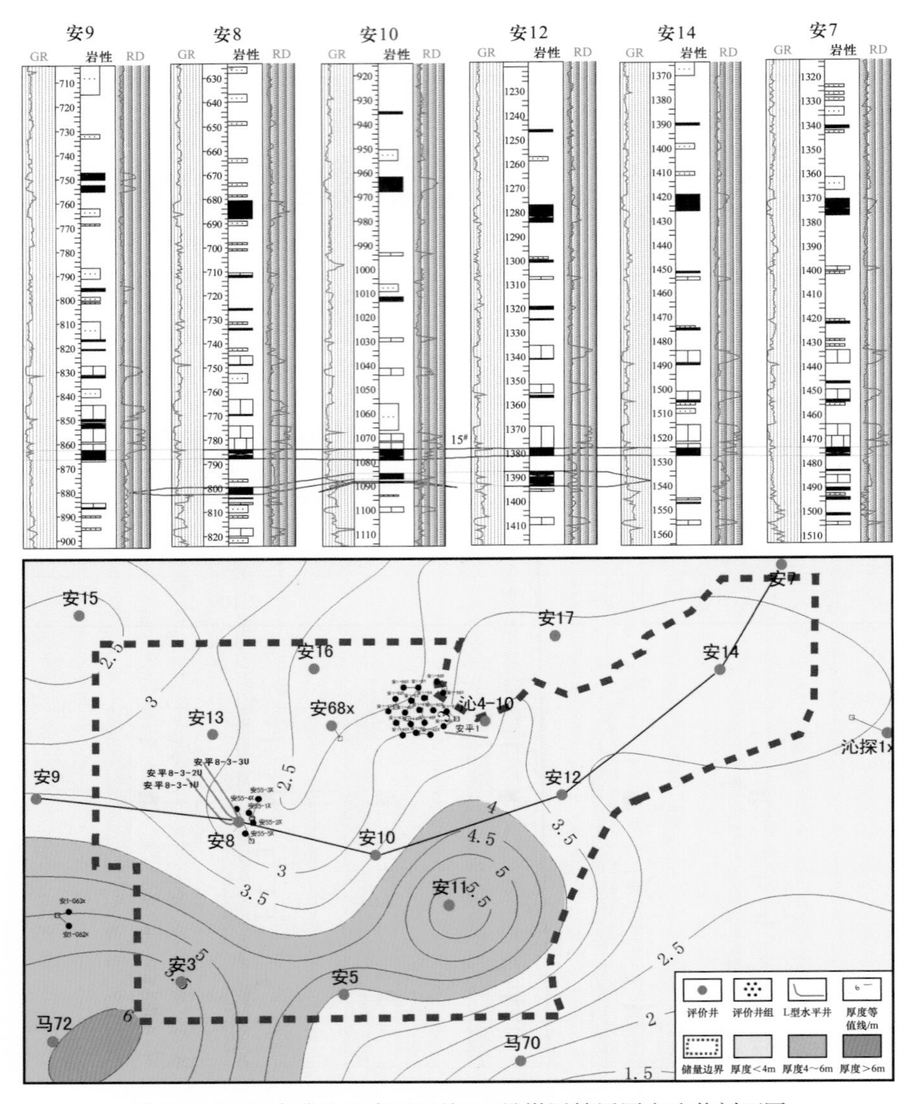

图 2-2-4　沁水盆地沁南西区块 15 号煤层储层厚度连井剖面图

二、煤层厚度地震预测

由于新区钻井数量有限，评价井测井评价对井间控制能力有限，而在三维区内可以利用地震属性对煤储层厚度进行预测，提高煤储层厚度评价精细程度。

1. 煤层厚度地震响应特征

为了明确煤层厚度地震响应特征，构建煤层厚度地震正演模型。其中，煤层厚度与地震反射振幅的关系取决于薄层干涉与调谐原理。从模型中可以看到，在泥岩中嵌入一个厚度从 0 到 100m 变化的单一楔状煤层，泥岩速度为 3800m/s，泥岩密度为 2.4g/cm^3，煤层速度为 2000m/s，煤层密度为 1.5g/cm^3。在 25Hz 零相位雷克子波环境下，正演模拟结果表明：煤层厚度为60～100m时，煤层顶底不发生干涉，顶界反射为两个旁瓣充填，故振幅弱于底界面单轴反射，并且煤层越厚，顶底之间的空白带越宽；当煤层厚度小于60m时，煤层顶底反射开始发生干涉叠加现象，中间轴也随之逐渐减弱，最后消失；当煤层厚度为20m左右时（1/4波长），底界面反射发生干涉调谐现象，振幅表现最强；煤层厚度为0～20m时，煤层由上而下为弱峰—强谷—强峰的反射特征，且煤层越薄，振幅越弱。

2. 振幅属性定性预测煤层分布

由正演结果可知，当煤层厚度小于1/λ（λ为波长）调谐厚度（20m左右）时，煤层越厚，振幅越强。以沁水盆地沁南西区块为例，由单煤层厚度与对应振幅值交会图（图2–2–5）可以看出，对于小于10m的单煤层，煤层厚度与振幅存在一定的正相关性，随着煤层厚度的增加，振幅值增加，故可利用振幅属性定性预测煤层厚度。

以沁水盆地沁南西区块为例，如图2–2–6所示，该区块3号煤层的振幅值由南到北、由东向西逐渐减弱，对应的实钻3号煤层厚度由南到北、由东向西逐渐减薄、分叉。

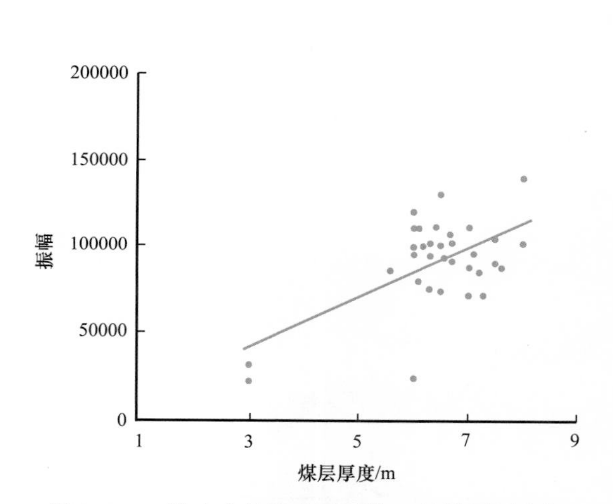

图2–2–5 沁水盆地沁南西区块3号煤层厚度与对应振幅交会图

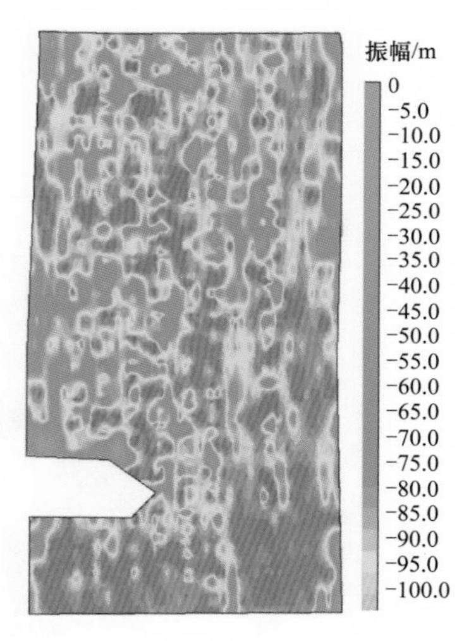

图2–2–6 沁水盆地沁南西区块3号煤层振幅属性平面图

3. 模型反演定量预测煤层厚度

模型反演是将地震与测井有机地结合起来，以测井资料丰富的高频信息和完整的低频成分补充地震有限带宽的不足，反演中从地质模型出发，使模型的正演合成地震响应与实际地震数据最佳吻合，最终的模型数据便是反演结果。其精度取决于地质建模、钻井数量、井位分布、地震资料分辨率和信噪比等因素。该方法反演的分辨率较高，适合于薄互储层、钻井数量较多的储层预测。将地震与测井有机结合，按照“点标定、线约束、体反演”技术思路，能够精细描述煤层展布及厚度分布规律。

依据测井及煤层、泥岩、砂岩、石灰岩等波阻抗门槛统计，确定煤层波阻抗门槛值为 3260～6000（m/s）·（g/cm^3）。按该门槛值可提取煤层厚度平面图（图 2-2-7）。以沁水盆地沁南西区块为例，根据区内钻井数据，实钻 3 号煤层厚度 3～8m，反演剖面图上煤层清晰可辨，厚度变化自然（图 2-2-8、图 2-2-9）。各井 3 号煤层实钻厚度与预测厚度绝对误差小于 0.5m，相对误差小于 7%，预测结果与实钻吻合较好。

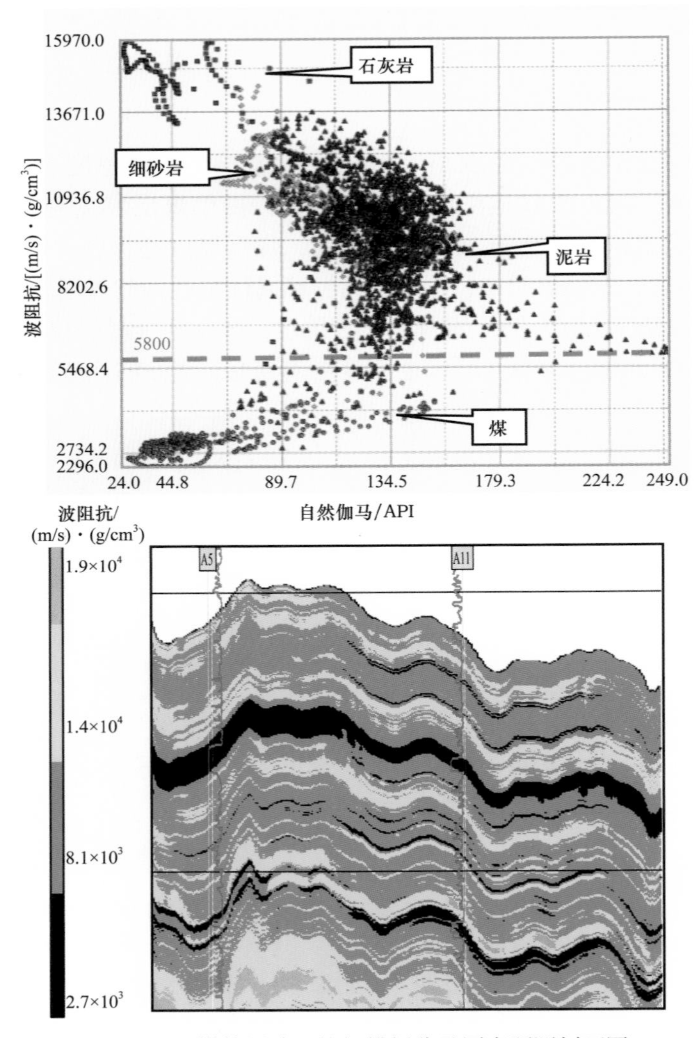

图 2-2-7 煤储层波阻抗门槛划分及厚度预测剖面图

通过煤层振幅特征预测及地震反演，精细预测煤层厚度变化，能够识别平面上煤储层展布情况，可以看出该区 3 号煤层总体上表现为中部厚、东西薄的趋势，分布稳定，主要煤层厚度在 5m 以上。15 号煤层展布表现为南部较厚、北部减薄的趋势，变化较大，厚度为 3～5m。

三、评价区煤层厚度划分

通过对煤层厚度测井描述及厚度预测完成基础分区，为有利区划分奠定基础，基于

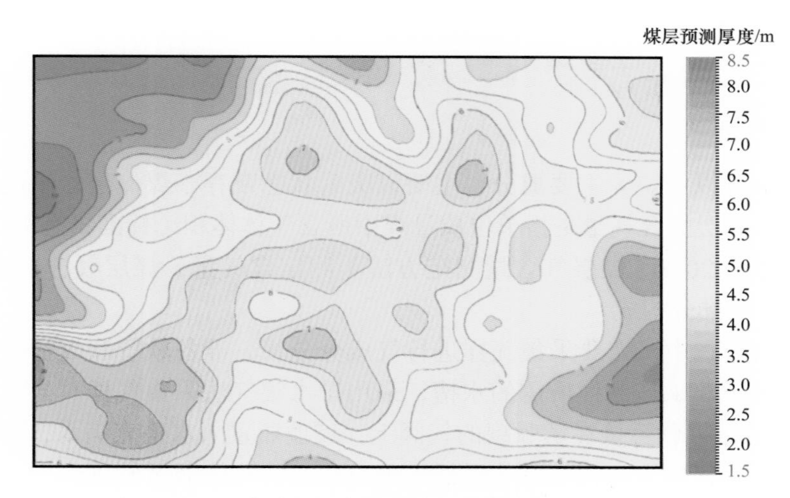

图 2-2-8 沁水盆地沁南西区块 3 号煤层厚度预测平面图

沁水盆地煤层气综合认识，对沁南西区块厚度进行有利区划分，其中 3 号煤层厚度大于 5.5m，15 号煤层厚度大于 3m，划分了煤层厚度有利区。

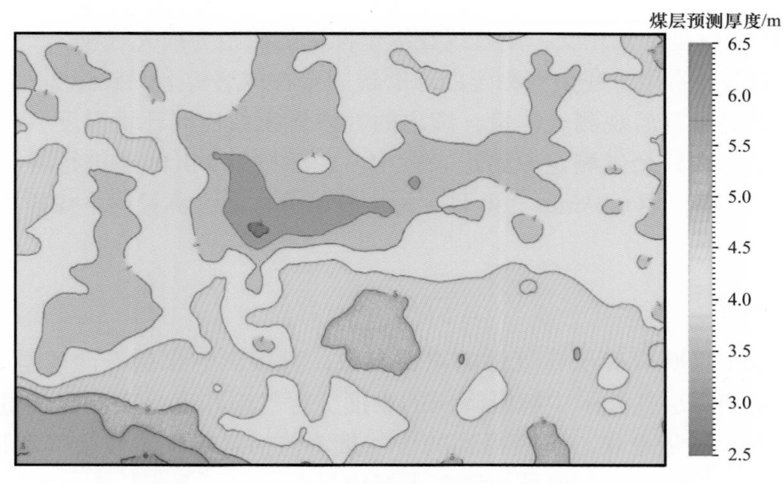

图 2-2-9 沁水盆地沁南西区块 15 号煤层厚度预测平面图

第三节 煤层含气性

煤储层的含气性代表着资源基础，是决定煤层气产能及其开发潜力的重要参数之一，是建产区优选的重要指标，对含气性认识不清会增加选区难度和工程部署风险。煤储层的含气性包括煤层含气量和含气饱和度等参数（连承波等，2005）。煤层气的含气性及其富集成藏主要受煤层的生气条件、储气条件和保存条件的控制，因此，煤层埋深、煤热演化程度、构造条件、水动力条件和煤层顶板封闭性都会影响煤层的含气性分布（王琳琳等，2013）。

一、煤储层含气性参数

1. 煤层含气量

煤层气是一种以甲烷为主要成分，主要以吸附状态赋存于煤储层之中的自生自储式非常规天然气。煤层的含气量是指单位质量煤中所含气体体积（标准状态下）。采用国家标准 GB/T 19559—2008《煤层气含量测定方法》测定含气量，煤层气含气量由解吸气、损失气和残余气三部分构成。

解吸气测定过程中，需要采集气样进行气成分分析，准备软管和气样瓶（250mL 玻璃瓶或气袋）若干及采集气样所需的水槽，采用排水集气法采集气样。当量筒内气体体积大于 400mL 时，把软管接在解吸罐的气阀上，玻璃瓶置入水槽充满水，打开量筒的气阀并提升锥形瓶，将软管内空气排除后插入玻璃瓶，让气体通过软管流向瓶中。待气体收集到约 150mL 后，在水槽中拔下软管并盖上瓶塞。然后，在瓶子外贴上标签倒置箱中，送实验室进行气体组分分析。

损失气采用直接法计算。解吸初期，解吸量与时间平方根成正比。以标准状态下累计解吸量为纵坐标，损失气时间与解吸时间的平方根为横坐标作图，将最初解吸的各点连线，延长直线与纵坐标轴相交，则直线在纵坐标轴的截距为损失气量。

残余气测定需要将用于残余气测定的球磨罐固定在球磨机上，破碎 2～4h，放入恒温装置，待恢复储层温度后观测气体量，读出的气体体积数连同环境温度、大气压力、解吸时间等一并记录在残余气测定原始记录表中。之后按每 24h 间隔进行解吸测定。残余气测定结束后，开罐，用 0.25mm（60 目）标准筛筛分样品，称量筛下煤样质量，进行残余气含量计算。

2. 含气饱和度

含气饱和度是反映煤储层含气性的重要参数，直接影响煤层气的产量和可采储量，同时也直接影响到煤层气开采中解吸降压的难度。含气饱和度是实测含气量与理论含气量的比值，实测含气量是煤心解吸得到的含气量（包括解吸气、残余气和损失气），理论含气量是等温吸附曲线上与原始地层压力对应的含气量。含气饱和度可由式（2-3-1）求得：

$$S_{\mathrm{g}}=\frac{V_{\text{实}}}{V} \tag{2-3-1}$$

$$V=\frac{V_{\mathrm{L}}p}{p+p_{\mathrm{L}}} \tag{2-3-2}$$

式中 S_{g}——含气饱和度，%；

$V_{\text{实}}$——实测含气量，$\mathrm{m^3/t}$；

V——实测储层压力在等温吸附曲线上对应的含气量，$\mathrm{m^3/t}$；

V_{L}——兰氏体积，$\mathrm{m^3/t}$；

p——实测储层压力，MPa；

p_L——兰氏压力，MPa。

由Langmuir等温吸附曲线可知，煤层气藏含气饱和度反映了储层压力降低至临界解吸压力的难易程度。煤层气临界解吸压力是指解吸与吸附达到平衡时对应的压力，即压力降低使吸附在煤微孔隙表面上的气体开始解吸时的压力。理论上，当储层压力降低到临界解吸压力以下时，煤孔隙中吸附的气体开始解吸，向裂隙方向扩散，在压力差的作用下，从裂隙向井筒流动。煤储层临储压力比是指临界解吸压力与原始储层压力之比。通常情况下含气饱和度越高，临储压力比也会越大，表明煤储层压力越容易达到临界解吸压力；含气饱和度低，表明需要通过更长的时间排水才能降低至临界解吸压力。含气饱和度受气藏封闭条件的影响较大，靠近断层及水动力活跃区域的含气饱和度往往较低，含气饱和度越高越有利于煤层气开发。

二、煤层含气性地质控制因素

1. 煤层埋深

统计沁水盆地南部160口井含气量测试数据表明，正常情况下，煤层含气量随着埋深的增加而增加，少量处于断层附近的煤岩样品的含气量明显低于相同深度的远离断层的煤岩含气量（图2-3-1）。原因是随着煤层埋深增大，可使煤储层压力增大，增强煤层吸附能力。此外，随着埋深的增加，煤层直接顶底板泥岩致密性也在增加，阻止煤层气逸散。煤层气保存条件变好，有利于煤层气富集。沁南西区块3号煤层和15号煤层都是西部埋深浅，东部埋深大。

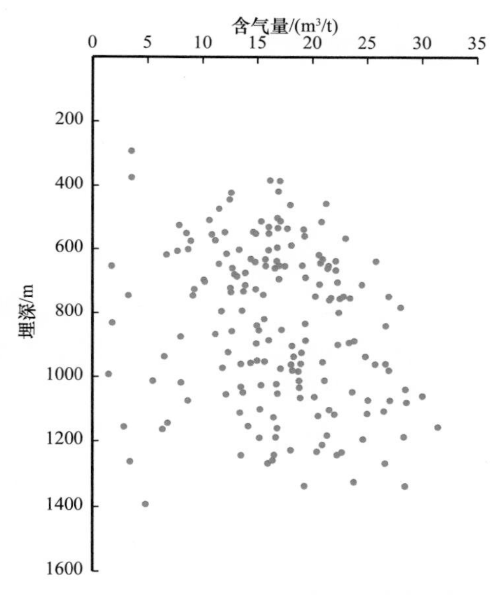

图2-3-1　沁水盆地南部煤层含气量与埋深关系

2. 煤热演化程度

沁水盆地南部的煤层经历了两期热演化过程，一期为石炭纪—三叠纪末期深成热演化，另一期为侏罗纪—白垩纪末期的岩浆热演化，其中岩浆热演化对煤岩物理化学变化影响最大。在靠近岩浆体的樊庄区块和郑庄区块南部的煤岩镜质组反射率高达3.0%～4.3%，西部马必区块的煤岩镜质组反射率为2.7%～3.3%，北部的安泽—长治区块距离岩浆体较远的区域，煤岩镜质组反射率下降到1.9%～2.7%。沁水盆地南部160口井含气量测试数据表明，在距离岩浆体影响相近的区域内，煤岩热演化程度随着埋深的增大而增大（图2-3-2）。

沁水盆地南部156口井含气量测试数据表明，随着热演化程度的升高，煤岩含气量增加（图2-3-3）。

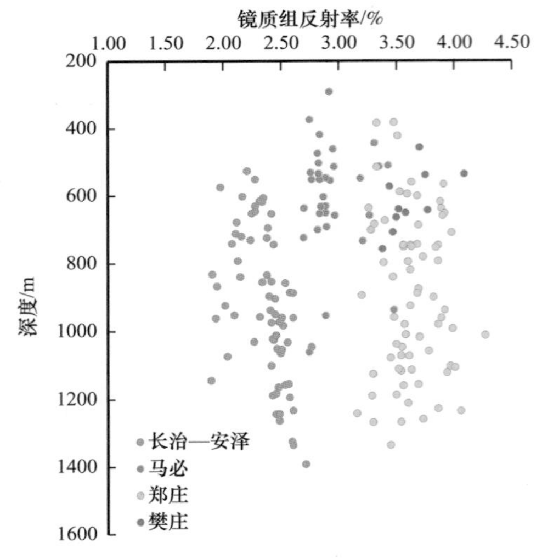

图 2-3-2 镜质组反射率与深度关系

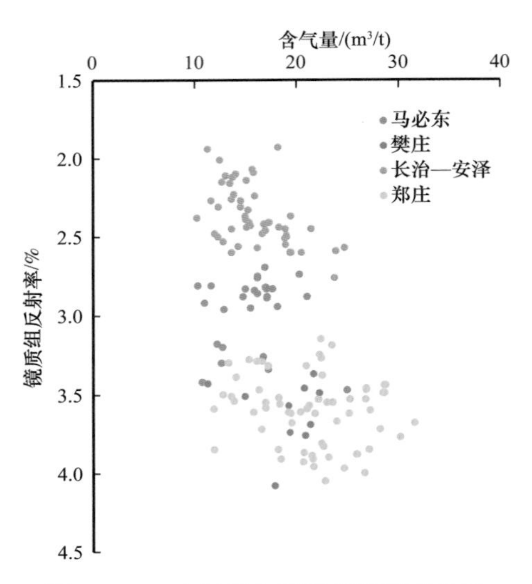

图 2-3-3 含气量与镜质组反射率关系

煤岩热演化程度越高，其内部孔隙变小，兰氏体积变大，比表面积增大，吸附能力越强，煤岩的含气量就越大。

3. 构造条件

沁水盆地属于典型的改造型盆地，煤系地层沉积之后，经历了印支、燕山和喜马拉雅等多期构造演化，特别是燕山期和喜马拉雅早期形成的断层以及地下水溶蚀作用形成陷落柱基本上都是开放性的，封闭性较差，因此，在断层或陷落柱附近，煤层气容易散失。另外，断层和陷落柱大多沟通了煤层上覆地层的含水层，在漫长的地质演化过程中，随着外来水的侵入，造成煤层气散失，煤层含气量降低。

大量钻井取心数据证实，距离断层越近煤层含气量越低。不同断距的断层对煤层含气量的影响范围不同。

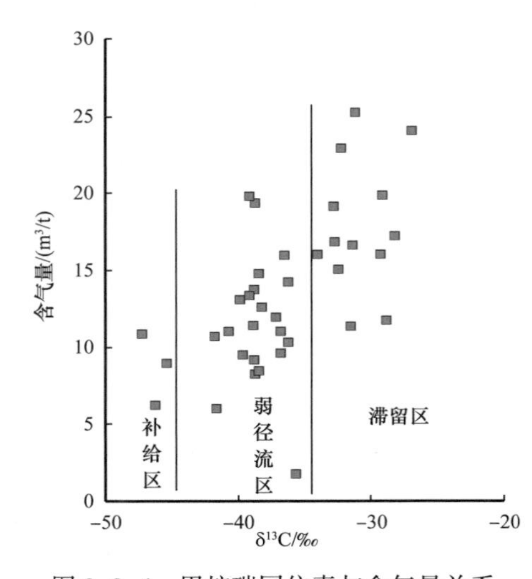

图 2-3-4 甲烷碳同位素与含气量关系

4. 水动力条件

煤层气藏是水动力封堵气藏，地下水的流动对煤层气具有冲洗作用，在地表露头和断层附近能够与外界沟通的区域，水动力较强，含气量低，随着水动力减弱，煤层含气量逐渐增加（图 2-3-4）。煤层含气量较低，从煤层解吸甲烷碳同位素在水动力活跃区变轻，处于补给区的煤样 $\delta^{13}C<45‰$，含气量小于 $12m^3/t$；弱径流区的煤样 $35‰<\delta^{13}C<45‰$，含气量大部分小于 $15m^3/t$；滞留区的煤样 $\delta^{13}C>35‰$，含气量大于 $11m^3/t$（图 2-3-4）。

从水动力强弱来看，由补给区—弱径流区—滞留区水动力强度依次减弱，煤层含气量也相应增大。

5. 煤层顶板封闭性

研究表明，煤层含气量随着顶板封闭性变好而增加。煤层顶板封闭性主要取决于沉积岩性，主要是由于不同岩性具有不同的甲烷突破能力。李明潮等（1990）的实验室测试结果表明，泥岩的封闭性能和突破压力最大，其次为粉砂质泥岩，生物碎屑灰岩和细砂岩的封闭性能最差，突破压力也较小（表 2-3-1）。

表 2-3-1 不同岩性盖层性能参数及其分级

等级	岩性	孔隙度 / %	孔径		比表面积 / m^2/g	孔隙流体能 / J/g	突破压力 / MPa	突破时间 / a/m
			范围 / mm	百分比 / %				
Ⅰ	铝土岩	5.21	2.0～4.0	54.0	18.3	1.26	15.6	44.3
Ⅱ	泥岩	2.05	1.6～3.1	55.7	8.0	0.60	9.7	17.0
Ⅲ	粉砂质泥岩	1.14	1.6～4.0	54.6	7.1	0.49	8.6	13.6
Ⅳ	泥灰岩	1.62	2.0～5.0	53.5	0.6	0.04	7.5	10.0
Ⅴ	生物灰岩	0.86	4.0～10	68.0	0.6	0.04	3.6	2.3
Ⅵ	细砂岩	1.42	2.0～6.3	50.6	0.3	0.02	0.6	0.55

注：突破时间以岩层厚度为 1m 计算。

沁水盆地南部 3 号煤层顶板岩性绝大部分为泥岩和粉砂质泥岩，厚度为 5～20m，封闭性能好；局部分布细砂岩，封闭性较差。15 号煤层顶板为泥灰岩和石灰岩，厚度为 5～15m，致密程度高，封闭性能好。

三、评价区煤层含气性分布

1. 含气量分布

沁水盆地煤层的含气量与国内其他含煤盆地相比，煤层含气量高，埋深大于 300m 时，其含气量一般为 15～20m^3/t，部分地区含气量可达 20m^3/t 以上。以沁南西区块为例，根据该区内 13 口评价井的煤心测试数据（表 2-3-2）分析，3 号煤层含气量为 12～25 m^3/t，平均 19m^3/t，含气量整体呈现西低东高的趋势；15 号煤层含气量为 11～25m^3/t，平均 18m^3/t，含气量整体呈现西低东高的趋势。沁南西区块 3 号、5 号煤层含气量分布如图 2-3-5、图 2-3-6 所示。影响该区块含气量的因素主要有煤层埋深、热演化程度和断层影响程度，西部由于埋深浅、热演化程度低（贫煤），含气量低，断层、陷落柱附近含气量低。除此之外，水动力条件和煤层的封盖条件也影响含气量的分布，不过沁南西区块整体于水动力弱径流区且区块内煤岩顶底板厚度分布比较稳定，顶底板封隔效果好，因此，它们不是影响沁南西区块含气量分布差异的主要因素。

表 2-3-2 沁南西区块 3 号、15 号煤层含气量统计

井号	含气量 /（cm^3/g）		井号	含气量 /（cm^3/g）	
	3 号煤层	15 号煤层		3 号煤层	15 号煤层
A13	13	12	A12	20	18
A8	12	17	A10	—	15
A3	12	15	Q4-10	25	—
A11	—	25	A1-43	23	—
A14	22	20	A1-54	23	21
A16	—	11	A68x	18	17
A5	24	21	13 口井平均	19	18

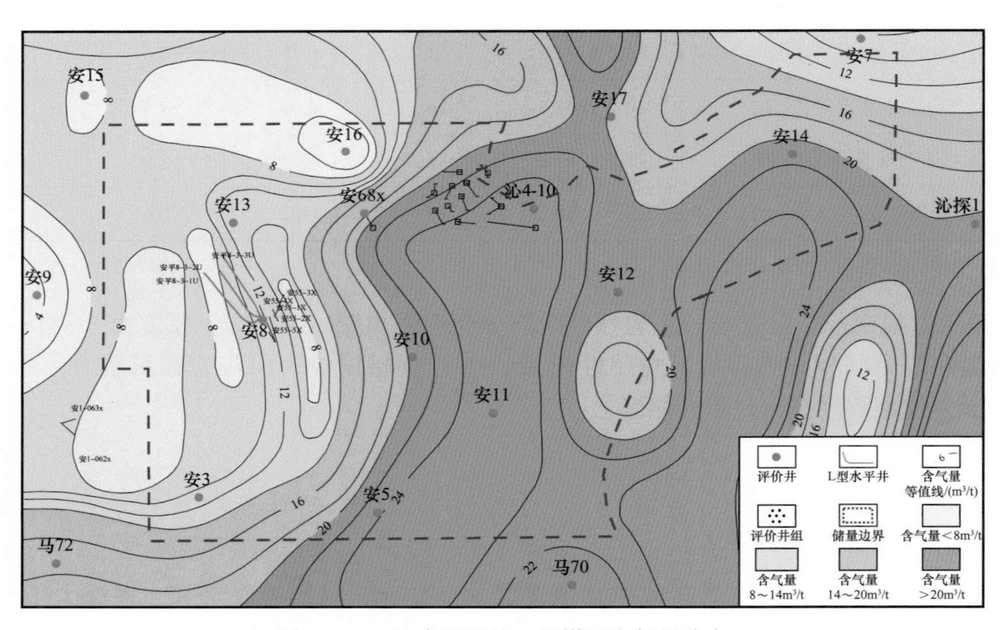

图 2-3-5 沁南西区块 3 号煤层含气量分布

2. 含气饱和度分布规律

郑庄区块 3 号煤层含气饱和度（表 2-3-3、图 2-3-7）普遍大于 80%，整体呈现西南高、北东低的趋势，除 ZH31 井、ZH32 井、ZH35 井、ZH39 井和 ZH43 井因距离断层较近煤层气受到散失导致含气饱和度较低外，其余井煤层含气饱和度范围为 56%～100%，平均 85%，表明区块气藏整体属于中—高饱和度气藏（80% 以上），利于煤层气的开发。

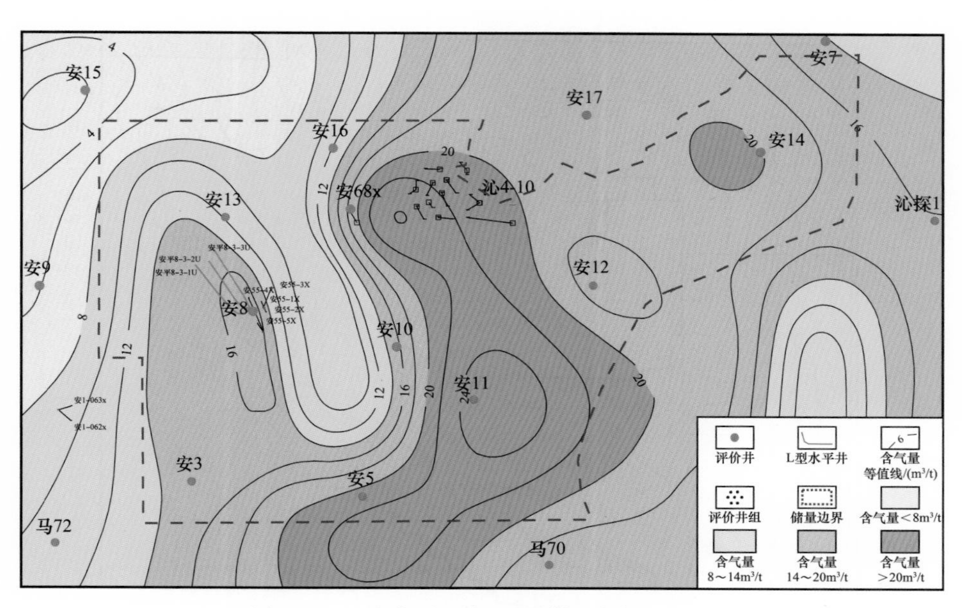

图 2-3-6　沁南西区块 15 号煤层含气量分布

表 2-3-3　郑庄区块 3 号煤层含气饱和度统计

井号	含气饱和度 /%	井号	含气饱和度 /%
ZH19	77	ZH49	58
ZH25	62	ZH54	98
ZH26	96	ZH55	90
ZH27	97	ZH57	82
ZH29	85	ZH61	67
ZH30	92	ZH62	91
ZH31	35	ZH64	84
ZH32	43	ZH67	56
ZH33	97	ZH69	100
ZH34	100	ZH76	98
ZH35	13	ZH77	93
ZH36	91	ZH79	69
ZH37	79	ZH80	89
ZH39	5	ZH81	86
ZH41	92	ZH82	98
ZH43	34	ZH89	91
ZH46	78	ZH102	71

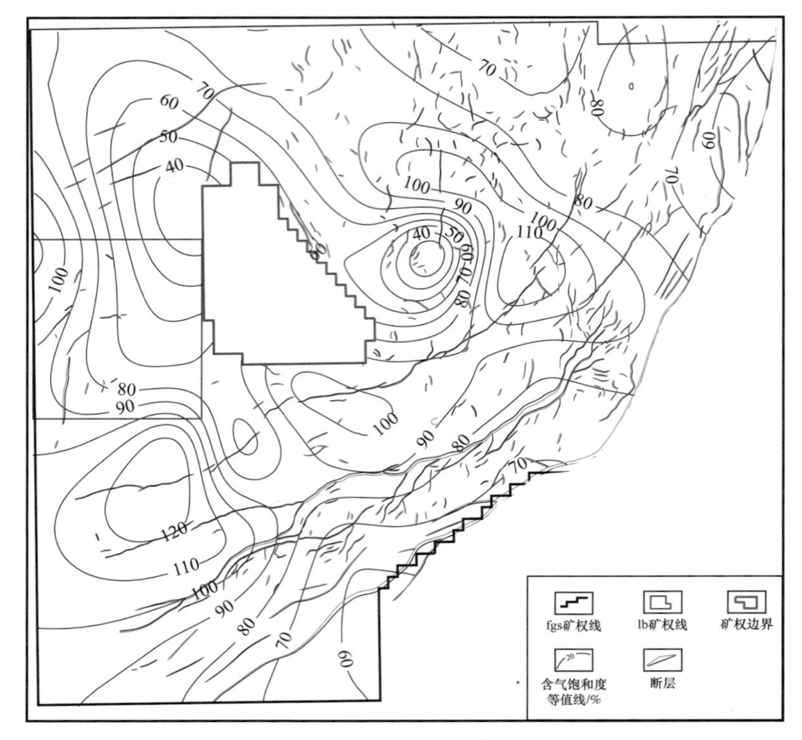

图 2-3-7 郑庄区块 3 号煤层含气饱和度分布

第四节 煤体结构判识与预测

煤体结构是指在地层历史演化过程中经受各种地质作用后表现的结构特征。煤体结构历经变形和变质作用过程后，使得煤体分为原生结构煤和构造煤，构造煤的宏观结构常见碎裂结构、碎粒结构、粉粒结构和糜棱结构等。通过明确不同煤体结构的地震响应，利用波形聚类及地震反演，预测煤体结构展布特征，指导水平井钻井开发，尽可能规避构造煤区域，优选原生煤进行开发，提高水平井压裂改造率，提升煤层气开采单井产量（图 2-4-1）。

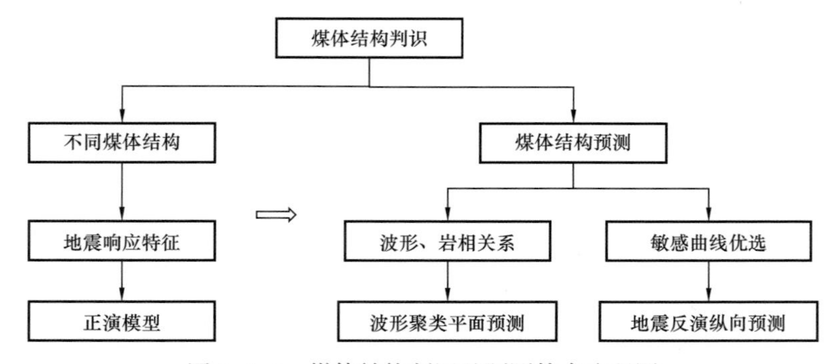

图 2-4-1 煤体结构判识及预测技术流程图

一、不同煤体结构的地震响应特征

为了精确预测煤体结构变化规律，对不同煤体结构进行了实验，以明确不同煤体结构的速度、密度等特征，并进行地震模型正演，确定不同煤体结构的地震响应特征。

由吕绍林（1995）的超声波孔测不同煤体结构声波速度表（表 2-4-1）可以看出，Ⅰ类、Ⅱ类结构相对较好的原生煤和原生—碎裂煤的速度较高，而Ⅲ类、Ⅳ类结构较差的构造煤和糜棱煤速度较低；从沁水盆地测井统计不同煤体结构的速度与密度交会图（图 2-4-2）可以看出，不同煤体结构速度差异较小，但碎粒煤的密度均小于 1.5g/cm^3，这与实验所得的构造煤速度较小的结论较为吻合。结合速度与密度的正相关性，综合认为原生煤的速度与密度大于构造煤。

表 2-4-1 超声波孔测煤体结构类型划分

接收器 1 时间 t_1/μs	接收器 2 时间 t_2/μs	声速 v/（m/s）	类型
$t_1<160$	$t_2<250$	$v=1/\Delta t>1800$	Ⅰ类煤
$t_1\geqslant160$	$t_2<250$	$v=38/t_2=1500\sim1800$	Ⅱ类煤
$t_1\geqslant160$	$t_2\geqslant250$	$v\approx25/t_1\approx38/t_2\approx1500$	Ⅲ、Ⅳ类煤

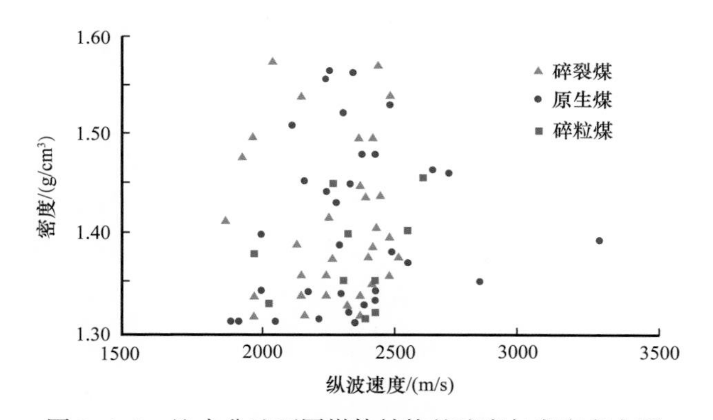

图 2-4-2 沁水盆地不同煤体结构的速度与密度交会图

上述实验研究表明，原生煤的速度与密度大于构造煤。据此推测构造煤与围岩的波阻抗差异要大于原生煤与围岩的波阻抗差异，因此构造煤的地震反射强度要大于原生煤。但实际上，煤构造并不单独存在的，往往与原生煤交互并存。根据实际地层情况，研究构建了上原下构型、上构下原型、原煤夹构型和构夹原煤型 4 种构造煤的模型（图 2-4-3）。在 25Hz 零相位雷克子波环境下，正演模拟结果显示，煤层中含有构造煤后，无论构造煤处于顶底，还是中间，地震反射振幅均表现为增强。

二、煤体结构预测

上述实验与正演结果表明，原生煤的速度与密度大于构造煤，与围岩的波阻抗差异变小，振幅减弱。以沁水盆地马必东区块为例，图 2-4-4 为该区块 3 号煤层最大波峰振

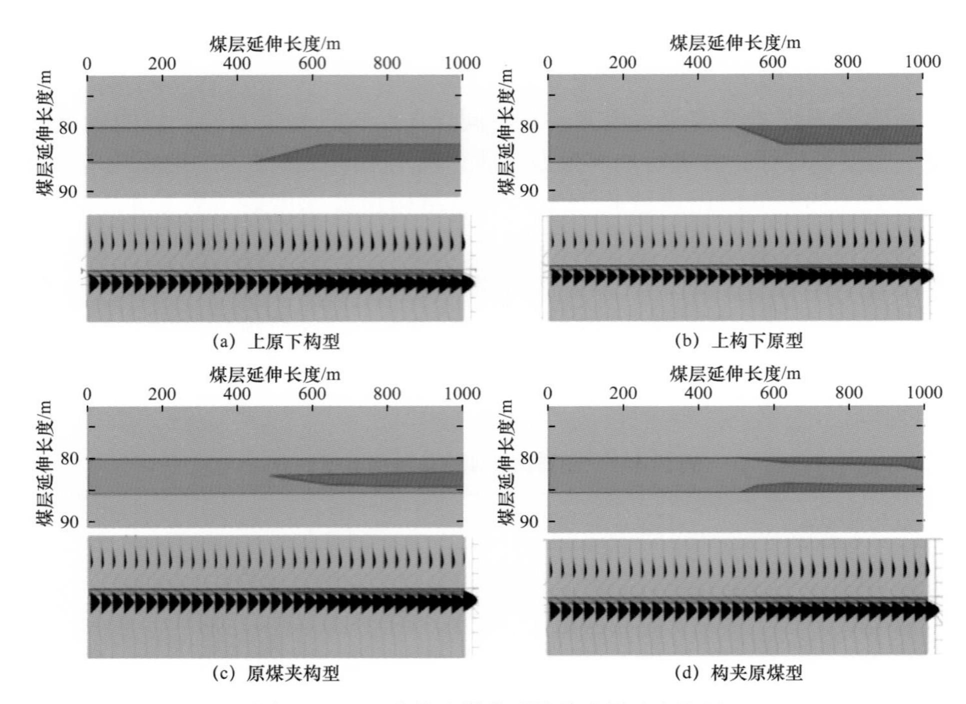

图 2-4-3 4 种构造煤模型及其地震响应特征

图中背景为泥岩夹 6m 的煤层，红色代表原生煤，速度为 2400m/s，密度为 1.5g/cm³；蓝色代表构造煤，速度为 2000m/s，密度为 1.2g/cm³；绿色代表泥岩，速度为 3800m/s，密度为 2.4g/cm³

幅平面图，其中图 2-4-4（a）中红色代表高值，图 2-4-4（b）中红色为低值，通过 300 余口生产井的解吸压力标定，图 2-4-4（b）两者的相关系数为 0.2，而图 2-4-4（a）的相关系数为 -0.2，这表明，高产控制因素为煤体结构，而原生煤的振幅特征为弱反射。

显然，原生煤厚度越大，振幅越弱，与煤层厚度越大，振幅越强的特征相互矛盾，但实际上，单一振幅属性预测煤体结构的相关系数仅为 0.2，并不高。因此，要探寻其他复合属性，提高地震属性预测煤体结构的精度。

1. 波形聚类煤体结构平面预测

地震波形的总体变化与岩性和岩相的变换密切相关，任何与地震波传播有关的物理参数变化都可以反映在地震道波形变化上。因此，可以对地震波形的变化进行分析，通过对地震波形进行有效分类，找出波形变化的总体规律，从而达到认识地震相变化规律的目的。煤层气煤体结构被破坏后，速度、密度降低（波阻抗降低），泊松比升高，地震波参数发生变化，其煤体结构与波形具有很大关联性，地震波强反射、连续地震同向轴多为原生煤，而波形分叉、间断、变薄则多为碎裂煤。

实践发现，受沉积环境影响，3 号煤层煤质或煤体结构与其他煤层、石灰岩层有着密切的联系，通过地震多波的组合特征，可描述这种关联性。如图 2-4-5 所示，T_6' 为 3 号煤层波峰反射，T_7' 为 6 号、15 号煤层或 2 号石灰岩层的复合反射。T_6'、T_7' 连续性越好，T_6' 振幅中高值同时 T_7' 反射相对强反射时，煤体结构保存越好，通常为原生到碎裂结构；

反之，T_6'、T_7'连续性越差，T_6'振幅高值同时T_7'反射相对弱反射时，煤体结构保存越差，通常为碎粒到糜棱结构。

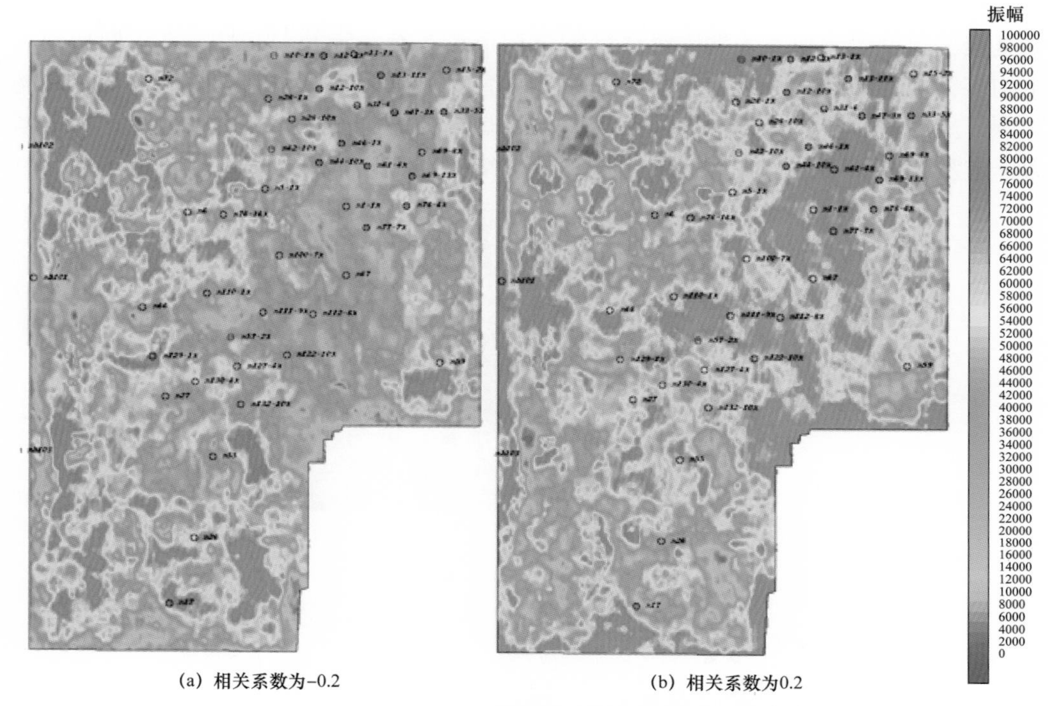

(a) 相关系数为-0.2　　(b) 相关系数为0.2

图 2-4-4　沁水盆地马必东区块 3 号煤层最大波峰振幅平面图

分类	岩心	代号	颜色	波组特征	波形描述
原生煤	马67-3-3	1		T_6' T_7'	T_6'、T_7'强连续 T_6'振幅70～100 T_7'振幅＞40
碎裂煤	马69-3-1	2		T_6' T_7'	T_6'、T_7'中连续 T_6'振幅＞90 T_7'振幅20～40
碎粒煤		3		T_6' T_7'	T_6'、T_7'较连续 T_6'振幅＞90 T_7'振幅＜20
糜棱煤		4		T_6' T_7'	T_6'、T_7'不连续 T_6'振幅＞90 T_7'振幅＜20

图 2-4-5　沁水盆地马必东区块煤体结构波形分类描述图

因此，利用波形分类或振幅比（T_7' 与 T_6' 的振幅比值）等复合地震属性均可提高煤体结构的预测效果。图 2-4-6 为沁水盆地马必东—沁南西区块 T_6' 到 T_7' 的波形分类平面图，通过波形聚类预测，可以看出该区原生煤集中发育在中南部，四周则逐渐发育为碎裂煤至糜棱煤。综合研究表明，煤体结构与构造形态有一定的关联性，在大断层附近煤体结构多为破碎结构，在地层平缓、断裂不发育区域则多为原生结构。通过煤体结构平面预测，能够进一步指导煤层气水平井井位部署与压裂选段，与 300 余口生产井的解吸压力标定及 20 余口钻井取心井对比分析，煤体结构预测准确性可达到 80% 以上。

图 2-4-6　沁水盆地马必东—沁南西区块波形分类煤体结构预测平面图

红色—黄色为原生煤—碎裂煤分布区，绿色—蓝色为碎粒煤—糜棱煤分布区

2. 地震反演煤体结构纵向预测

受扩径、年代、施工单位、测井仪器性能等多种因素影响，各种曲线交会图重叠严重，煤体结构敏感测井曲线优选较为困难。从地质角度出发，采用了煤心归位、分区优选等方法，使得各种测井曲线在交会图的分离度增加，有利于敏感曲线的选取（冯小英等，2019）。

以沁水盆地沁南西区块为例，该区的声波时差与井径曲线都不能有效区分煤体结构，而电阻率曲线可以区分不同的煤体结构（图 2-4-7、图 2-4-8）。从交会图上可以看出，该区构造煤电阻率基本小于 2500Ω·m，因此优选电阻率曲线作为敏感测井曲线。

由原始声波时差曲线、电阻率与井径曲线对比可知，井径扩大，原始声波时差曲线也随之增大（图 2-4-9），表现出原始声波时差受井眼环境影响较大，而电阻率曲线则受井眼环境影响相对较小或不受影响，这是电阻率曲线为煤体结构敏感曲线的主要原因。但由于煤岩的特殊性，用电阻率曲线拟声波的方式产生新的声波时差曲线，高阻的原生煤对应低速，而低阻的构造煤则对应高速，与原生煤较构造煤的速度偏高相矛盾，与实际的地震振幅的耦合性也差，故通过电阻率拟声波的方式开展地震反演精度较差，需进行相应的地层环境校正。

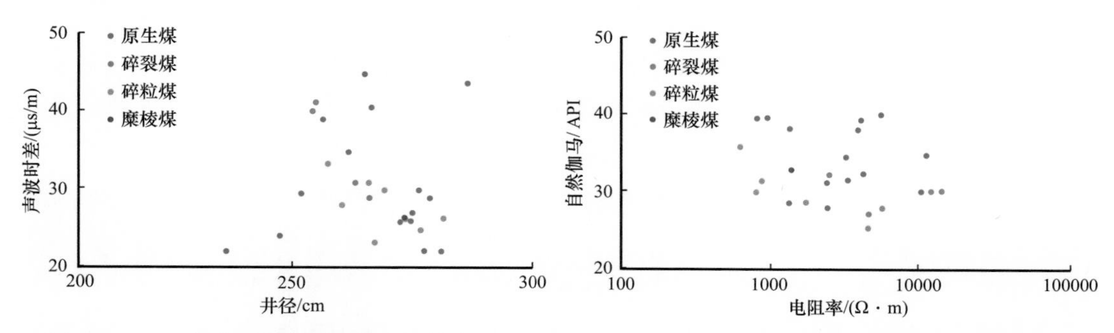

图 2-4-7　沁水盆地沁南西区块不同结构煤心声波时差与井径散点交会图

图 2-4-8　沁水盆地 C 区块不同结构煤心自然伽马与电阻率散点交会图

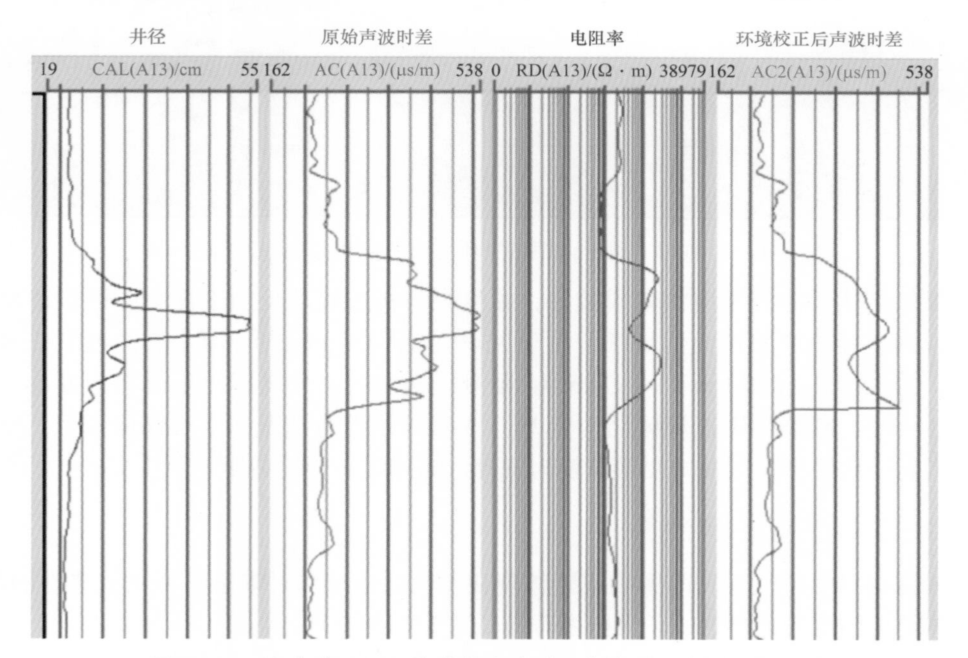

图 2-4-9　沁水盆地 C 区块某井声波时差曲线的环境校正示意图

目前，声波时差曲线环境校正的方法大体可分为频率法、多元拟合法和 Faust 经验公式法 3 类。

Faust 经验公式法是一种综合电阻率信息的声波时差环境校正方法：

$$v=k\cdot H\cdot cR_t\cdot d \tag{2-4-1}$$

式中　v——速度，m/s；

H——深度，m；

R_t——电阻率，Ω·m；

k、c、d——地区经验系数。

该方法不仅考虑了速度与电阻率的关系，而且也考虑了储层埋深对速度的影响，是建立在深电阻率受扩径的影响较小且可以忽略不计基础上的。由于变量相对较小，仅需电阻率曲线且由于大部分井的电阻率曲线受扩径影响较小，尤其是在电阻率曲线为煤体结构敏感曲线的情况下，采用 Faust 经验公式法，对声波时差曲线进行环境校正，校正后声波时差曲线可较好地分辨原生煤与构造煤（图 2-4-10），故可用该声波时差曲线开展模型反演预测原生煤的纵横向分布规律，优选有利区。

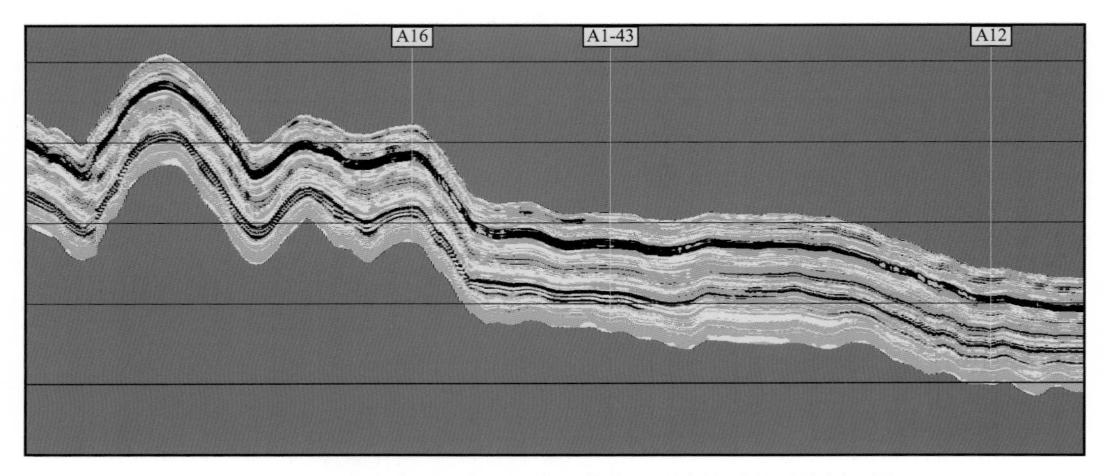

图 2-4-10　沁水盆地沁南西区块环境校正后声波时差反演剖面图

该煤体结构预测技术应用效果较好，原生煤与构造煤从反演剖面上能够较清楚地分辨出来，构造煤的波阻抗数值最低，小于 3500（m/s）·（g/cm^3）。原生煤的波阻抗略高于构造煤，为 3500～6000（m/s）·（g/cm^3）。预测表明该区 3 号煤层原生煤较为发育，厚度普遍为 3～4m，断裂带附近煤体结构变差，15 号煤层发育情况与 3 号煤层相似，但受构造变化影响，地层小断层及微幅褶曲较为发育，煤体结构受构造影响更为破碎。

三、煤体结构影响分析

煤体结构对煤层气开发的影响主要体现在不同煤体结构对渗透率和可改造性的影响，不同煤体结构的煤岩力学性质、裂隙发育特征有较大的差别。

原生煤体结构：煤岩宏观类型界限清晰、条带状结构明显，呈现较大的保持棱角的块体，块体间无相对位移，内生裂隙可辨认，外生裂隙不发育；煤岩力学性质较好，煤颗粒间的黏结性强，内聚力大，抗压强度和抗拉强度较高；原生煤体条件下，水平井钻井易成井，但外生裂隙相对不发育，裸眼完井的水平井难以获得较大的压降范围和渗流面积；而通过套管或筛管完井后进行压裂改造，容易形成单一长缝，改善煤层的渗流能力。

碎裂煤体结构：煤岩宏观类型界限清晰，条带状结构断续可见，呈现棱角状块体，但块体间已有相对位移，煤体被多组相互交切的裂隙切割。碎裂煤体结构条件下，钻井过程中，由于裂缝相对发育，钻井液容易滤失进入煤层造成储层伤害，同时碎块状钻井煤屑容易垮塌，导致遇阻、卡钻等钻井复杂情况；在该煤体结构条件下，裸眼完钻的水平井生产过程中井眼可能垮塌，不宜进行部署；但是储层本身渗透性有所改善，采用筛管/套管支撑的方式可以解决井眼垮塌的问题；在应力小的情况下，筛管支撑依靠储层本身的裂缝渗流能够实现较好的产量；在应力大的情况下，需要采用套管压裂的方式在高应力下支撑裂缝系统，获得稳定的渗流能力，实现高产稳产。

构造煤体结构：透镜状、团块状，光泽暗淡，原生结构遭到破坏，煤被揉搓捻碎，主要粒级在1mm以上，构造镜面发育，易捻搓成毫米级碎粒或煤粉。目前技术条件下，直接在煤层钻进的水平井钻井方式，成井困难，难以开发。

其中，原生煤和碎裂煤具有较好的可改造性，易压裂，裂缝延展顺畅，改造后煤岩渗透率可以进一步增大，单井产量可以进一步提高，为有利开发区。利用属性预测及地震反演、波形聚类等复合地震属性能够对平面进行煤体结构预测；在纵向上则可采用地震反演进行煤体结构预测，综合取得较好的煤体结构预测效果，划分有利区，指导煤层气水平井井位部署，规避碎粒、糜棱煤发育区导致的难压裂、低产因素，进而取得较好的排采效果。

四、评价区煤体结构划分

利用波形聚类完成煤体结构平面预测、地震反演完成煤体结构纵向预测，基于预测结果，完成基础分区，为有利区划分确定奠定基础。基于沁水盆地煤层气综合认识，对沁南西区块煤体结构进行有利区划分，其中Ⅰ类区为原生、原生—碎裂煤，Ⅱ类区为碎裂煤，Ⅲ类区为糜棱煤，暂不动用（图2-4-11）。

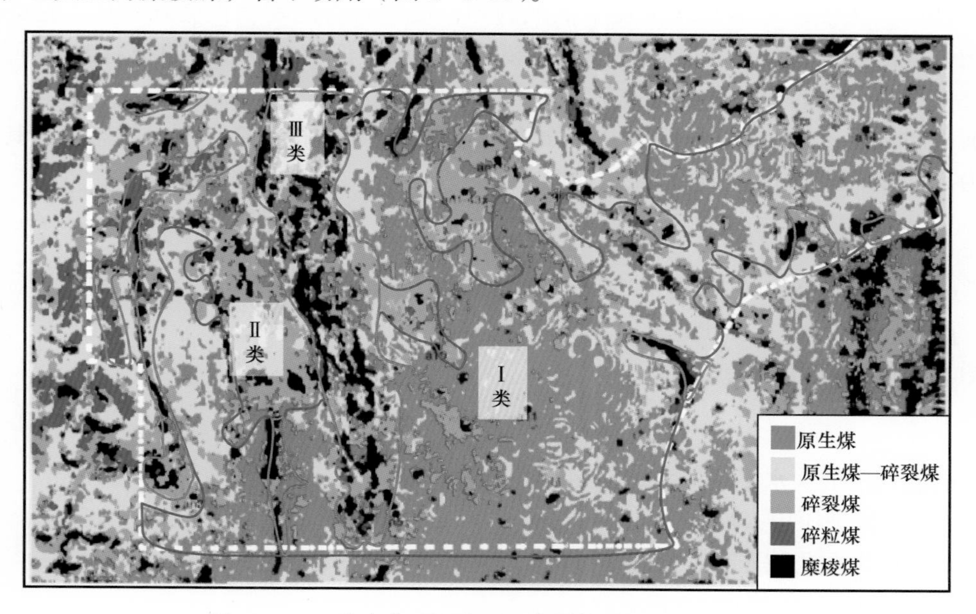

图2-4-11　沁水盆地沁南西区块煤体结构有利区划分

第五节 地应力预测

地壳或地球体内应力状态随空间点的变化，称为地应力场。从广义上讲，地质构造现象由总地应力决定。总地应力包含受重力控制的上覆岩体重量造成的静地应力（垂向压应力）与受地壳构造运动控制的构造应力两部分。

作为评价地下工程稳定性的关键参数，原地应力的测量对煤储层渗透性、可采性及可改造性的评价十分重要。国内外学者研究表明，地应力大小及方位直接控制着煤储层裂隙的张开度和压裂缝的形态及扩展方向，从而制约着煤储层的渗透性，进而控制着储层的流体状态，对多煤层发育区含气系统的空间展布具有重要意义。随着埋深的增加，地应力状态将发生转换，而地应力的这种垂向变化将导致浅部煤层与深部煤层的储层存在差异，如力学性质、孔隙度、渗透率、应力敏感性及压裂性能等，并最终对煤层气的产能产生影响。因此，分析区块的地应力场分布规律及其与埋深的关系，评价不同的地应力场状态对压裂改造效果，进而指导有利区优选及水平井井位部署（李德鹏，2020）。

一、地应力场计算方法

沁水盆地煤储层的特低渗透储层特征决定了压裂是煤层气排采的主要改造手段，地应力对压裂的影响主要体现在影响水力裂缝的扩展上。在区域的古应力场作用下，煤岩发育天然割理裂隙，天然割理裂隙的存在对水力压裂裂缝的开启、延伸规律及形态特征产生重要影响，而水力裂缝的方向、形态又受到当今地应力场的控制。当储层中有天然裂缝存在时，天然裂缝的抗张强度很低或为零，使得岩石的均一性受到破坏，这必然影响压裂裂缝的延伸特征。实际地层中压裂裂缝的扩展不仅与3个应力的绝对大小有关系，更重要的是与它们的相对大小有关系（朱庆忠等，2020）。

通过对煤层进行注入/压降试井及原地应力测试，可获得局部地应力状态值，其中闭合压力 p_c 即为最小水平主应力 σ_{hmin}，即

$$\sigma_{hmin} = p_c \tag{2-5-1}$$

式中 σ_{hmin}——最小水平主应力，MPa；

p_c——闭合压力，MPa。

最大水平主应力 σ_{hmax} 为：

$$\sigma_{hmax} = 3p_c - p_f - p_0 + T \tag{2-5-2}$$

式中 σ_{hmax}——最大水平主应力，MPa；

p_f——破裂压力，MPa；

p_0——岩石孔隙压力，MPa；

T——煤岩抗拉强度，MPa。

垂直主应力可根据上覆岩石重力计算：

$$\sigma_v = \gamma h \tag{2-5-3}$$

式中 σ_v——垂直主应力，MPa；

γ——岩石容重，kN/m^3；

h——上覆岩体埋深，m。

侧压系数（λ）是最大水平主应力和最小水平主应力的平均值与垂向主应力的比值，表征水平主应力与垂直主应力之间的关系，用于预测改造后裂缝类型。

$$\lambda = \frac{(\sigma_H + \sigma_h)/2}{\sigma_v} \tag{2-5-4}$$

式中 λ——侧压系数；

σ_H——最大水平主应力，MPa；

σ_h——最小水平主应力，MPa；

σ_v——垂直主应力，MPa。

当$\lambda>1$时，水平应力起主导作用，容易产生水平缝；当$0.8<\lambda<1$时，过渡应力场，容易产生复杂缝；当$\lambda<0.8$时，垂向应力起主导作用，容易产生垂直缝。

当侧压系数大于1、埋深小于800m时，容易压开水平缝；当侧压系数介于0.8～1.0、埋深为800～1200m时，容易造成复杂缝（水平缝和垂直缝相互转向）；当侧压系数小于0.8、埋深大于1200m时，更容易开垂直缝。

二、地应力预测方法

当前通常获得最小地应力的方法主要包括地质评估法、现场测试法、室内实验法及模型数值模拟法等。地质评估法由区域地质结构和构造来推测地区内地应力状态，但只是定性而无法定量给出地应力数值；现场测试法包括井下微地震波法和小型压裂法等，一般可以获得较可靠的最小地应力数据；室内实验法使用地下某深度处的岩心进行岩石力学相关的实验，再根据力学模型确定最小地应力值；模型数值模拟法可以和实验法相结合，通过反演计算得到构造应力场的有关参数，该方法所要求的基础数据资料较多，其准确度也取决于数据资料的质量（孟召平等，2010）。

通过地应力测试获取的地应力数据是最准确的，例如注入压降试井（图2-5-1）是一种压力不稳定试井，通过向测试煤储层段以恒定排量注入一段时间水后关井，记录注入期和关井期的井底压力数据，进行地应力参数的计算。该方法作为一种常用试井方法，已广泛应用于煤层气井中，能够通过注入曲线求取煤层的破裂压力，通过压降曲线求取煤层裂缝的闭合压力，进而预测该区地层地应力的大小与方向。

同时测井资料具有测量深度较深、信息量大、数据相对连续等特点，可以利用测井数据估算地层主应力方向并计算其大小，得到沿井深连续分布的分层地应力曲线。主要基于声波时差测井估算地应力，其原理是利用声波时差测井得到的纵波时差、横波时差及密度测井得到的地层密度值获取岩石的动态力学参数。

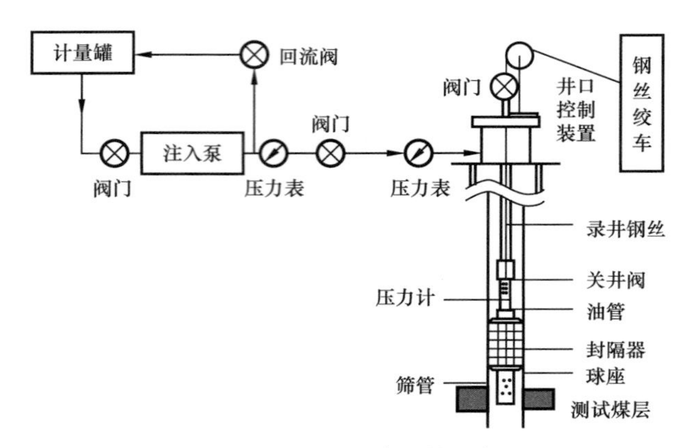

图 2-5-1 注入压降试井示意图

三、地应力对生产影响

侧压系数大小决定了造什么类型的缝，水平缝还是垂直缝，进而影响改造缝与面割理的交接关系（图 2-5-2），即水平缝垂交于面割理，造缝效率高，而垂直缝平行于面割理，造缝效率差。另外，水平应力差系数影响造缝的方向性及造缝的长短，即这两项参数共同作用影响造缝的最终效果，进而影响开发效果。地应力场影响压裂改造效果，进而影响开发效果，从如下两个方面进行了分析。

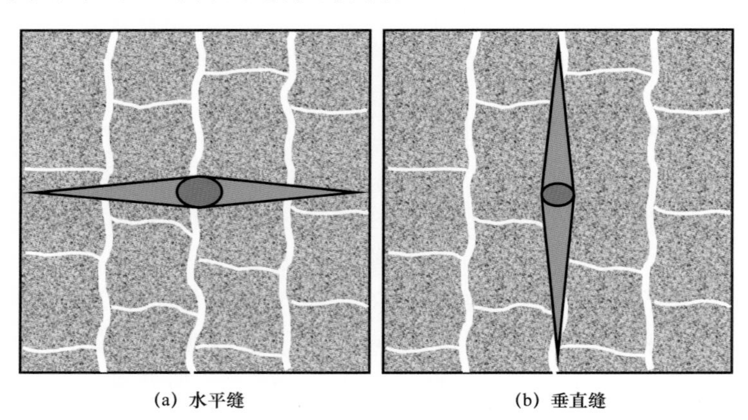

(a) 水平缝　　(b) 垂直缝

图 2-5-2 改造缝与面割理交接关系

1. 全区产气能力

将沁水盆地郑庄区块的单井平均日产气量投在侧压系数图和水平应力差系数图上，单井平均日产气量最能反映产气能力，在含气量整体较高的情况下反映的是改造效果。

可以看出，利于压裂改造的应力场，即侧压系数大于 1、水平应力差系数大于 0.5 的区域压裂产生水平缝，造缝效率高，改造范围大，产气量最高；中间过渡区域次之；而侧压系数小于 0.8、水平应力差系数小于 0.47 的区域不利于压裂改造，压裂产生垂直缝，裂缝效率低，改造范围小，产量普遍较低（图 2-5-3、图 2-5-4）。

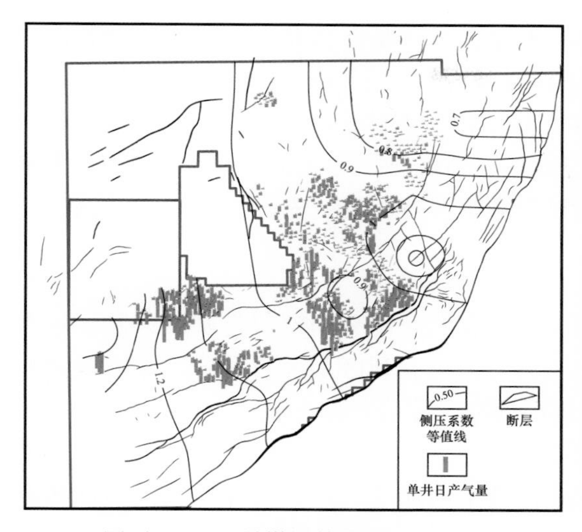

图 2-5-3　3 号煤层单井日产气量—侧压系数图

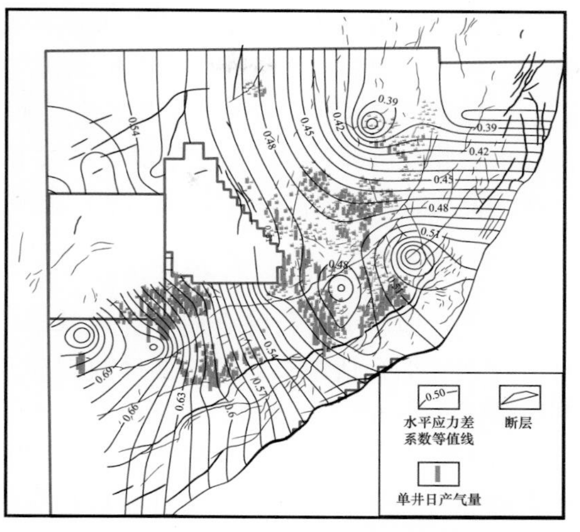

图 2-5-4　3 号煤层单井日产气量—水平应力差系数图

2. 二次压裂

统计郑庄区块大规模二次压裂井的增气量，位于水平应力差系数 0.47～0.5 之间的区域，二次压裂增气量相对较高，平均单井增气量 650m^3/d；水平应力差系数大于 0.5 的区域次之，平均单井增气量 501m^3/d；水平应力差小于 0.47 的区域二次压裂改造效果最差，平均单井增气量 241.6m^3/d。

结合实验研究的结果，对二次压裂裂缝扩展的规律与主控因素进行了研究，二次压裂裂缝扩展规律与水平应力差系数相关（图 2-5-5）。

（1）低水平应力差系数（小于 0.47），初次压裂裂缝方向性差，主要沿着割理、天然裂缝延伸，裂缝形态复杂，二次压裂压裂液滤失严重，不易形成新缝。

（2）中等水平应力差系数（0.47～0.5），应力与割理共同作用，二次压裂易暂堵转向，形成新缝。

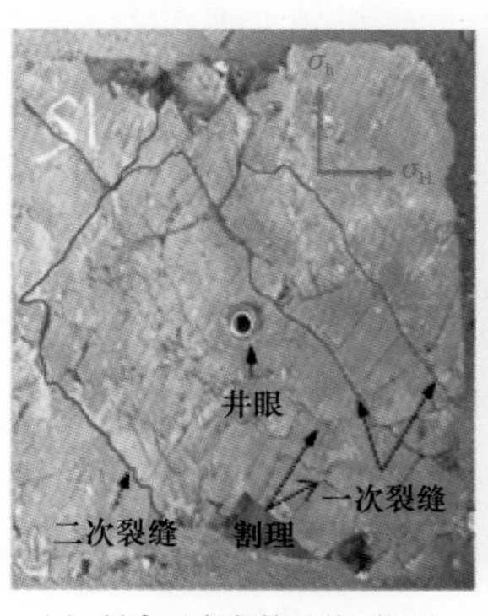

(a) 低水平应力差系数<0.47

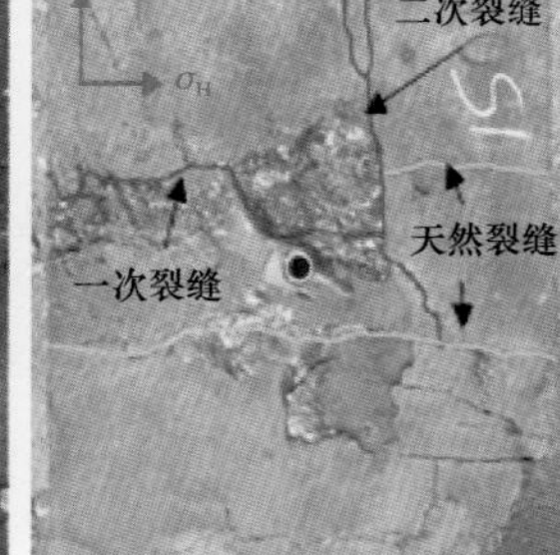

(b) 中等水平应力差系数0.47～0.5

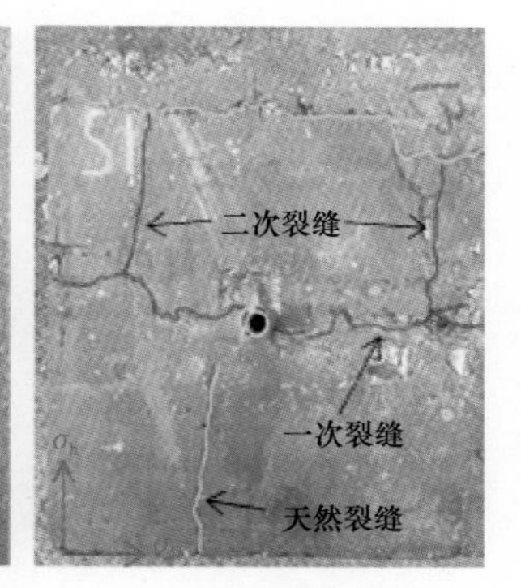

(c) 高水平应力差系数>0.5

图 2-5-5　模拟煤岩二次压裂裂缝扩展规律实验图

（3）高水平应力差系数（大于0.5），初次压裂裂缝主要沿着最大水平主应力方向延伸，二次压裂裂缝也不易转向，以扩充初次压裂裂缝为主。

通过明确该区地应力的大小和方位、地应力对压裂造缝的影响及对煤层气生产的影响，指导水平井井位部署，确保水平段与最大主应力垂直或斜交；通过地应力测井预测，为水平井压裂及加砂量提供参考依据，使压裂造缝延展顺畅，提高煤层气水平井单井产气量。

四、评价区地应力及埋深划分

通过对地应力进行综合研究完成基础分区，为有利区划分确定奠定基础，基于沁水盆地煤层气综合认识，对沁南西区块埋深及地应力进行有利区划分，划分了煤层埋深有利区（图2-5-6）。沁水盆地南部山西组3号煤层地应力评价分类（表2-5-1）如下：

（1）低应力分布区（Ⅰ类区）：煤层埋深浅于800m，平均有效应力低于12MPa，处于大地静力场区的煤储层渗透性整体相对较好；处于大地动力场区的煤储层渗透性相对较低。

（2）中等应力分布区（Ⅱ类区）：煤层埋深为800～1200m，煤储层平均有效应力为12～18MPa，应力中等，煤储层渗透性较低。

（3）高应力分布区（Ⅲ类区）：煤层埋深大于1200m，煤储层平均有效应力大于18MPa，煤储层应力较高，煤储层渗透性低。

表2-5-1 沁水盆地南部山西组3号煤层地应力评价分类

类别		煤层埋深/m	平均有效应力/MPa
低应力分布区	Ⅰ类区	0～800	＜12
中等应力分布区	Ⅱ类区	800～1200	12～18
高应力分布区	Ⅲ类区	＞1200	＞18

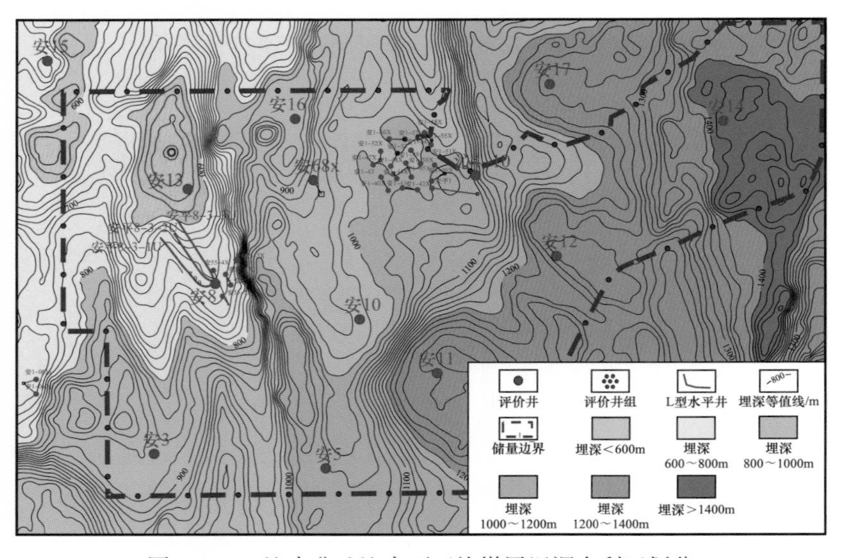

图2-5-6 沁水盆地沁南西区块煤层埋深有利区划分

第六节 有利区评价标准及确定

一、有利区评价标准

煤层气产能建设区域的优选决定了开发井部署的成功率，直接影响煤层气田总体开发效益。产能建设区域优选的目的是寻找地质“甜点”和工程“甜点”的结合体，确保所选区域在现有工程技术条件下能够实现高效开发。

通过上述综合地质研究，确定主要从断裂影响范围、构造形态变化、煤体结构因素、含气性控产作用及埋深变化5个方面建立有利区划分指标，划分标准见表2-6-1。同时，针对不同渗透性区域，采用不同的水平井进行煤层气开采，在渗透性较高的地区，建议采用筛管水平井进行开采；渗透率低的地区，建议采用套管压裂水平井进行开采，以达到最好的采出效果。

表2-6-1 有利区评价参数及标准

影响因素	评价标准		
	好	中	差
断裂及构造形态	距断层、陷落柱大于200m；构造平缓的构造高部位、斜坡带	距断层、陷落柱大于200m；褶曲发育区的构造高部位、斜坡带	距断层、陷落柱小于200m；褶曲发育区的构造低部位
煤层厚度	3号煤层＞5.5m，15号煤层＞3m	3号煤层4～5.5m，15号煤层2～3m	3号煤层＜4m，15号煤层＜2m
煤体结构	原生煤为主	原生—碎裂煤为主	碎粒煤、糜棱煤
含气性	含气饱和度＞80%，含气量＞14m^3/t	含气饱和度60%～80%，含气量12～14m^3/t	含气量＜12m^3/t
地应力及埋深	侧压系数＞1、拉张应力区；埋深＜800m	侧压系数0.8～1、拉张—挤压应力区；埋深800～1200m	侧压系数＜0.8、挤压应力区；埋深＞1200m

二、有利区确定

以沁水盆地沁南西区块为例，该区地质条件东西差异较大，东部构造简单，煤层产状平缓，以原生煤为主，埋深大，含气量高；西部褶皱、断裂发育，煤层产状变化大，以碎裂煤为主，埋深浅，含气量低。有利区确定综合考虑前文中断裂构造形态、煤层厚度、含气性煤体结构、地应力及埋深5个主要因素，进行精细分区评价，进而确定煤层气有利开发区。

通过对研究区的综合评价，将其划分为3类开发单元。Ⅰ类单元位于构造平缓的构造高部位、斜坡带，整体构造简单、平缓，含气富集，煤体结构以原生煤为主，主要分布在区块东部；Ⅱ类单元位于褶曲发育区的构造高部位、斜坡带，含气量较高，天然裂缝发育，煤体结构以原生—碎裂煤为主；Ⅲ类单元位于断裂附近、挤压应力区、褶皱构造低部位、碎粒煤—糜棱煤发育区（表 2–6–2、图 2–6–1）。

表 2–6–2 沁南西区块综合分区参数

类别	断裂	构造形态	煤体结构	含气量 / m^3/t	地应力	埋深 / m
Ⅰ类	距断层、陷落柱大于 200m	构造平缓的构造高部位、斜坡带	原生煤	19～21	拉张应力区	＞800
Ⅱ类		褶曲发育区的构造高部位、斜坡带	原生—碎裂煤	13～18	拉张—挤压应力区	800～1200
Ⅲ类	断层、陷落柱附近 200m 内	褶皱构造低部位	碎粒煤、糜棱煤	—	挤压应力区	800～1200

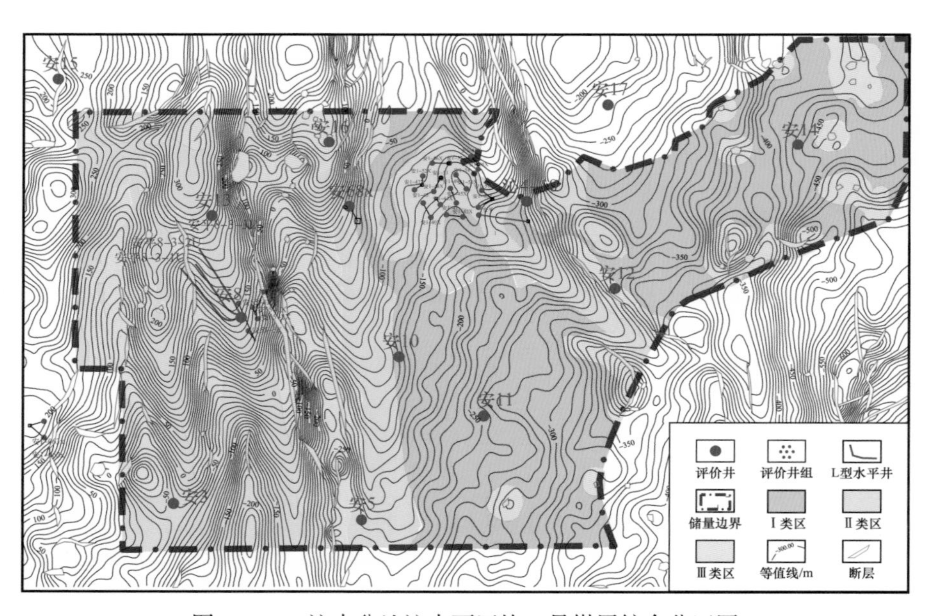

图 2–6–1 沁水盆地沁南西区块 3 号煤层综合分区图

第三章　开发设计及优化技术

由于煤储层有机质碳含量大，煤储层与常规砂岩储层相比具有可压缩性。沁水盆地高煤阶煤储层渗透性较差，但由于煤岩泊松比高、杨氏模量低的特性，使得煤岩难以造长缝（朱庆忠等，2015）。与直井相比，水平井能够沟通更多煤层裂缝，扩大排采降压泄气面积，降低气、水流动阻力，具有单井产量高、占地面积小、采出程度高等优势，因此，水平井是开发低压、低渗透、非均质煤层的主要手段。

如何进行水平井开发的地质优化设计，关系到水平井的单井产量、区块的采出程度和最终经济效益等关键问题，因此，本章以实现水平井“控制储量最大化、采气速度最大化、经济效益最优化”为目标，进行水平井开发地质优化设计，从水平井井型优选、井网井距的优化设计、井轨迹优化设计和产能评价等几个方面进行详细阐述。

第一节　水平井井型优选

煤层气采出程度的最大化实现，除了依赖于其本身的地质成藏条件外，还与开发技术密不可分。其中，井型优选是整个水平井开发工程的核心，不仅关系到水平井井位部署的合理性和科学性，更关系到煤层气经济开采效益的好坏，因此，井型的优选既可以作为前期钻井工程的一部分进行方案设计，也可以作为后期增产措施的一方面进行补充改进。

沁水盆地作为我国最主要的高阶煤发育区，区块间地质特征差异大，同一井型同一套井网在不同地区开发效果差异明显（田炜等，2015），在多年的煤层气开发生产实践中，将区域储层发育特性与开发工程举措相结合，根据不同的地质条件，不断优化开发井型，从早期的直井、裸眼多分支水平井、鱼骨状筛管水平井到单支筛管和单支套管压裂水平井，形成了一套较为完善的由地质评价分区决定工程技术模式的水平井井型优选和优化体系（杨延辉等，2018）。这不仅消除了常规井型评估选择时的种种不确定因素，使得井型优化的思路流程更加清晰明了，操作方式更加简单易行，还对其他区块进行井型优化设计起到了一定的指导参照作用。

一、常见水平井井型

1. 多分支水平井

为了解决直井开发过程中，井控范围小、产量低、地面井场占地多且难以控制森林、水库等复杂地面条件下的储量等问题，在“十一五”前期，通过建设“山西沁水盆地煤层气水平井开发示范工程”，华北油田借鉴国外低煤阶煤层气开发技术，开展了多分支水平井开采技术的自主化研究和规模部署。早期多为裸眼多分支水平井（羽状），后期优化为简单多分支水平井（鱼骨状）。多分支水平井主要包括裸眼多分支水平井和鱼骨状水平井两种。

1）裸眼多分支水平井

由1口工艺井（即多分支水平井）和1口排采井组成，工艺井与排采井连通。工艺井一般由单主支/双主支和6～8个分支构成（图3-1-1），煤层总进尺2000m以上，裸眼完井；单井控制面积约0.64km²，井控储量远高于直井，单井投资1200万元。

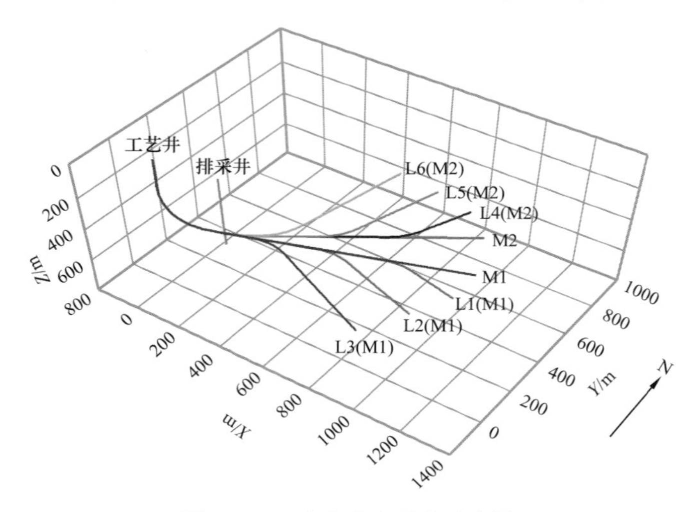

图3-1-1 多分支水平井示意图

多分支水平井主要是通过分支沟通煤层天然裂隙系统，借助储层本身的渗流能力进行排水降压，同时实现基质内煤层气解吸扩散，经由天然裂隙汇聚井筒产出。因此，开发效果受控于储层自身渗透性、井眼稳定性和天然裂隙发育条件。

在地质条件较好的情况下，早期的多分支水平井可以实现单井高产。华北油田樊庄区块在2007—2011年投产了裸眼多分支水平井共60口，在埋深浅、渗透性好的区域，稳产期平均单井日产气$1\times10^4m^3$，产量最高的CZP1-1V井峰值日产量大于$5\times10^4m^3$，累计生产超过$6044\times10^4m^3$，体现出其自身的优越性，实现了高效开发的目的（图3-1-2）。

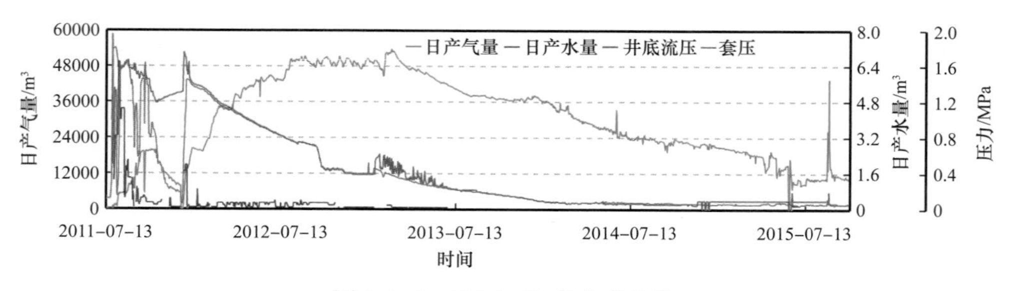

图3-1-2 CZP1-1V井生产曲线

多分支水平井对于储层条件、钻完井技术、排采工艺技术等方面的要求较高，尤其是清水钻进过程中的煤层坍塌埋钻具等风险尚未得到根本解决，严重制约了多分支水平井技术的发展和煤层气资源的高效开发。从实施的多分支水平井整体产能效果来看，尽管出现部分高产井，但总体产气能力不高，中低产气井占大多数。以郑庄区块为例，该区块在2009—2013年共投产40口多分支水平井，整体开发效果较差，截至2020年12月，7口多分支水平井已停产，平均单井日产气量仅2115m³，单井日产气量主要集中在2000m³以下，2000m³以下的井占总井数的77%（表3-1-1）。

表3-1-1　郑庄裸眼多分支水平井产量分级

日产气量分级/m³	井数/口	平均单井日产气量/m³	比例/%
0	7	0	17.5
0～1000	16	308	40
1000～2000	8	1289	20
2000～5000	7	3111	17.5
＞5000	2	16000	5
合计	40	2115	100

分析主要原因如下：

（1）钻井过程井壁垮塌。为最大限度保护煤层气资源，现场复杂结构井多采用清水作为钻井液钻进煤层，但煤岩割理发育、胶结差、强度低，井壁易失稳，而清水黏度低、滤失量大、携液效果差，力学化学耦合作用进一步弱化了井壁煤岩强度。因此，井下复杂事故时有发生。统计显示，“十一五”期间沁水盆地樊庄—郑庄区块已钻成的58口多分支水平井中发生井塌及卡钻事故的水平井有7口，事故率较高，造成了较大经济损失，且无法完成钻井设计要求，造成煤层气资源的浪费。

（2）大量低效井出现，缺少改造措施。为保护煤层气资源，钻井过程中多采用清水作为钻井液，而清水钻井最大的弊端除了不利于多分支水平井等复杂结构井井壁稳定外，还不利于完井，不利于煤层气长期开采。清水钻进复杂结构井时，井径不规则、井壁掉块严重，钻成的井眼重入性差，多采用裸眼完井。由于无套管或筛管支撑井壁，煤层气开采几年后井壁便会坍塌，大大缩短了煤层气井采气寿命。

据统计，“十一五”期间58口水平井中不产气和产量低于3000m³/d的低效井共有38口，占总井数的65.5%，而这些井生产寿命均未超过10年（据国外经验，煤层气井平均可开采20～30年，有些井甚至可达40年），但由于这些井未下套管和筛管，无法进行增产作业，大大降低了煤层气的勘探开发效益（张永平等，2017）。

2）鱼骨状水平井

为解决裸眼多分支水平井的上述问题，对多分支结构和完井工艺进行简化，形成了鱼骨状水平井井型（图3-1-3）。设计主支1个，水平段总长1000m以上，一般分支6个，分支长度在250m左右，控制面积0.4km²，主支采用钢筛管完井，分支采用聚乙烯筛管完井，单井投资约600万元。井眼支撑性增强，实现了后期可重入、可维护、可作业的要求（李宗源等，2019）。

相比裸眼多分支水平井，具有主支稳定支撑、多分支控面、可重复作业疏通、防垮塌、减少污染等优势。在地质条件相对适宜的区域，鱼骨状水平井实现单井峰值产量6400m^3/d，稳产期 4 年，累计生产超过 1061×10^{4}m^3（图 3–1–4）。

但是该井型分支下入筛管困难，常采用裸眼完井方式，易垮塌，影响产气效果。同时钻井仍然相对复杂，分支垮塌现象仍然时时出现，而且对分支无法采取有效的措施进行产量恢复。

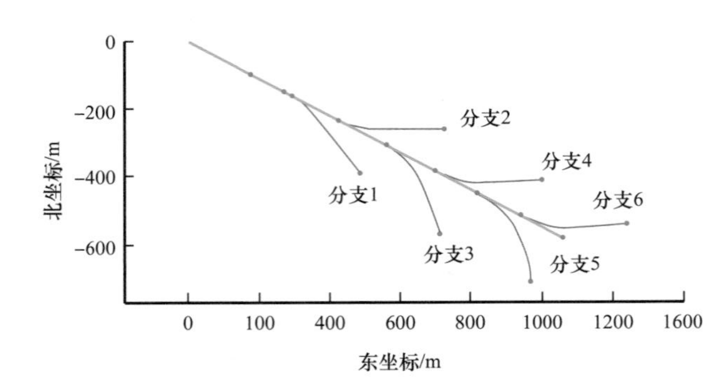

图 3–1–3　鱼骨状水平井示意图

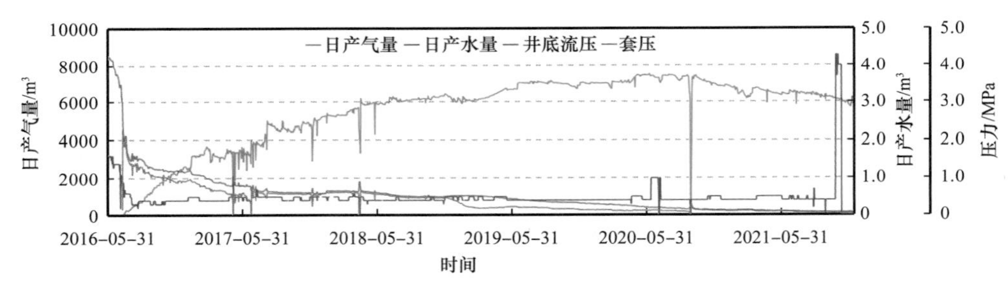

图 3–1–4　ZS34P1 井生产曲线

2. 单支水平井

为解决裸眼水平井煤层段垮塌、井眼无法重入、不能增产改造等问题，实现在更复杂的地质条件下有效成井和后期维护改造，提出了单支可控水平井的设计理念：单支设计，钻井工艺简单，井眼轨迹简单、易控，钻井事故大幅降低，同时去掉了洞穴井，减少了井场占地，缩短了建井周期，降低了钻完井成本；水平段采用大孔径筛管或套管完井工艺，避免了裸眼完井工艺后期井眼垮塌造成的堵塞问题，实现了后期井下作业管柱和工具的水平段重入施工，建立长期稳定的排采通道。

设计井型主要包括 L 型筛管水平井和 L 型套管压裂水平井两种。

1）L 型筛管水平井

L 型筛管水平井设计主支 1 个，设计煤层进尺 1000m，筛管完井后充分洗井，解除钻井液污染（图 3–1–5）。投资 400 万元左右，井控面积 0.1km^2。目前实施的筛管水平井实现单井峰值产量 10000m^3/d，累计生产超过 973×10^{4}m^3（图 3–1–6）。

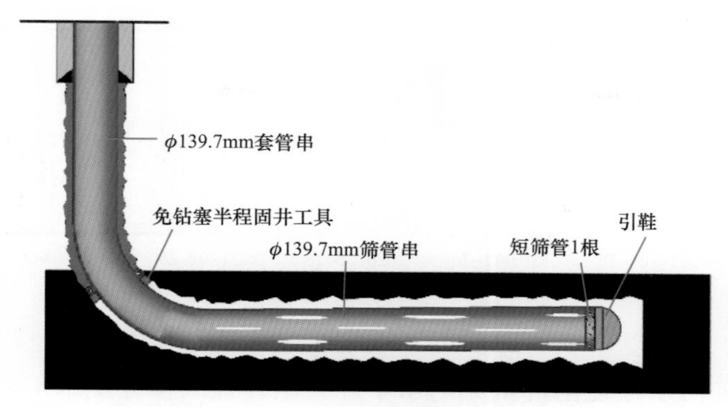

图 3-1-5 L 型筛管水平井结构示意图

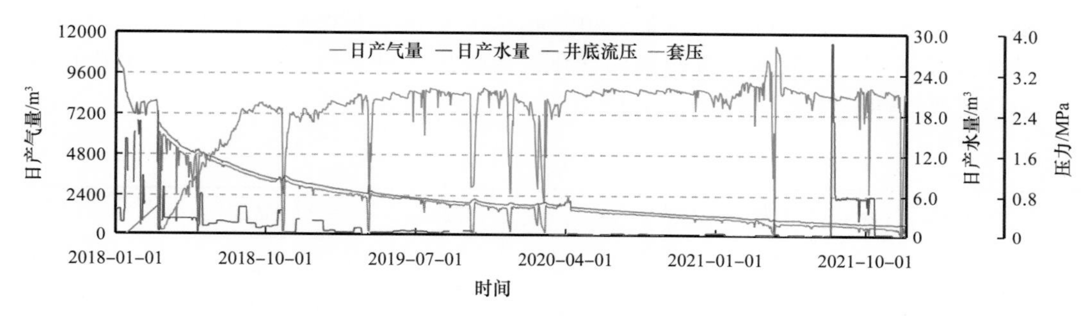

图 3-1-6 ZCP2-1L 井生产曲线

单支筛管水平井解决了多分支水平井眼支撑问题，减少了复杂情况的出现，但是由于该井型仅单井眼与天然裂缝串联，无法有效改善井控周围的储层渗透性。

2）L 型套管压裂水平井

设计主支 1 个，煤层进尺 1000m 以上，控制面积 0.2～0.3km^2，全井段采用套管完井，完井后煤层段射孔压裂，有效实现改善储层渗透性的目的（图 3-1-7）。投资约 600 万元左右。目前实施的筛管水平井实现单井峰值产量 17000m^3/d，稳产 2 年，累计生产超过 1093×10^{4}m^3（图 3-1-8）。

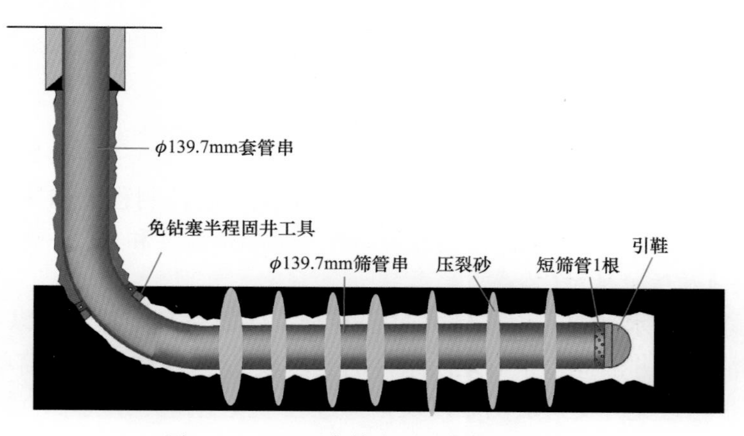

图 3-1-7 L 型套管水平井结构示意图

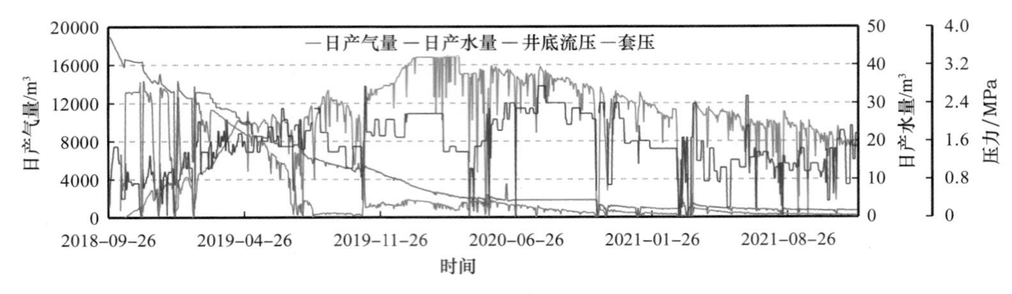

图 3-1-8　Z1P-3L 井生产曲线

综上对比目前沁水盆地南部常见的水平井井型，裸眼多分支水平井的主要优点是水平段裸眼完井，有效煤层进尺长，控制面积大，但是井眼稳定性差，无法改善近井地带的渗透性，排采过程中难以有效维护；鱼骨状水平井和单支水平井分别针对裸眼多分支水平井开发技术存在的问题，进行结构优化；鱼骨状水平井主支支撑，井控面积相对较大，但是可改造性仍然较差（表 3-1-2）。

表 3-1-2　不同井型工艺技术指标对比

井型	控制面积 /km²	完井方式	稳定性	可改造性	可维护性
裸眼多分支水平井	0.5～0.8	裸眼	差	不能	不可维护
鱼骨状水平井	0.4～0.7	筛管	好	主支简单改造	可维护
单支水平井（筛管）	0.2～0.3	筛管	好	简单改造	可维护
单支水平井（套管压裂）	0.2～0.3	套管	好	不同规模的压裂改造	可维护

二、不同地质条件下的水平井井型优选

不同井型由于自身的工艺特点，对地质的适应性存在很大差异。在水平井部署设计过程中，如果井型的选择与地质条件不匹配，就无法实现该井型最大的产气效果；反之，如果在确定的地质条件下采用不适应的井型，亦无法实现区块的有效开发。因此，需要对不同井型的地质条件适应进行对比，根据工艺特点选择合理的地质参数，建立科学合理的井型优选流程，确定高效的水平井开发井型。

1. 主要井型的地质条件适应性对比

不同水平井井型的开发效果主要受控于井型对储层的控制程度和井型在开发过程的稳定性，按照开发过程中的不同阶段划分为钻井—地质适应性和采气—地质适应性。

1）钻井—地质适应性对比

（1）裸眼多分支水平井。由于钻井过程复杂，周期长，完井后难以有效清除污染，因此主要采用清水钻井液体，系对地质条件的要求较高。① 构造要求简单平缓、远离断层等复杂构造带，避免分支追层困难以及钻井过程中发生漏失等现象；② 由于钻井周期较长，要保证主支及分支井眼的稳定性，就要求煤层的煤体结构以原生煤为主，坚固性

系数要大；③ 应力相对较小，拉张应力环境才能减轻井眼应变、垮塌的影响。

（2）鱼骨状水平井。由于钻井相对复杂，分支筛管下入难度较大，分支成井的地质要求相对较高。① 构造形态相对简单、远离断层，降低分支钻进追层难度；② 煤体结构以原生、原生—碎裂为主，保证分支稳定性；③ 应力相对较小，拉张应力环境才能减轻分支井眼应变、垮塌的影响。

（3）L 型筛管 / 套管水平井。钻井过程简单，周期短，完井后能够洗井解除近井污染，因此钻井过程对地质条件的适应性较强。① 构造形态可以略有起伏；② 煤体结构以原生、原生—碎裂为主，尽量规避大片构造煤发育区，确保主支钻井过程中稳定。

2）采气—地质适应性对比

（1）裸眼多分支水平井。由于气体的产出主要依靠分支沟通储层天然裂缝网络，因此在采气过程中需要保证天然裂缝发育程度高且保持长期张开不闭合。① 天然裂缝，割理缝网发育、层内节理发育且相互串联；② 应力整体处于拉张状态，维持较好的裂缝张开度，保持较高的渗透性。

（2）鱼骨状水平井和 L 型筛管水平井。与裸眼多分支井相似，气体的产出主要依靠井眼沟通储层天然裂缝网络，因此在采气过程中需要保证天然裂缝发育程度高且保持长期张开不闭合；但是可以在主井眼进行简单的解堵作业，小范围内改善主支近井地带的渗透性，对地质的要求略低。① 天然裂缝，割理缝网发育、层内节理发育且相互串联；② 应力整体处于拉张状态，维持较好的裂缝张开度，保持相对较高的渗透性。

（3）L 型套管水平井。可以通过后期不同规模的压裂对储层渗透性进行改善，气体产出主要依靠井眼、人工压裂裂缝串联储层天然裂缝，因此在采气过程中只需要保证具备一定规模的天然裂缝，渗流过程以人工缝网系统为主。

2. 井型优选过程中的地质参数确定

基于不同水平井井型地质条件的适应性分析，根据“易成井、稳定生产、效益开发”的原则，对影响成井、井眼稳定、井控范围内气体采出的难易程度等地质参数进一步优化，确定了微幅构造形态、煤体结构、天然裂隙特征和应力特征作为开发井型优选的主要参数。

1）构造形态

不同构造形态下，断裂系统、煤体结构和应力状态等存在一定的差异，影响井型选择。

简单背斜、单斜构造：构造最稳定的区域，地层产状宽阔平缓，倾角一般小于 8°，利于水平井追层，成井效果好，轨迹相对平滑。同时构造稳定，断裂系统基本不发育，煤层气逸散少；煤岩受到的破坏小，煤体结构相对原生，相对利于煤层气的保存、改造和采出，适宜各类水平井开发。

宽缓褶曲构造：构造相对复杂，形态上背向斜交替分布；煤层整体较稳定，相对利于水平井的部署，但是褶曲翼部处于背向斜转换带的部位，产状急陡，煤岩受挤压应力影响，不利于复杂多分支水平井的部署。

急陡褶曲构造：地层产状陡，起伏较大，对煤层破坏严重，低部位水动力强、含气性差，所有井型均难以有效开发。

2）煤体结构

不同煤体结构的煤岩力学性质、裂隙发育特征有较大的差别，在水平井部署过程中需要针对不同的煤体结构进行井型优选（宋孝忠等，2014）。

原生煤体结构：煤岩宏观类型界限清晰、条带状结构明显，呈现较大的棱角状块体，块体间无相对位移，内生裂隙可辨认，外生裂隙不发育；煤岩力学性质较好，煤颗粒间的黏结性强，内聚力大，抗压强度和抗拉强度较高；原生煤体条件下，水平井钻井易成井，但外生裂隙相对不发育，裸眼完井的水平井难以获得较大的压降范围和渗流面积；而通过套管或筛管完井后进行压裂改造，容易形成单一长缝，改善煤层的渗流能力。

碎裂煤体结构：煤岩宏观类型界限清晰，条带状结构断续可见，呈现棱角状块体，但块体间已有相对位移，煤体被多组互相交切的裂隙切割。碎裂煤体结构条件下，钻井过程中由于裂缝相对发育，钻井液容易滤失进入煤层造成储层伤害，同时碎块状钻井煤屑容易垮塌，造成遇阻、卡钻等钻井复杂情况；该煤体结构条件下，裸眼完钻的水平井生产过程中井眼可能垮塌，不宜进行部署，但是储层本身渗透性有所改善，采用筛管/套管支撑的方式可以解决井眼垮塌的问题；应力小的情况下，筛管支撑依靠储层本身的裂缝渗流能够实现较好的产量；应力大的情况下，需要采用套管压裂的方式在高应力下支撑裂缝系统，获得稳定的渗流能力，实现高产稳产。

构造煤体结构：透镜状、团块状，光泽暗淡，原生结构遭到破坏，煤被揉搓捻碎，主要粒级在1mm以上，构造镜面发育，易捻搓成毫米级碎粒或煤粉。目前技术条件下，直接在煤层钻进的水平井钻井方式成井困难，所有井型均难以有效开发。

3）天然裂隙

煤层气在基质解吸之后，主要通过天然裂隙、人工缝网系统渗流至井筒采出，因此水平井的选择应适应不同类型裂缝的特征（姚艳斌等，2006）。

串接型裂缝：镜煤条带发育，宏观为亮煤—半亮煤，割理发育，且连通性较好，储层的渗透性较高；这类裂缝条件下，裸眼、筛管完井的水平井均可实现较好的产气效果。

串接—孤立型裂缝：镜煤条带相对发育，宏观表现为半亮—半暗煤，割理较发育，但是连通性一般，渗透性一般，裸眼、筛管完井的水平井难以获得持续高产。

孤立型裂缝：镜煤条带不发育，宏观以半暗煤为主，割理不发育，连通性较差，裸眼、筛管完井的水平井难以开发，需要采用套管压裂方式进行开发。

4）应力特征

不同应力条件下，天然裂隙的张开状态和人工缝网的形态以及支撑效果有较大的差异，因此需要在水平井部署过程中选择合适的井型。

拉张应力区：主要位于背斜轴部，水平应力差系数大于0.6，割理裂隙处于张开状态，在生产过程中不容易闭合，对储层改造的要求较低，裸眼完井的多分支水平井、鱼骨状水平井均适合。

拉张—挤压应力区：主要位于宽缓背向斜交替发育的部位，水平应力差系数在0.5左右，需要进行一定规模的压裂改造，用以支撑裂缝通道。

挤压应力区：主要位于构造向斜发育区，水平应力差系数小于0.5，需要进行大规模压裂改造，才能实现水平井的效益开发（鲁秀芹等，2019）。

3. 井型优选流程

1）确定适合技术井型

在前期地质评价的基础上，通过以上地质参数，首先进行技术适应性分析，确定不同地质单元下适应工艺特点的井型（表3–1–3）。

表3–1–3　不同地质单元下适应开发技术统计

地质分区	地质特点	适应井型	改造方法
Ⅰ类	单斜、缓褶曲、背斜；以原生煤为主；串接型裂缝；拉张应力	裸眼多分支井	不可改造
		L型筛管 / 鱼骨状水平井	不可改造
		L型套管水平井	中规模压裂
Ⅱ类	单斜、缓褶曲、背斜；以原生—碎裂煤为主；串接—孤立型裂缝；拉张—挤压应力	L型筛管 / 鱼骨状水平井	中大规模压裂
		L型套管水平井	
Ⅲ类	单斜、缓褶曲、背斜；以原生—碎裂煤为主；孤立型裂缝；挤压应力	L型套管水平井	大规模 / 体积压裂

2）优选经济井型

在特定地质条件下选取技术可开发的井型，当存在多套技术适应井型时，需要通过建立不同开发井型条件下投资水平、经营成本和收入关系，编制单井开发的现金流，计算不同井型的财务净现值（NPV），选取NPV最大的井型作为最适应这一地质条件的最优井型。

（1）不同条件下投资水平计算。

根据不同井型、改造方式、举升设备和地面集输设施进行合理估算，充分参考已开发区内实际建设过程中的投资水平，以单井为基本单位，影响钻采工程、地面投资、投资水平估算的主要因素有埋深和地面条件。

$$I_{建设}=I_{钻采}+I_{地面} \tag{3-1-1}$$

式中　$I_{建设}$——建设投资，万元；

$I_{钻采}$——某一埋深条件下的钻采投资，万元；

$I_{地面}$——地面投资，万元。

（2）产气规律确定。

针对不同地质特征和开发技术条件，进行煤层气井生产数值模拟，结合已开发区内气井生产动态特征，确定煤层气井产气规律。

（3）单井经营成本计算。

单井经营成本应充分考虑不同井型对操作成本的影响，采用相关因素法进行计算。同时，参考已开发区内平均单井其他管理费、安全生产费用、营业费用等。经营成本＝固定操作成本＋其他管理费用＋（可变操作成本费率＋安全生产费率＋营业费率）× 产气量。

（4）单井经济极限累计产量计算。

将单井作为一个系统，对其现金流入和流出进行详细计算，确定单井生产周期内项目 NPV：

$$\mathrm{NPV}=\sum_{t=1}^{n}\frac{\left(P_t+S\right)\times \mathrm{PD}_t}{\left(1+i\right)^t}-\left[\sum_{t=1}^{m}\frac{I_t}{\left(1+i\right)^t}+\sum_{t=1}^{n}\frac{C_t}{\left(1+i\right)^t}\right] \tag{3-1-2}$$

式中 P_t——第 t 年煤层气市场销售价格，元 /m^3；

PD_t——单井第 t 年产气量，$10^4\mathrm{m}^3$；

C_t——单井第 t 年操作费支出，万元；

n——单井评价年数，a；

i——基准内部收益率，%；

I_t——单井建设投资支出，万元；

m——单井建设年数，a；

S——单位产量财政补贴，元 /m^3。

对于不同的开发井型，经济开发对经济极限丰度的要求不一样，只有当开发单元资源丰度大于某一井型经济极限丰度时，采用该井型才能够实现效益开发。

第二节 水平井优化设计

煤层气井单井产能低、生产周期长，要达到经济开发要求和提高采收率，合理的井网、井距、长度、压裂段间距及水平井轨迹等优化对有效提高煤储层压降速率、解吸速率、增加解吸量、大幅度提高煤层气井产量、降低开发成本都具有重要意义。

一、井网对储量控制的要求

1. 井网部署的原则

1）井控储量最大化

Ⅰ类、Ⅱ类开发单元资源基础好、储层易改造，部署水平井井网时，尽可能实现井控全覆盖，通过对裂缝发育规律、应力特征和渗透性优质方位等方面的研究，局部采用不规则井网，实现井控储量的最大化。

2）采出程度最大化

水平井网的部署，必须实现人工缝网和煤储层天然缝网的串联，建立井控范围内高效的渗流通道，才能满足煤层气低压条件下气体的稳定产出。

2. 不同地质单元的井网部署要求及预期采气指标

为了高效开发煤层气藏，提高煤层气藏的采收率，需要提出不同储层条件下煤层气藏的合理井网。根据沁水盆地高煤阶煤储层的地质特征，针对不同开发单元，综合应用数值模拟、动态分析、区块开发对比等方法，对井型、井网井距、水平段长及压裂点等进行设计，确保井控储量最大化和最终采出程度的最大化（表 3-2-1）。

表 3-2-1　不同单元水平井井网设计及预期指标

<table>
<tr><th rowspan="2">单元类型</th><th colspan="4">井网优化设计</th><th colspan="5">预期开发指标</th></tr>
<tr><th>井型</th><th>井网</th><th>井距</th><th>改造方法</th><th>井配产 / m^3</th><th>稳产期 / a</th><th>井储量 / 10^4m^3</th><th>采气速度 / %</th><th>采收率 / %</th></tr>
<tr><td rowspan="3">Ⅰ类型（易开发）</td><td>裸眼多分支水平井</td><td>2 主支 +6 分支，洞穴井</td><td>主支 1000m，分支 300m</td><td rowspan="3">不改造，裸眼完井</td><td>12000</td><td rowspan="7">3～5</td><td>6000</td><td>7</td><td rowspan="3">60</td></tr>
<tr><td>鱼骨状筛管水平井</td><td>1 主支 +6 分支</td><td>主支 1000m，分支 300m</td><td>8000</td><td>4000</td><td>7</td></tr>
<tr><td>L 型筛管水平井</td><td>“巷道式”，丛式井组</td><td>水平段长 1000m，井间距 240m</td><td>5500</td><td>3600</td><td>6</td></tr>
<tr><td rowspan="2">Ⅱ类型（可开发）</td><td>L 型套管水平井</td><td>“巷道式”，丛式井组</td><td>水平段长 1000m，井间距 220m</td><td></td><td>7000</td><td>3200</td><td>8</td><td rowspan="2">50</td></tr>
<tr><td>鱼骨状筛管水平井</td><td>1 主支 +6 分支</td><td>主支 1000m，分支 150m</td><td>不改造，裸眼完井</td><td>5000</td><td>3200</td><td>6</td></tr>
<tr><td rowspan="2">Ⅲ类型（难开发）</td><td>L 型套管水平井</td><td>“巷道式”，丛式井组</td><td>水平段长 1000m，井间距 200m</td><td>低前置比、快速返排、大规模压裂</td><td>6000</td><td>3100</td><td>7</td><td rowspan="2">40</td></tr>
<tr><td>仿树形水平井</td><td>主支顶板，煤层中钻分支、脉支</td><td>主支 1000m，分支 + 脉支 10000m</td><td>不改造，裸眼完井</td><td>12000</td><td>7500</td><td>6</td></tr>
</table>

二、多分支水平井优化设计

对于多分支水平井，合理优化分支数、分支长度、分支与主支之间的角度是提高开发效果的重要保障。

1. 分支数

由煤层气井累计产气量与分支数关系曲线（图 3-2-1）可以看出，累计产气量随着分支数的增加不断增加，但是增加幅度开始降低。这主要是由于随着分支数的增加，气井控制面积增大，产气量增加，但是在考虑钻完井成本的基础上，分支数并不是越多越好，还需要根据该地区储层含气量、储层品质等因素确定合理的分支数。沁水盆地多分支水平井一般选用6分支的井型结构。

2. 分支长度

在主支长度一定的条件下，分别模拟分支长度为200m、300m、400m、500m和600m，分析分支长度对累计产气量的影响。由图3-2-2可以看出，随着分支长度的不断增长，累计产气量不断增加，但是当分支长度为600m时，产量增加幅度减小。因此，分支长度并不是越长越好，在多分支井钻井设计过程中，还需要结合实际地质资料，综合考虑钻完井成本、难易程度等因素，选择最优的分支长度，获得较好的经济效益。

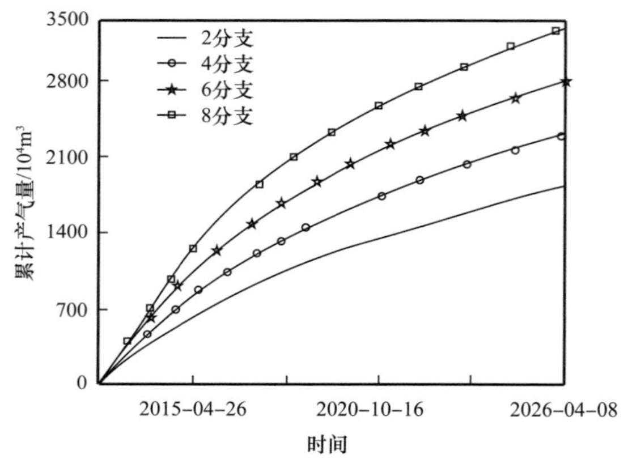

图3-2-1　分支数与累计产气量关系曲线

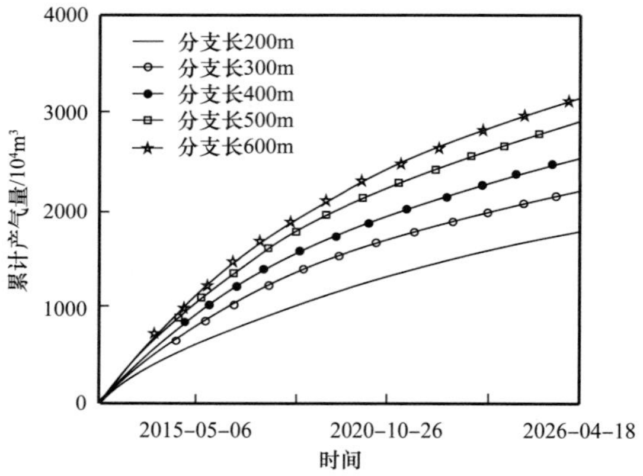

图3-2-2　分支长度与累计产气量关系曲线

3. 分支角度

在主支长度一定的条件下，6个分支长度均为500m，分别设置分支与主井筒夹角为30°、40°、45°、50°、55°和60°，模拟分析分支角度对多分支水平井产气量的影响。由图3-2-3可以看出，随着分支角度的不断扩大，累计产气量不断增加，开始增长幅度较大，后期增长幅度逐渐减小。因此，根据模拟结果，充分考虑钻井难易程度，确定分支与主支夹角为45°～55°时较好。

4. 分支间距

当多分支井分支数、分支角度以及分支长度确定后，分支间距也是影响煤层气井产量和采收率的重要参数。因此，在设定分支角度、分支数和水平井总长度一定的条件下，改变分支间距（100m、150m、200m、250m、300m、350m、400m和450m），分析其对气井产量的影响。由图3-2-4可以看出，当分支间距较小时，累计产气量随着分支间距的增加而升高，当分支间距超过350m时，累计产气量开始降低，这表明存在最优分支间距，当分支间距小于最优值时，分支井有效控制面积增大，产气量增加；当分支间距超过最优值时，各分支之间不再相互影响，无法形成面积协同降压，不能有效提高产气量。因此，通过模拟，认为最优分支间距为 300～350m。

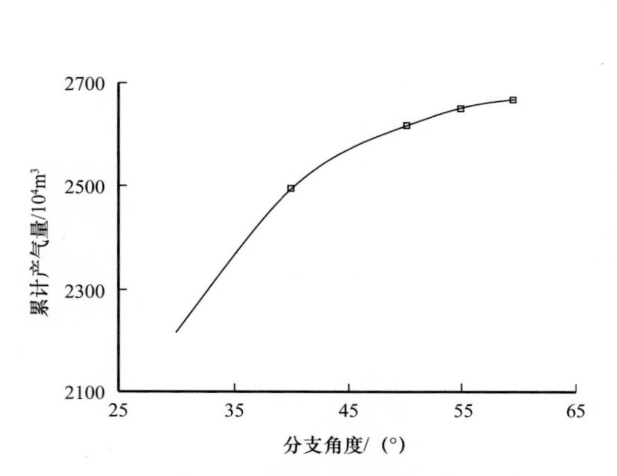

图 3-2-3　分支角度与累计产气量关系曲线

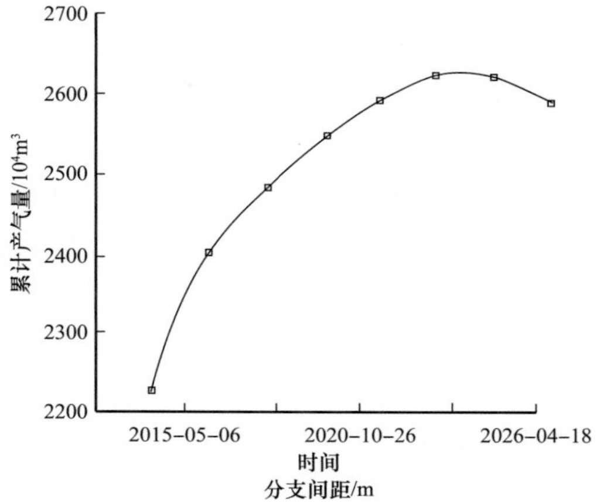

图 3-2-4　分支间距与累计产气量关系曲线

三、单支水平井优化设计

煤层气水平井的优化设计与部署是煤层气开发方案的重要组成部分，合理的设计对有效提高煤储层压降速率和解吸速率、增加解吸量、大幅度提高煤层气井产量、降低开发成本都具有重要意义。

1. 井网设计

1）未动用新建产能区

单支水平井井网一般包括放射状井网和平行式井网两类，如图 3-2-5 所示。放射状井网井身结构简单，但不利于形成压力叠加区，泄压范围小，资源面积空白区多，单位面积产气量低，区块总体采出程度低；平行式井网可以有效控制资源，有利于形成井间协同降压，提高降压效率。

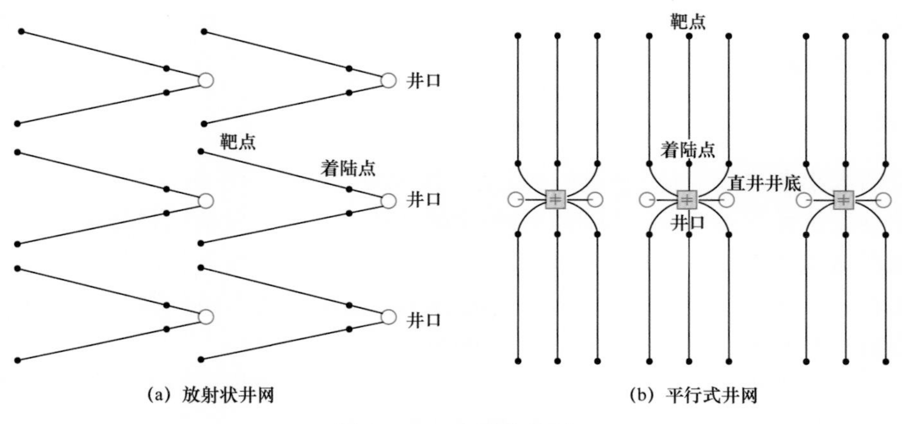

图 3-2-5　水平井井网

因此，针对未动用的新建产能区，为了最大化实现井间协同降压、提高降压效率、有效控制资源，一般采用平行巷道部署水平井井网，该井网能够有效实现规模化改造，提高开发效果。

2）已动用老区

由于早期建产过程中采用的直井井网井距较大，原井网井距与地质条件的适应性差，井间难以实现协同降压，不利于提高单井产气量和累计产气量，实际有效动用储量低，资源利用率低，因此提出了在原井网内加密井网，实现协同降压的技术思路。利用该项技术，在缩小井距的同时，可以实现压裂裂缝的相互交错串接，使煤层裂隙间畅通，提高裂隙的导流能力，实现井间耦合降压，在实现新井高产的同时，可以有效带动老井，实现协同降压的目的，提高区域的储量动用程度。基于以上认识，设计了盘活模型，主要包括L型水平井套管压裂加密盘活老井模式和多分支水平井加密盘活老井模式。

对于含气富集、埋深浅、储层渗透性好、煤体结构完整的有利区，部分井区部署直井难以充分动用储量，针对该类储层部署L型套管压裂水平井，实现水平井压裂裂缝与老井人工缝网的串接，形成耦合降压，提高低渗透储层整体开发效果（朱庆忠等，2019）。

对含气富集、埋深增大、渗透率相对较高、煤体结构相对完整的Ⅱ类剩余储量有利区，根据数值模拟及生产动态发现，压降漏斗面积较小，井间难以实现压降干扰。针对该类储层，在老井网内相对较高渗透储层区域实施鱼骨状水平井，水平井眼串接多个剩余储量资源区，分支与老井网裂缝串接，达到“分支控面—裂缝串接”，促进耦合降压，实现剩余资源高效动用。

水平井盘活模型主要在郑庄区块中部和东北部进行部署，根据该区地质特点，水平井盘活模型主要有以下几方面的优势：（1）水平井水平段能直接穿透煤岩面割理，将裂缝系统有效沟通，可以消除地应力的不利影响，水平井产量高；（2）水平井的长水平段盘活直井井数多，利于周围直井增产增效；（3）水平段将煤层中的裂缝系统有效沟通，使渗流通道呈网状分布，突破了煤层非均质的局限性，增加了煤层气的解吸范围。利用这种水平井盘活模式，在缩小井距的同时，可以实现水平井和直井裂缝相互交错串接，使煤层裂隙间畅通，提高裂隙的导流能力，提高单井产气量，提高区域的储量动用程度（鲁秀芹等，2019）。

2. 井距优化

井距的大小取决于煤储层的性质和生产规模对经济性的影响以及对采收率的要求。我国煤储层渗透性普遍偏低，因此井距相比国外要小。关于煤层气井的井距优化，根据实际煤储层地质条件、数值模拟技术和经济评价等方法对煤层气井的井距进行分析，揭示了地质和地形条件、煤储层渗透率、储层压力、地下水动力条件和开发规模等对井网优化的控制（李斌等，1996；冯文光等，1999；赵阳升，1994）。

针对井距的优化，主要应用的方法是经验类比法和数值模拟技术。利用数值模拟方法优化井距，首先根据研究区块的地质资料获取建立地质模型所需要的基本参数，如厚度、储层压力、渗透率、孔隙度、兰氏压力等参数，同时通过实验获取气水相对渗透率等数据，建立研究区块的数值模型，在该模型的基础上，对研究区域的水平井井距进行优化。

1）套管压裂水平井井距优化

套管压裂水平井井距优化设计时，需要考虑压裂裂缝的有效长度、宽度及高度（图 3–2–6）。以郑庄区块为例，根据该区实际地质参数建立地质模型（表 3–2–2），对该模型进行计算。数值模拟结果表明，在稳产气量一定的情况下，随着井距的增大，单井控制储量逐渐增大，累计产气量也逐渐增加，但采出程度逐渐降低。当井距为 200～250m 时，其单井产气量、稳产时间、采收率等开发指标比较合理，同时综合考虑压裂裂缝缝长等因素，优选郑庄区块 3 号煤储层套管压裂水平井井距为 200～250m（表 3–2–3）。

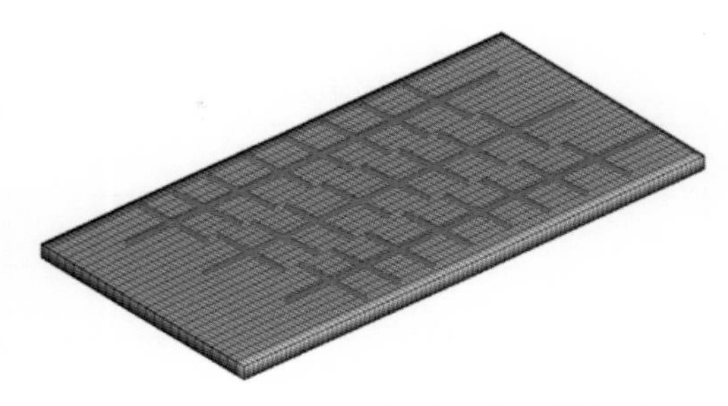

图 3–2–6 套管压裂水平井机理模型示意图

表 3–2–2 套管模型基本参数

基本参数	数值
初始地层压力 /MPa	6
初始含水饱和度 /%	0（基岩），100（天然裂缝），100（水力裂缝）
地层温度 /℃	25
基岩固有渗透率 /mD	0
地层水密度 /（kg/m^3）	1000
水的黏度 /（mPa·s）	1.01
水的压缩系数 /$10^{-4}MPa^{-1}$	4.35
煤岩压缩系数 /$10^{-2}MPa^{-1}$	4.39
扩散系数 /（m^2/d）	0.003
基岩杨氏模量 /GPa	2.2
基岩泊松比	0.23
基岩密度 /（kg/m^3）	1400
天然裂缝渗透率 /mD	1.5
天然裂隙孔隙度 /%	1
天然裂隙间距 /m	0.05
天然裂缝开度 /m	0.0001

续表

基本参数	数值
天然裂缝杨氏模量 /GPa	0.01
压裂段数	8
段间距 /m	100
人工裂缝半长 /m	100
人工裂缝高度 /m	5
人工裂缝开度 /m	0.005
兰氏体积 / (m^3/kg)	29
兰氏压力 /MPa	2.7

表 3–2–3　套管压裂水平井井距优化结果

井距 /m	稳定日产气量 /m^3	累计产气量 /10^4m^3	稳产时间 /a	采出程度 /%
200	6000	2242	3	55.4
250	6000	2491	4	51.0
300	6000	2598	5	45.9

2）筛管水平井井距优化

利用数值模拟技术对郑庄区块筛管水平井的井距进行优化（图 3–2–7），基本参数见表 3–2–4。数值模拟结果表明，在稳产气量一定的情况下，随着井距的增大，单井控制储量逐渐增大，累计产气量也逐渐增加，但采出程度逐渐降低。当井距为 200m 时，其单井产气量、稳产时间和采收率等开发指标比较合理，因此优选筛管水平井井距为 200m（表 3–2–5）。

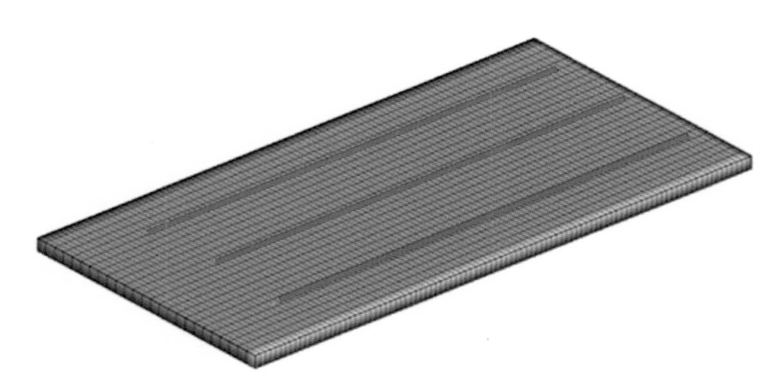

图 3–2–7　筛管水平井机理模型示意图

表 3-2-4 筛管模型基本参数

基本参数	数值
初始地层压力 /MPa	6
初始含水饱和度 /%	0（基岩），100（天然裂缝），100（水力裂缝）
地层温度 /℃	25
基岩固有渗透率 /mD	0
地层水密度 /（kg/m^3）	1000
水的黏度 /（mPa·s）	1.01
水的压缩系数 /$10^{-4}MPa^{-1}$	4.35
煤岩压缩系数 /$10^{-2}MPa^{-1}$	4.39
扩散系数 /（m^2/d）	0.003
基岩杨氏模量 /GPa	2.2
基岩泊松比	0.23
基岩密度 /（kg/m^3）	1400
天然裂缝渗透率 /mD	1.5
天然裂隙孔隙度 /%	1
天然裂隙间距 /m	0.05
天然裂缝开度 /m	0.0001
天然裂缝杨氏模量 /GPa	0.01
兰氏体积 /（m^3/kg）	29
兰氏压力 /MPa	2.7

表 3-2-5 筛管完井单支水平井不同井距下开发指标对比

井距 /m	高峰日产气量 /m^3	累计产气量 /10^4m^3	稳产时间 /a	采收率 /%
200	4500	1888	3	59.2
250	4500	1956	4	52.0
300	4500	2015	5	46.2

3. 水平段长度优化

在设计水平段长度时，既要考虑到地质及油藏工程的要求，又要考虑到钻井完井作业和经济效益。

1）地质及气藏工程因素

从煤层气藏的地质情况及气藏工程的角度考虑，主要是根据煤层气藏的具体资源基础条件，在尽量降低钻井成本的前提下使产量最高。主要参数有渗透率和油藏厚度。

渗透率的各向异性对水平井产量的影响很大。垂向渗透率越大，在水平段长度相同的情况下，水平井的产量越高；随着垂向渗透率减小，水平井的产气量也随之降低，优越性也就难以体现。因此，需要研究不同开发区块的垂向渗透率分布规律，优化最佳的水平井长度。

以郑庄北水平井长度优化为例，对该区块设计不同的水平段长度进行模拟运算，结果显示，随着水平段长度的增加，百米累计产气量先增加后减小，即水平段增加到一定的长度后再增加的部分对产量的贡献开始减小（图 3–2–8）。

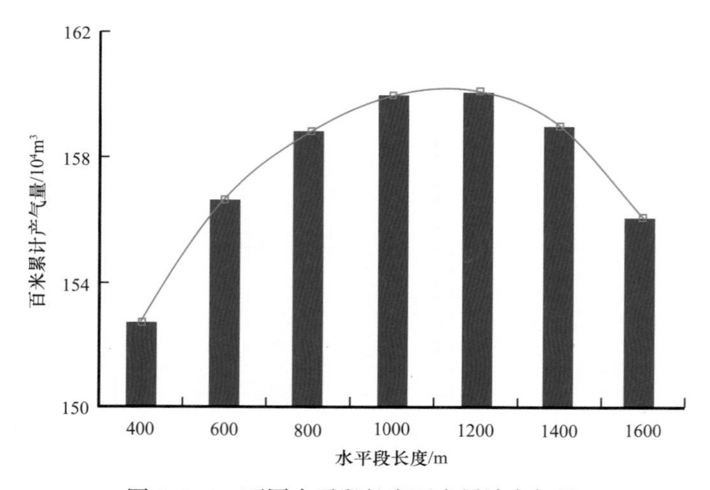

图 3–2–8 不同水平段长度百米累计产气量

2）钻井工程的因素

从油藏工程的角度考虑，水平段越长，产量越高，但从钻井工程的角度考虑，水平段长度可能会受到以下条件的限制：

（1）动力钻具钻进时钻压的施加，钻柱的屈曲及“自锁”；

（2）下钻时钻柱的屈曲及“自锁”；

（3）正划眼时转盘的扭矩及钻柱的扭曲；

（4）下套管时套管的“自锁”；

（5）转盘钻进时转盘的扭矩及钻柱的扭曲；

（6）起钻时钻柱的拉伸载荷及大钩负荷。

上述限制条件，其核心有两点，即管柱的强度和刚度。从强度方面考虑，在倒划眼和转盘钻进工况下，钻柱受载最大，可以计算出最大载荷，根据钻柱的最大载荷和钻柱钢材的极限强度就可以计算出最大水平段长度。从刚度方面考虑，在定向钻进和旋转钻进工况下，钻柱易发生失稳，根据临界条件可以得出极限载荷，根据极限载荷可以求出最大水平段长度。在两个值中选一个较小值，并用该值进行钻机载荷校核，如果钻机载荷满足其强度要求，该值即为最大的水平段长度；如不满足，再根据钻机载荷进行水平段长度的设计。

3）经济效益评价

水平段长度增加，钻井周期变长且作业难度越来越大，由此产生的实际费用大幅度增加，风险费用也越来越大，从而导致每米进尺钻井成本将大幅度增加。因此，从经济效益的角度来看，水平段长度并不是越长越好，而是在某一个水平段长度会出现利润最大点（图 3–2–9、表 3–2–6）。

表 3–2–6　不同水平段长度生产指标

水平段长度 /m	稳产气量 /（m^3/d）	累计产气量 /10^4m^3
1000	7000	2280
1500	11000	3110
2000	13000	3570
2500	14000	3840

根据模拟的产量数据，结合最新的经济评价参数，对不同水平段长度进行了经济评价，结果显示，水平段长度从 1000m 延长至 1500m 时，内部收益率有 0.5% 的提升，1500m 后内部收益率呈下降趋势，综合考虑产量、经济效益和钻井工艺技术，水平段长度以 1000～1500m 为主（表 3–2–7、图 3–2–9）。

表 3–2–7　不同水平段长度投资预算数据

单位：万元

项目		1000m 水平段估算金额	1500m 水平段估算金额	2000m 水平段估算金额	2500m 水平段估算金额
建设投资		753.8	1000.5	1246.3	1497.45
钻井投资	钻前工程费	4.5	5.5	6.6	7.7
	钻井工程费（直井段 428 元 /m，水平段 2030 元 /m）	210	310	410	512
	固井工程费	48	60	72	84
	录井工程费	9	11.25	13.5	16
	测井工程费	5	6.25	7.5	8.75
	合计	276.5	393	509.6	628.45
采气工程投资	水平井分段改造	255	383	510	640
	返排液处理服务费	5	7	9	11

续表

项目		1000m 水平段估算金额	1500m 水平段估算金额	2000m 水平段估算金额	2500m 水平段估算金额
采气工程投资	投产作业费	2	2	2	2
	水平井排采设备	35.3	35.5	35.7	36
	合计	297.3	427.5	556.7	689
地面工程投资		180	180	180	180

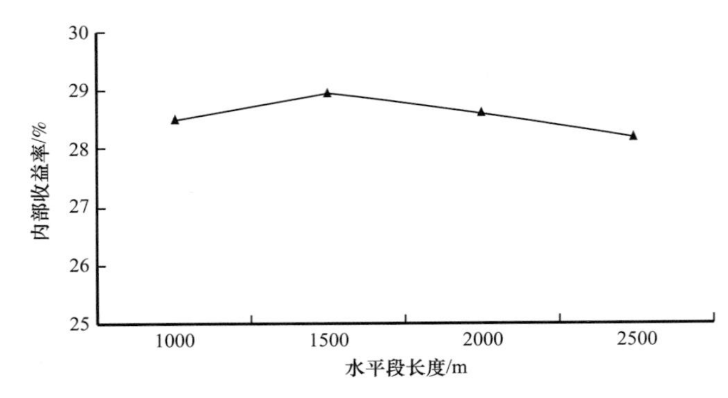

图 3-2-9 不同水平段长度内部收益率对比

4. 水平井轨迹优化

水平井轨迹优化的关键是确定目标煤层气藏区域后，根据构造条件、煤层厚度、含气量、储量丰度、含气饱和度和煤体结构等地质参数优选优质煤层“甜点区”，同时考虑地应力方向、裂缝发育情况、生产状况、储量动用程度和垂向煤层发育状况等因素，多种条件相结合来确定水平井的钻探方向。

1）构造条件的影响

在水平井优化部署过程中，首先需要考虑断层及陷落柱对水平井的影响。

当断层断距大于 10m 时，在距断层 150m 范围内，煤层含气量会随着与断层间距离的增加而增大；当断层断距小于 10m 时，断层在三维地震剖面上不容易被识别，但也会对生产井产生负面影响。小断层周边生产井，在压裂过程中通常有明显泄压现象，压裂液沿断层漏失，压裂效果受到影响，这类井生产时均表现出解吸压力低、产气量低的特征。

陷落柱的存在，既会使煤层连续性受到破坏，也会使相邻富水层与煤层连通，其上部地层在陷落柱塌陷过程中产生大量纵向裂隙，对煤层气封存极为不利，造成煤层气散失，严重影响煤层含气性，是制约煤层气富集和开发的重要因素之一，因而在部署钻探井时必须避开陷落柱。目前来看，距离大中型陷落柱 500m 范围外，煤层含气量才能不受影响。另外，由于受到陷落柱的影响，周边地层多产生衍生断裂，使破坏范围进一步扩大。小型陷落柱的影响范围较小，一般超过 300m，煤岩含气量就不会受影响。

因此，在井场确定的情况下，水平井方位设计应避开断层150m以上、陷落柱发育区300m以上，确保实现高产。

另外，在进行水平段轨迹设计时，还需要考虑水平段与构造形态的匹配关系。以往认为上倾水平井较下倾水平井有利于排水采气，绝大多数水平井部署以上倾水平井为主。随着排采设备的不断优化，目前已经解决了下倾水平井的排水降压问题，水平井无杆排采工艺的发展使上倾井和下倾井均可实现正常排采。

沁水盆地地貌以山地、丘陵为主，地势东北高、西南低，内部起伏不平，沟谷发育，切割较深。地面井场往往受山地限制，不能在有利位置进行井位部署，导致部分地区储量难以动用。

因此，对于地面井场难以更改的情况，多利用下倾水平井不仅可以提高产气效果，也能提高储量动用程度；其次，利用大井组开发模式，即在同一井场上倾水平井与下倾水平井同时部署，满足储量动用最大化，同时也能够大幅减少地面井场投资，提高投入产出比。2020年，华北油田在樊庄区块部署了10余口下倾水平井，单井平均日产气5000m^3，最高可达7000m^3，展示了下倾水平井可以高效开发的良好前景。

设计轨迹时，还需要考虑地层倾角的变化及水平井水平段倾角的限制。如果地层倾角较大、地层产状较陡，沿垂直等高线设计水平井，必然导致轨迹起伏大、钻井追层难、事故多、钻井周期长等不利结果。因此，建议采取斜交等高线方向设计水平井轨迹，设计地层倾角尽可能控制在5°以内（下倾可适当大一些），降低水平段钻探难度。

2）地应力影响

在井网设计过程中，需要考虑地应力方向，尤其对于沁水盆地高阶煤低渗透、特低渗透储层，水平井一般需要进行压裂改造，不同的布井方向开发效果差异较大。

通过对不同的布井方位进行数值模拟研究发现：当水平井水平段与水平最大主应力方向垂直时，更易于压裂造缝，压裂改造效果好，泄气范围大，15年累计产气量可以达到1800×10^4m^3；当水平井水平段与水平最大主应力方向平行时，压裂造缝困难，泄气范围小，水平井生产效果差，15年累计产气1400×10^4m^3。

通过裂缝监测，郑庄区块压裂裂缝的方位主要为北东方向，因此，水平井主支方向确定为北西方向。在实际水平井轨迹部署中，多受地质条件限制，不能与水平最大主应力方向垂直，应尽可能地选取夹角较大的方向。

3）天然裂缝发育状况影响

天然裂缝的成因十分复杂，从裂缝力学成因来看，裂缝产生的原因是岩石的结合力降低而发生破裂。裂缝的发育程度主要受地层变形和断层控制，但不同的岩性、物性、煤层厚度及煤层物理结构等也将影响裂缝的发育与分布。

对于无烟煤储层，割理严重闭合或被矿物质充填，对渗透性的贡献微弱，起主导作用的则是构造裂隙。鉴于沁水盆地煤储层的渗透性主要是宏观构造裂缝的贡献，因此，水平井眼沟通天然裂缝数量越多，越利于煤层气井获得高产。

对于不进行压裂增产改造的水平井，水平井煤层中水平段的走向对水平井产能影响明显。水平段沿高渗透方向钻进时，水平段井眼轨迹与裂隙走向平行，天然裂隙钻遇率会显著降低；相反，垂直或斜交高渗透方向钻进，更利于水平段井眼轨迹沟通煤储层中的天然裂隙（图 3-2-10）。后期不进行压裂改造的鱼骨状水平井，在井位部署前需开展裂缝预测，判断区域天然裂缝优势方向（高渗透方向），以此为基础设计井眼轨迹走向。

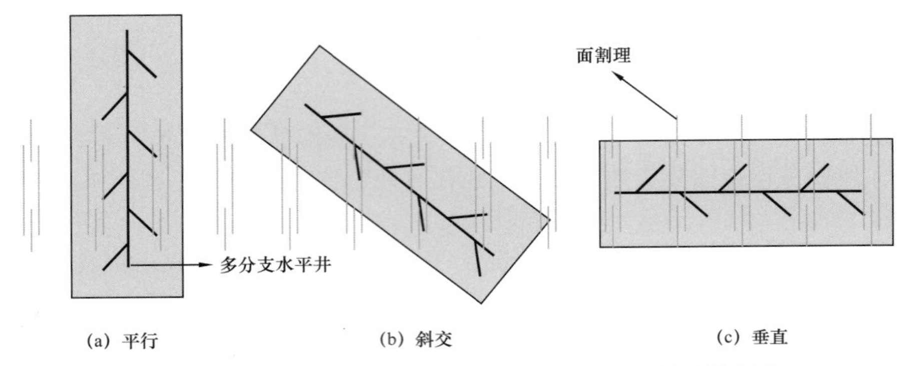

图 3-2-10 鱼骨状水平井轨迹与面割理走向配置关系模式图

后期进行压裂改造单支水平井时，应综合考虑最大主应力、天然裂隙、压裂工艺和压裂段间距等因素，判定影响区块裂缝延伸主控因素，以扩大压裂改造范围、沟通更多裂隙为目标，使得更多的天然裂缝与井筒形成空间缝网体系。

4）生产状况优化

目前，沁水盆地内主要产气区块——郑庄区块、樊庄区块已进入开发中后期，部分区块由于井型不适应、井网不完善，生产效果较差，但资源条件相对较好的储量动用程度低的区域仍然可以进行水平井部署。

依据区块地质单元划分结果，在结合老井生产状况的基础上，落实储量动用程度低的有利目标区，水平井设计方位主要向井间储量未动用的区域以及资源基础较好、生产效果较差的储量动用程度低的区域进行优化，最大化地实现区块高效开发。

5）水平段垂向位置设计

沁水盆地高阶煤储层厚度较薄，主力开发层 3 号煤层厚度为 4～7m，15 号煤层厚度为 2～4m，但根据已开发的直斜井测井资料来看，各个开发区煤层发育状况不一，有块状结构、两分及三分等结构，煤层内部不同区域的含气量、含气饱和度和煤体结构差异较大（图 3-2-11）。

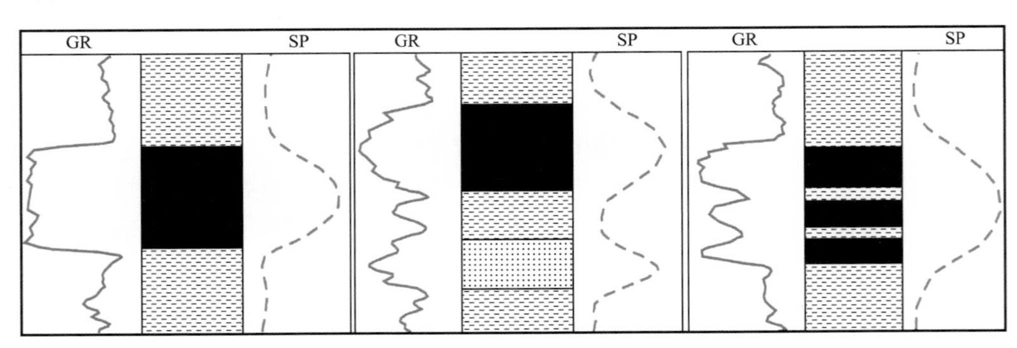

图 3-2-11 不同煤层煤体结构示意图

水平段垂向位置设计时要求在优质煤层中部署。优质煤层的确定主要依据测井资料的自然伽马值和实验室出具的含气量测试报告进行确定，一般 3 号煤层优质煤层自然伽马值小于 30API，15 号煤层优质煤层自然伽马值小于 40API。

5. 水平井压裂优化设计

根据前面论述，沁水盆地高阶煤以低渗透、特低渗透储层为主，因此，采用水平井开发，压裂改造工艺是实现高效开发的重要手段。水力压裂过程中，多个射孔段形成多个初始人工裂缝，引起多裂缝周围形成了诱导应力场，改变了原水平主应力状态，同时裂缝周围应力场干扰其他诱导裂缝的扩展。不同的段间距在一定程度上决定了应力干扰程度的大小，同时也影响压裂效果。射孔段间距过小，会导致过高的应力干扰，造成段内裂缝扩展受到抑制，可能造成压裂砂堵，影响压裂效果；段间距过大，应力干扰优势不明显，不能充分促进形成复杂裂缝网络，增大储层改造体积。

在对水平井进行分段间距优化设计时，通过数值模拟手段，研究水平井分段压裂裂缝的诱导应力场变化规律及其对后压裂缝形态的影响作用，提出相应的分段压裂间距指导原则，优化裂缝间距，进而根据水平段的长度确定每口井的压裂段数。

1）压裂方式优化

L 型套管压裂水平井，不同的压裂点部署方式会对开发产生一定的影响。通过研究认为，在优化压裂方式时，宜采用交互式压裂，相邻水平井井间压裂点交互分布（图 3-2-12），实现区域整体的资源全覆盖、缝网的整体连接，促进耦合降压，提高单井改造效果，最大限度提高区块的采气速度和最终采出程度。

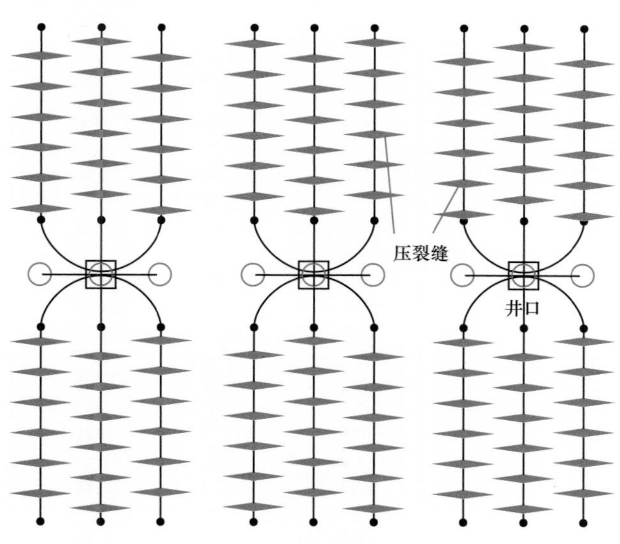

图 3-2-12　交互式压裂示意图

2）水平井压裂段间距优化

针对沁水盆地高阶煤低渗透、特低渗透储层，压裂段间距对采收率影响很大。压裂段间距过大，容易导致压裂改造范围无法全覆盖，使得整体降压效果较差，单井产气量和区块最终采收率降低；而压裂段间距过小，裂缝条数就越多，对储层的体积切割也越大，从而采收率就越高。但由于压裂段数多，压裂成本较高，经济效益差，因此需要根据不同的地质条件优化段间距，实现高效经济开发。

在水平段长一定的条件下，段间距越小，裂缝条数越多，对煤层气井后期排采过程中最直观的表现就是初始排采时产水量越大，因此，对 4 种段间距的初始日产水量取不同的数值，见表 3-2-8。根据上述储层模型，采用定产水，最小井底流压和气产量不限制的工作制度，模拟预测不同渗透率和不同段间距条件下水平井 10 年的产能情况，模拟结果见表 3-2-9。

表 3-2-8　不同段间距初始日产水量取值

水平段长 /m	压裂段数 / 段	段间距 /m	裂缝条数 / 条	初始日产水量 /m^3
1000	10	100	10	5
	13	80	13	6
	17	60	17	8
	25	40	25	10

表 3-2-9　不同段间距对气产量的影响

渗透率 / mD	段间距 / m	初始日产水量 / m^3	峰值时间 / d	峰值产量 / m^3/d	累计产气量 / 10^4m^3	累计产水量 / m^3	采收率 / %
0.01	100（10 段）	5	156	12807	636.7	3106	4.97
	80（13 段）	6	139	12939	696.1	3313	5.43
	60（17 段）	8	123	14875	754.8	3525	5.89
	40（25 段）	10	110	15924	800.0	3848	6.25
0.05	100（10 段）	5	354	17089	1253.2	5404	9.78
	80（13 段）	6	297	19130	1343.5	5607	10.49
	60（17 段）	8	218	20061	1430.8	5815	11.17
	40（25 段）	10	187	20783	1503.3	6149	11.74
0.1	100（10 段）	5	533	18879	1711.3	6488	13.36
	80（13 段）	6	433	21977	1818.7	6698	14.20
	60（17 段）	8	304	23701	1919.8	6918	14.99
	40（25 段）	10	254	24672	2008	7257	15.68
0.5	100（10 段）	5	1002	31161	3680.9	9048	30.55
	80（13 段）	6	810	34289	3893.6	9134	30.39

续表

渗透率 / mD	段间距 / m	初始日产水量 / m^3	峰值时间 / d	峰值产量 / m^3/d	累计产气量 / 10^4m^3	累计产水量 / m^3	采收率 / %
0.5	60（17 段）	8	570	37651	4118.8	9349	32.15
	40（25 段）	10	461	40239	4287.1	9679	33.47
1	100（10 段）	5	1304	32133	4966.6	9443	38.77
	80（13 段）	6	1017	35439	5226.8	9612	40.80
	60（17 段）	8	692	41370	5495	9256	42.90
	40（25 段）	10	540	45016	5663.7	10133	44.22
2	100（10 段）	5	1523	52481	6090.1	9733	47.54
	80（13 段）	6	1247	51529	6388.5	9894	49.87
	60（17 段）	8	880	47462	6707	10090	52.36
	40（25 段）	10	667	47408	6871	10404	53.64

（1）对峰值时间和峰值产气量的影响。

模拟结果表明，当渗透率一定时，随着压裂段数的增加（即段间距减小），煤层气井的产气峰值时间缩短，即高峰产气量提前（图 3–2–13），峰值产气量增加（图 3–2–14），煤层气井的排采周期缩短，短期内对整个区块产能建设较有利。

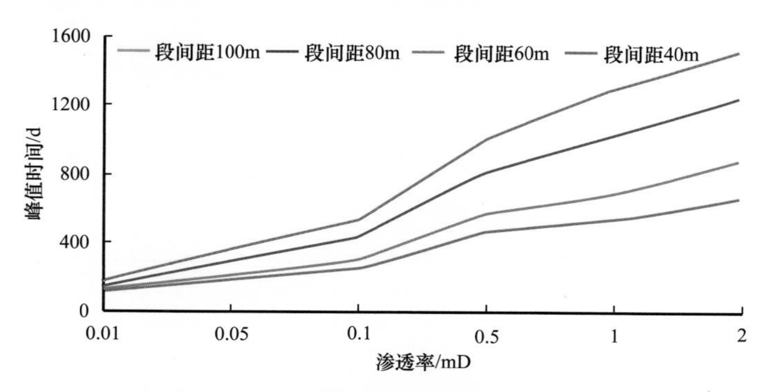

图 3–2–13 不同段间距产气峰值时间分布曲线

产气峰值时间随着渗透率的增加变化趋势逐渐增大，即高渗透率条件下，压裂段数的增加对产气峰值时间的缩短或峰值产气量提前影响越明显。

峰值产气量随着渗透率的增加表现出不同的变化趋势：① 当渗透率为 0.01～0.1mD 时，随着压裂段数的增加，峰值产气量增加趋势较缓；② 当渗透率为 0.1～1mD 时，随着压裂段数的增加，峰值产气量增加较明显；③ 当渗透率为 1～2mD 时，随着压裂段数的增加，峰值产气量增加趋势逐渐变缓，甚至压裂段数多的峰值产气量低于压裂段数少的，即渗透率大于 1mD 时，压裂段数的增加对于峰值产气量的提高意义已不大，也意味着高渗透率条件下，水平井不进行分段压裂也能获得高产。

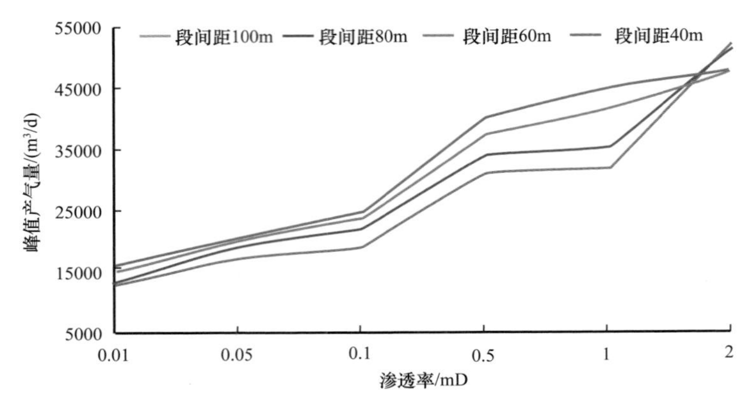

图 3-2-14 不同段间距峰值产气量分布曲线

（2）对 10 年累计产气量的影响。

模拟结果表明，当渗透率一定时，随着压裂段数的增加（即段间距减小），煤层气井的累计产气量逐渐增加（图 3-2-15），渗透率不同时增加的幅度也不同。由于渗透率对煤层气井的产能影响较大，其他地质条件和增产改造方式相同时，低渗透储层的产能小于高渗透储层的，这一点是共识，段间距对低渗透储层的增产幅度肯定小于高渗透储层的。

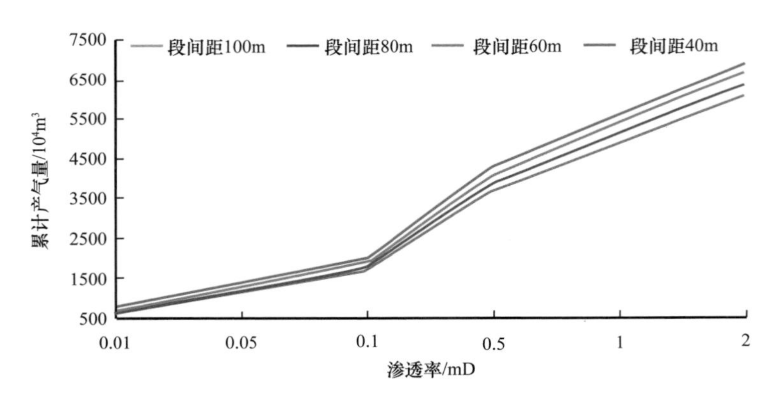

图 3-2-15 不同段间距累计产气量分布曲线

当渗透率为 0.5mD 时，不同段间距条件下 10 年累计气产量如图 3-2-16 所示。

以段间距 100m（10 条裂缝，10 年累计产气 $3680.9\times10^4m^3$）为基础，分析压裂段数的增加对累计产气量的影响（表 3-2-10），段间距 80m（13 条裂缝）累计产气 $3893.6\times10^4m^3$，增加 3 条裂缝，累计产气量增加 $212.7\times10^4m^3$，平均单条裂缝增加产量 $70.90\times10^4m^3$；间距 60m（17 条裂缝）累计产气 $4118.8\times10^4m^3$，增加 7 条裂缝，累计产气量增加 $437.9\times10^4m^3$，平均单条裂缝增加产量 $62.56\times10^4m^3$；间距 40m（25 条裂缝）累计产气 $4287.1\times10^4m^3$，增加 15 条裂缝，累计产气量增加 $606.2\times10^4m^3$，平均单条裂缝增加产量 $40.41\times10^4m^3$（图 3-2-17）。

表 3-2-10　压裂段数的增加对累计产气量的影响

段间距 / m	裂缝条数 / 条	峰值产量 / m^3/d	累计产气量 / 10^4m^3	增加裂缝条数 / 条	累计产气量增加量 / 10^4m^3	单条裂缝增加量 / 10^4m^3
100	10	31161	3680.9	0	0	0
80	13	34289	3893.6	3	212.7	70.90
60	17	37651	4118.8	7	437.9	62.56
40	25	40239	4287.1	15	606.2	40.41

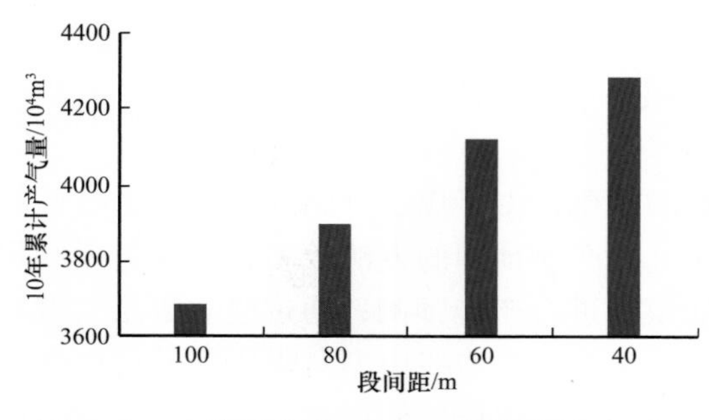

图 3-2-16　渗透率为 0.5mD 时段间距与 10 年累计产气量关系

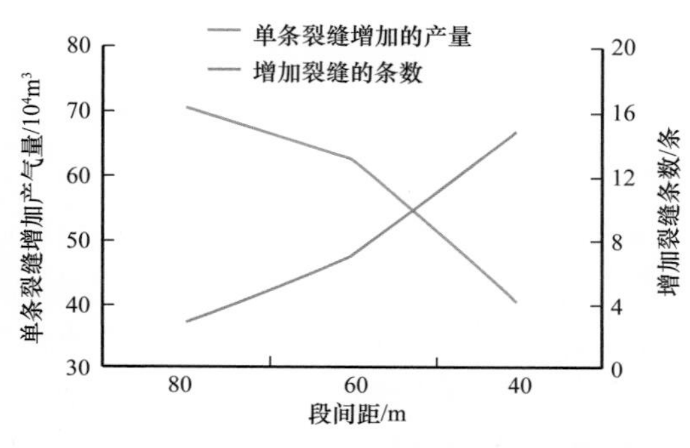

图 3-2-17　单条裂缝增加的产气量与段间距关系曲线

随着段间距的减少，裂缝条数增加，单条裂缝增加的产气量减少，增产效率降低，当段间距小于 60m 时，单条裂缝的增产效率快速降低，段间距为 40m 时，单条裂缝增加的产气量已降低到 $40.41\times10^4m^3$，从工程施工和经济效益方面考虑是不理想的，因此 60～80m 的段间距是比较经济合理的。

（3）对年度累计产气量的影响。

随着压裂段数的增加（即段间距减小），从第一年至第十年，年度累计产气量都是逐渐增加的，只是不同的年度增加的幅度不同，一般情况下前期增加幅度比较明显，后期增加幅度基本维持不变。当渗透率为 0.01～0.5mD 时，前 3～4 年增加幅度较明显；当渗透率为 1mD 时，前 5 年增加幅度较明显；当渗透率为 2mD 时，前 6 年增加幅度较明显。即随压裂段数增加，短期内可实现较高的采收率。

当渗透率为 0.5mD 时，段间距对累计产气量的影响如图 3-2-18 所示。第三年累计产量：段间距 100m 时为 $802.0\times10^4m^3$，段间距 80m 时为 $1115.3\times10^4m^3$，段间距 60m 时为 $1422.7\times10^4m^3$，段间距 40m 时为 $1589.9\times10^4m^3$，当段间距从 100m 降低到 40m 时，第三年累计产气量增加 $787.9\times10^4m^3$，增加近一半。

随着压裂段数的增加，煤层气水平井的年度累计产气量逐渐增加，一般前 5 年增加幅度比较明显，后几年增加幅度基本稳定，这对于短期内实现区块的高产开发和回收成本比较有利。

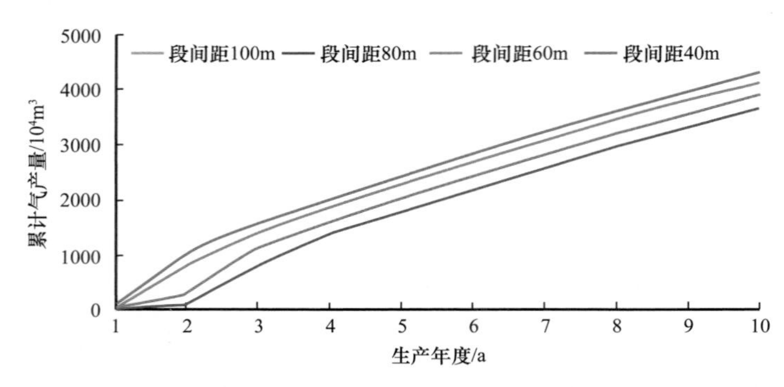

图 3-2-18 渗透率为 0.5mD 时段间距与年度累计产气量关系曲线

第三节 产 能 预 测

煤层气井产能预测是煤层气开发方案设计的基础，由于煤层气的储集、渗透方式等特殊性，增加了产能预测的难度。目前，煤层气井产能预测的方法较多，主要包括利用物质平衡法推导建立煤层气井的生产动态产能模型进行产能预测；通过建立煤层气藏地质模型，利用数值模拟方法进行产能预测；通过建立典型曲线模型对煤层气储层产气量进行预测。除此之外，还有通过建立神经网络模型预测煤层气储层产气量动态变化（梁冰等，1996；Dikken et al.，1990）。

一、产能预测的基本方法

1. 物质平衡法

物质平衡法是将常规油气田研究中的油藏工程方法应用于煤层气研究，使用物质平衡法建立了煤层气井产能预测模型，并且将油藏工程方法和数值计算方法相结合，得到了各计算参数之间的关系式，使模型在计算机上得以实现。该模型可以计算出产量、压力、采收率等生产数据，实现生产预测的目的；同时，可以通过同一参数值的变化来考察其对生产动态的影响。

对模型做出一系列假设：煤层存在大量天然裂缝，裂缝为主要流动通道，气、水在裂缝中形成两相流动；气体在煤层表面的脱附非常迅速，一旦脱附，立即扩散到裂缝中；地层水中无溶解气；煤层无底水以及供气半径和煤层有效厚度不随生产时间变化等。然后，假设该井由时间 t 至 $t+1$ 生产了 Δt，相应地煤层压力由 p_{rt} 至 p_{rt+1} 降低了 Δp。根据物质平衡原理建立模型，Δt 时间段内，煤层中游离气体积变化与地层水体积变化之和应等于地层孔隙体积变化。利用油藏工程方法可以得出模型中各参数与煤层压力的关系式，具体求解时，有的就要用到数值计算方法。

2. 数值模拟法

数值模拟法是从煤层气的流动机理入手，通过建立数值模拟模型预测煤层气储层产气量动态变化，煤层气储层数值模拟就是通过建立渗流数学模型描述气水的流动过程，再通过有限差分和有限单元等方法将连续的函数离散化来求解偏微分方程组，从而模拟煤层气的产出规律和产量（李前贵等，2003；郑立等，2011）。依据对吸附—扩散过程模拟方式的不同，煤层气储层吸附—扩散模型可以分为经验吸附模型、平衡吸附模型和非平衡吸附模型。

煤层气非平衡拟稳态吸附—扩散模型能够反映出煤层气的解吸、扩散特性，在开发过程中应用较多。并且学者越来越关注煤层气解吸、扩散、渗透过程中渗透率的动态变化以及压裂过程中产生的水力裂缝对渗流场的影响。

3. 典型曲线法

数值模拟方法能够较好地描述煤层气的储存特征及流动机理，是目前研究煤层气井产能预测较为常用的方法，但是由于煤层气储层的非均质性和复杂性，预测的产量存在一定的误差。因此，许多学者通过建立典型曲线模型预测煤层气储层产气量的动态变化，寻找一种适用于区块特征的方便、准确的预测煤层气井产能的方法。

徐兵祥等（2011）通过分析兰氏压力和渗透率等参数对典型曲线形态的影响，建立了基于不同兰氏压力的无量纲产量与时间的关系模型，提出了利用典型曲线对煤层气井产能进行预测的方法。该方法在对韩城区块煤层气井进行产气量预测时取得了很好的效果。田炜等（2012）以沁水盆地煤层气田樊庄区块为例，基于数值模拟方法，建立樊庄区块无量纲产气曲线，研究了 13 种地质、排采参数对无量纲产气曲线的影响，选择影响较大的参数绘制出无量纲产气图版。研究结果表明，无量纲产气图版能够方便地确定已投产和未投产煤层气井产能、最大产气量及其出现时间、煤层原始含气量等重要参数。实例验证可知，使用无量纲产气图版在预测煤层气单井产能和确定最大产气量等参数方面具有较高的准确性。

二、开发方案产能预测

在沁水盆地开发方案编制过程中，煤层气单井产能预测的主要方法是数值模拟法，即依据煤储层实际地质特征建立地质模型，然后从煤层气的解吸—扩散—渗流机理出发，应用数值模拟软件对单井产能进行预测，同时结合现场的勘探资料、试井资料以及煤层气井的排采资料，确定单井产能。

水力压裂后的煤层气藏包含多尺度孔缝介质，单一的连续介质模型或离散裂缝模型均不能完全适用。首先，针对沁水盆地煤层气藏的多尺度孔缝特征，有机结合连续介质模型和离散裂缝模型，建立基岩—微裂缝—水力裂缝耦合模拟方法；然后，分别建立考虑解吸、扩散的气水两相渗流模型和考虑水力裂缝两侧位移间断及内部支撑剂作用的储层应力模型；最后，给出模型参数之间的本构关系，形成完整的煤层气藏流固耦合模型（岳晓燕等，1998；徐兵祥等，2011；史进等，2011）。

1. 基岩—微裂缝—水力裂缝耦合模拟方法

压裂后的储层中通常存在 3 种介质类型，分别为基岩、微裂缝（天然裂缝和诱导裂缝）和水力裂缝。对于这类储层，商业模拟器中采用的常规模拟方法如下：采用双重介质模型模拟基岩和微裂缝，根据水力裂缝的几何信息对其进行等效处理，即增大相应网格的绝对渗透率。这种方法对水力裂缝进行等效处理时通常只对绝对渗透率进行等效，对于气水两相流时的相对渗透率和毛细管压力则很难进行准确等效，因此，这种方法无法准确刻画水力裂缝对气水两相流动的影响。对此，在采用双重介质模型模拟基岩和微裂缝的基础上，采用嵌入式离散裂缝模型模拟水力裂缝，建立了基岩—微裂缝—水力裂缝耦合模拟方法（图 3–3–1）。

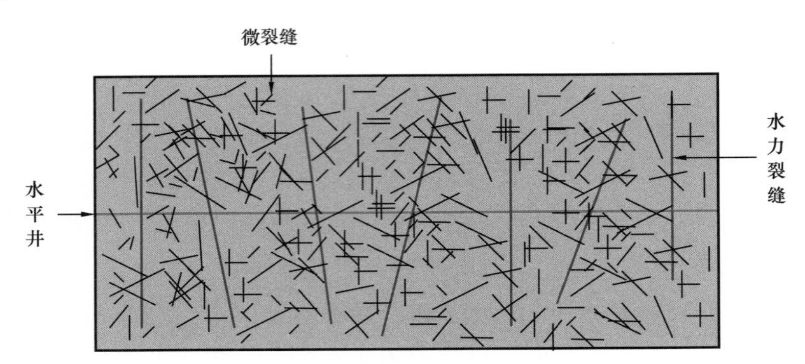

图 3–3–1　水力压裂后的煤层气藏示意图

该方法与常规方法相比，对水力裂缝进行显式处理，可以准确刻画水力裂缝对气水两相流动的影响。此外，采用嵌入式离散裂缝模型，可以避免基于水力裂缝的非结构网格划分，在保证计算精度的同时，减少计算量，提高计算效率（图 3–3–2）。

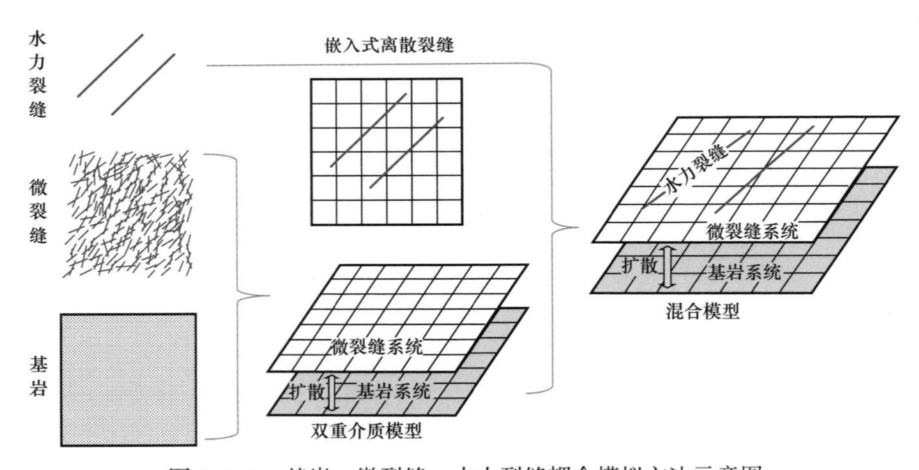

图 3–3–2　基岩—微裂缝—水力裂缝耦合模拟方法示意图

2. 气水两相渗流模型

现有煤层气模型并结合现场实际，建立考虑解吸和扩散的气水两相渗流模型。从煤层气藏的特点出发，首先对数学模型做如下假设：

（1）由于煤基岩的孔隙直径很小，水分子无法进入，假设煤层在原始状态下被水

100% 饱和，不含游离气，气体均以吸附态储集在煤基质的内表面。

（2）微裂缝和水力裂缝系统不考虑吸附气，初始饱和水。

（3）水是微可压缩的，游离气为真实气体，煤储层微可压缩。

（4）气体吸附服从 Langmuir 等温吸附模型。

（5）气体在基岩中的运移方式为 Fick 扩散，气体和水在微裂缝和水力裂缝系统中的运移方式为黏性流，服从 Darcy 定律，并考虑重力和毛细管压力的影响。

（6）煤层气的解吸、扩散、黏性流均为等温过程。

对于微裂缝系统，由于其与煤基岩和水力裂缝相连，气体从基岩中通过扩散进入微裂缝，再通过黏性流进入水力裂缝，因此，微裂缝系统中气相的流动方程为：

$$\nabla\cdot\left[\rho_{\mathrm{g}}\frac{K_{\mathrm{f}}K_{\mathrm{rg}}}{\mu_{\mathrm{g}}}\nabla\left(p_{\mathrm{fg}}-\rho_{\mathrm{g}}gH\right)\right]+q_{\mathrm{mg}}+q_{\mathrm{Fg}}=\frac{\partial}{\partial t}\left(\phi_{\mathrm{f}}S_{\mathrm{fg}}\rho_{\mathrm{g}}\right) \tag{3-3-1}$$

式中 K_{f}——微裂缝绝对渗透率，$\mathrm{m^2}$；

K_{rg}——气相相对渗透率；

μ_{g}——气相黏度，mPa·s；

p_{fg}——微裂缝系统中气相压力，Pa；

ρ_{g}——气体密度，$\mathrm{kg/m^3}$；

g——重力加速度，$9.8\mathrm{m/s^2}$；

H——煤层深度，m；

ϕ_{f}——微裂缝的孔隙度；

S_{fg}——微裂缝的含气饱和度；

q_{mg}——煤基岩内气体经解吸、扩散进入微裂缝系统中的流量；

q_{Fg}——微裂缝系统中气体通过黏性流进入水力裂缝的流量。

$$q_{\mathrm{mg}}=-\rho_{\mathrm{g}}\rho_{\mathrm{c}}F_{\mathrm{G}}\frac{\partial V_{\mathrm{m}}}{\partial t} \tag{3-3-2}$$

$$q_{\mathrm{Fg}}=\rho_{\mathrm{g}}\frac{K_{\mathrm{rg}}}{\mu_{\mathrm{g}}}T_{\mathrm{Ff}}\left(p_{\mathrm{fg}}-p_{\mathrm{Fg}}\right) \tag{3-3-3}$$

式中 ρ_{c}——煤的密度，$\mathrm{t/m^3}$；

F_{G}——基岩的几何相关因子，对于块状基岩通常取值为 2；

V_{m}——基岩中吸附气平均含量，$\mathrm{m^3/t}$；

T_{Ff}——微裂缝与水力裂缝之间的传导系数；

p_{Fg}——水力裂缝系统中气相压力，Pa。

在煤层开采过程中，随着孔隙压力降低，煤基岩骨架承受的有效应力增大，储层发生变形，同时考虑吸附气解吸导致的基岩收缩，此时微裂缝的孔隙度和渗透率可以写成：

$$\phi_{\mathrm{f}}=\phi_{\mathrm{f0}}\exp\left[\frac{\sigma_{\mathrm{e}}^{\mathrm{f}}-\sigma_{\mathrm{e}}^{\mathrm{f0}}}{K_{\mathrm{n}}}-\frac{\sigma_{\mathrm{e}}^{\mathrm{m}}-\sigma_{\mathrm{e}}^{\mathrm{m0}}}{K^{*}}-\left(\varepsilon_{\mathrm{s}}-\varepsilon_{\mathrm{s0}}\right)\right] \tag{3-3-4}$$

$$K_{\mathrm{f}}=K_{\mathrm{f}0}\exp\left[3\frac{\sigma_{\mathrm{e}}^{\mathrm{f}}-\sigma_{\mathrm{e}}^{\mathrm{f}0}}{K_{\mathrm{n}}}-\frac{\sigma_{\mathrm{e}}^{\mathrm{m}}-\sigma_{\mathrm{e}}^{\mathrm{m}0}}{K^{*}}-\left(\varepsilon_{\mathrm{s}}-\varepsilon_{\mathrm{s}0}\right)\right] \tag{3-3-5}$$

$$\sigma_{\mathrm{e}}^{\mathrm{f}}=\frac{\sigma_{\mathrm{kk}}}{3}+\beta p_{\mathrm{ft}},\ \sigma_{\mathrm{e}}^{\mathrm{m}}=\frac{\sigma_{\mathrm{kk}}}{3}+\alpha p_{\mathrm{mt}} \tag{3-3-6}$$

式中 ϕ_{f0}——参考状态（初始状态）下微裂缝的孔隙度；

$\sigma_{\mathrm{e}}^{\mathrm{f}}$——微裂缝有效应力，Pa；

$\sigma_{\mathrm{e}}^{\mathrm{f}0}$——参考状态下的微裂缝有效应力，Pa；

$\sigma_{\mathrm{e}}^{\mathrm{m}}$——基岩有效应力，Pa；

ε_{s}——吸附应变；

$\varepsilon_{\mathrm{s}0}$——参考状态下的吸附应变；

$\sigma_{\mathrm{e}}^{\mathrm{m}0}$——参考状态下的基岩有效应力，Pa；

K_{f0}——参考状态下的微裂缝绝对渗透率，m^2；

$\frac{\sigma_{\mathrm{kk}}}{3}$——平均总应力，Pa；

p_{ft}——微裂缝内的平均孔隙压力（饱和度加权平均），Pa；

p_{mt}——煤基岩内的平均孔隙压力（饱和度加权平均），Pa；

β——微裂缝的有效应力系数；

α——煤基岩的有效应力系数；

K^{*}——煤基岩的体积模量，Pa；

K_{n}——微裂缝的体积模量，Pa。

由于煤层气从基岩向微裂缝的扩散遵循 Fick 第一定律，即认为解吸速度与煤基岩内表面吸附气含量 V_{E} 和煤基岩中吸附气平均含量 V_{m} 的差成正比：

$$\frac{\partial V_{\mathrm{m}}}{\partial t}=\frac{1}{\tau}\left[V_{\mathrm{E}}\left(p_{\mathrm{fg}}\right)-V_{\mathrm{m}}\right] \tag{3-3-7}$$

$$\tau=1/\left(D_{\mathrm{m}}\sigma\right) \tag{3-3-8}$$

式中 τ——吸附时间常数；

D_{m}——煤基岩的气体扩散系数，m^2/s；

σ——形状因子，与基岩单元的形状和大小有关。

V_{E} 满足 Langmuir 等温吸附方程：

$$V_{\mathrm{E}}\left(p_{\mathrm{fg}}\right)=\frac{V_{\mathrm{L}}p_{\mathrm{fg}}}{p_{\mathrm{L}}+p_{\mathrm{fg}}} \tag{3-3-9}$$

式中 V_{L}——兰氏体积，是煤基岩所能吸附气体的最大体积，m^3/t；

p_{L}——兰氏压力，是吸附体积达到 1/2 兰氏体积时的压力值，Pa。

对于水力裂缝系统，由于其与微裂缝系统和生产井相连，气体从微裂缝系统流入水力裂缝，再由水力裂缝流入生产井，因此，水力裂缝系统中气相的流动方程为：

$$\nabla\cdot\left[\rho_{g}\frac{K_{F}K_{rg}}{\mu_{g}}\nabla\left(p_{Fg}-\rho_{g}gH\right)\right]+q_{Wg}-q_{Fg}=\frac{\partial}{\partial t}\left(\phi_{F}S_{Fg}\rho_{g}\right) \tag{3-3-10}$$

式中 K_F——水力裂缝绝对渗透率，m^2；

p_{Fg}——水力裂缝系统中的气相压力，Pa；

ϕ_F——水力裂缝的孔隙度；

S_{Fg}——水力裂缝的含气饱和度；

q_{wg}——生产井产气量。

$$q_{Wg}=\rho_{g}\frac{K_{rg}}{\mu_{g}}\mathrm{WI}\left(p_{Fg}-p_{well}\right) \tag{3-3-11}$$

式中 p_{well}——井底流压，Pa；

WI——井的生产指数。

$$\mathrm{WI}=\frac{2\pi K_{F}h}{\ln\left(r_{e}/r_{w}\right)+S_{s}} \tag{3-3-12}$$

式中 h——煤层厚度，m；

r_e——井网格的等效半径，m；

r_w——井筒半径，m；

S_s——表皮系数。

关于井网格等效半径的计算方法有很多，本书采用经典的 Peaceman 方法。

假设水力裂缝满足立方定律，绝对渗透率与裂缝开度的平方成正比，此时，水力裂缝渗透率 K_F 为：

$$K_{F}=K_{F0}\left(\frac{d_{F}}{d_{F0}}\right)^{2} \tag{3-3-13}$$

式中 d_F——水力裂缝开度，m；

K_{F0}——参考状态下水力裂缝渗透率，m^2；

d_{F0}——参考状态下水力裂缝开度，m。

不同裂缝变形状态下 d_F 的计算表达式如下：

$$d_{F}=d_{F0}+[\![\boldsymbol{u}]\!]\cdot\boldsymbol{n}_{HF} \tag{3-3-14}$$

式中 $[\![\boldsymbol{u}]\!]\cdot\boldsymbol{n}_{HF}$——水力裂缝开度变化量，m。

由于微裂缝和水力裂缝系统中的水相不考虑解吸和扩散作用，因此，微裂缝和水力裂缝内部的水相渗流方程分别为：

$$\nabla\cdot\left[\rho_{w}\frac{K_{f}K_{rw}}{\mu_{w}}\nabla\left(p_{fw}-\rho_{w}gH\right)\right]+q_{Fw}=\frac{\partial}{\partial t}\left(\phi_{f}S_{fw}\rho_{w}\right) \tag{3-3-15}$$

$$\nabla \cdot\left[\rho_{\mathrm{w}} \frac{K_{\mathrm{F}} K_{\mathrm{rw}}}{\mu_{\mathrm{w}}} \nabla\left(p_{\mathrm{Fw}}-\rho_{\mathrm{w}} g H\right)\right]+q_{\mathrm{Ww}}-q_{\mathrm{Fw}}=\frac{\partial}{\partial t}\left(\phi_{\mathrm{F}} S_{\mathrm{Fw}} \rho_{\mathrm{w}}\right) \tag{3-3-16}$$

式中 K_{rw}——水相相对渗透率；

μ_w——水相黏度，mPa·s；

p_{fw}——微裂缝中的水相压力，Pa；

p_{Fw}——水力裂缝系统中的水相压力，Pa；

ρ_w——水相密度，kg/m^3；

S_{fw}——微裂缝中的含水饱和度；

S_{Fw}——水力裂缝中的含水饱和度；

q_{Ww}——生产井产水量；

q_{Fw}——水力裂缝与微裂缝之间的水相窜流量。

$$q_{\mathrm{Ww}}=\rho_{\mathrm{w}} \frac{K_{\mathrm{rw}}}{\mu_{\mathrm{w}}} \mathrm{WI}\left(p_{\mathrm{Fw}}-p_{\mathrm{well}}\right) \tag{3-3-17}$$

$$q_{\mathrm{Fw}}=\rho_{\mathrm{w}} \frac{K_{\mathrm{rw}}}{\mu_{\mathrm{w}}} T_{\mathrm{Ff}}\left(p_{\mathrm{fw}}-p_{\mathrm{Fw}}\right) \tag{3-3-18}$$

微裂缝和水力裂缝单元之间的传导系数定义如下：

$$T_{\mathrm{Ff}}=\frac{A_{\mathrm{Ff}} K_{\mathrm{Ff}}}{<d>} \tag{3-3-19}$$

式中 A_{Ff}——水力裂缝段的面积，m^2；

K_{Ff}——微裂缝单元和水力裂缝单元绝对渗透率的调和平均，m^2；

$<d>$——相邻单元间的等效流动距离，m。

$$<d>=\frac{\int_{\Omega} \boldsymbol{n}_{\mathrm{HF}} \cdot x \mathrm{d} \Omega}{|\Omega|} \tag{3-3-20}$$

式中 $\boldsymbol{n}_{HF}$——水力裂缝面的单位法向量；

x——单元内点到裂缝面的距离，m；

$|\Omega|$——单元体积，m^3。

根据真实气体状态方程，可以得到气体密度的表达式：

$$\rho_{\mathrm{g}}=\frac{p_{\mathrm{g}} M}{Z R T} \tag{3-3-21}$$

式中 p_g——气体压力，Pa；

M——气体分子的摩尔质量，kg/mol；

Z——气体压缩因子；

R——通用气体常数，R=8.314 J/（K·mol）；

T——地层温度，K。

水的密度表达式为：

$$\rho_{w}=\rho_{w0}\exp\left[C_{f}\left(p_{w}-p_{w0}\right)\right] \tag{3-3-22}$$

式中 C_f——水的压缩系数，Pa^{-1}；

ρ_w——水相密度，kg/m^3；

ρ_{w0}——参考状态下的水相密度，kg/m^3；

p_w——水相压力，Pa；

p_{w0}——参考状态下的水相压力，Pa。

为了完整地描述气水两相在微裂缝和水力裂缝系统中的运移过程，除了气水两相流动方程外，还必须提供以下饱和度方程和毛细管压力方程：

$$S_{\beta g}+S_{\beta w}=1 \tag{3-3-23}$$

$$p_{\beta w}=p_{\beta g}-p_{\beta cgw}\left(S_{\beta w}\right) \tag{3-3-24}$$

式中 下标 β——微裂缝 f 或水力裂缝 F；

$S_{\beta g}$——裂缝内含气饱和度，%；

$S_{\beta w}$——裂缝内含水饱和度，%；

$p_{\beta w}$——水相压力，Pa；

$p_{\beta g}$——气相压力，Pa；

$p_{\beta cgw}$——毛细管压力，Pa。

给定煤层气开发的某一时刻作为初始时刻，给定此时刻的煤储层内的压力分布和饱和度分布为：

$$p_{\beta g}\Big|_{t=t_0}=p_0,\ S_{\beta w}\Big|_{t=t_0}=S_{w0},\ V_m\Big|_{t=t_0}=V_{m0} \tag{3-3-25}$$

式中 p_0——初始地层压力，Pa；

S_{w0}——初始含水饱和度；

V_{m0}——初始含气量，m^3/t。

外边界条件：在煤层气储层数值模拟中，一般取封闭边界，即

$$\left.\frac{\partial p_{\beta g}}{\partial n}\right|_{\Gamma}=0 \tag{3-3-26}$$

内边界条件：在煤层气储层数值模拟中，一般给定井底流压或日采出量。

3. 储层变形力学模型

假设开采过程中储层经历静态线弹性小变形，采用张应力为正、压应力为负的符号约定，此时储层应力平衡方程为：

$$\nabla\cdot\boldsymbol{\sigma}+\boldsymbol{f}=0 \tag{3-3-27}$$

式中 $\boldsymbol{\sigma}$——总应力张量，Pa；

$\boldsymbol{f}$——体积力矢量，N/m^3。

考虑煤基岩吸附应变时的有效应力方程为：

$$\boldsymbol{\sigma}=\boldsymbol{C}\varepsilon-\left(\alpha p_{\mathrm{mt}}+\beta p_{\mathrm{ft}}+K\varepsilon_{\mathrm{s}}\right)\boldsymbol{I} \tag{3-3-28}$$

式中 $\boldsymbol{C}$——煤储层（包含煤基岩和微裂缝）的弹性张量；

K——煤储层（包含煤基岩和微裂缝）的体积模量，Pa；

$\boldsymbol{I}$——单位张量矩阵。

α、β 和 ε_{s} 的表达式如下：

$$\alpha=1-\frac{K}{K^*},\ \beta=\frac{K}{K^*}\left(1-\frac{K^*}{K_{\mathrm{s}}}\right),\ \varepsilon_{\mathrm{s}}=\varepsilon_{\mathrm{L}}\frac{p_{\mathrm{mg}}}{p_{\mathrm{mg}}+p_{\mathrm{L}}} \tag{3-3-29}$$

式中 K^*——煤基岩的体积模量；

K_{s}——基岩骨架的体积模量，Pa；

ε_{L}——Langmuir 吸附应变，是指煤基岩吸附最大体积的煤层气时对应的吸附应变。

根据小变形假设，应变张量 $\boldsymbol{\varepsilon}$ 与位移矢量 $\boldsymbol{u}$ 满足以下关系：

$$\boldsymbol{\varepsilon}=\frac{1}{2}\left(\nabla\boldsymbol{u}+\nabla^{\mathrm{T}}\boldsymbol{u}\right) \tag{3-3-30}$$

由于对水力裂缝进行显式刻画，其对储层变形的作用通过引入相应的内边界条件进行表征，考虑水力裂缝内部流体压力和支撑剂作用，力学模型边界条件如下：

$$\boldsymbol{\sigma}\cdot\boldsymbol{n}_{\mathrm{t}}=\bar{\boldsymbol{t}}\ \text{ on }\ \Gamma_{\mathrm{t}},\ \boldsymbol{u}=\bar{\boldsymbol{u}}\ \text{ on }\ \Gamma_{\mathrm{u}} \tag{3-3-31}$$

$$\boldsymbol{\sigma}\cdot\boldsymbol{n}_{\mathrm{HF}}=-\left(p_{\mathrm{HF}}+p_{\mathrm{s}}\right)\cdot\boldsymbol{n}_{\mathrm{HF}}\ \text{ on }\ \Gamma_{\mathrm{HF}} \tag{3-3-32}$$

式中 Γ_{t}——应力外边界；

Γ_{u}——位移外边界；

Γ_{HF}——水力裂缝内边界；

$\bar{t}$——外边界上的施加的应力；

$\bar{u}$——对应外边界上的位移约束；

$\boldsymbol{n}_{\mathrm{t}}$——应力外边界法向单位矢量；

$\boldsymbol{n}_{\mathrm{HF}}$——裂缝内边界的法向单位矢量；

p_{HF}——水力裂缝内的流体压力，Pa；

p_{s}——水力裂缝内的支撑剂作用力，Pa。

p_{s} 是由裂缝闭合导致支撑剂压缩产生的，可以写成以下广义形式：

$$p_{\mathrm{s}}=f_{\mathrm{s}}\left(\varepsilon_{\mathrm{s}}\right),\ \varepsilon_{\mathrm{s}}=-[\![\boldsymbol{u}]\!]\cdot\boldsymbol{n}_{\mathrm{HF}}/d_{\mathrm{HF0}} \tag{3-3-33}$$

式中 ε_{s}——支撑剂应变；

d_{HF0}——参考状态下水力裂缝开度，m；

f_s——支撑剂应力应变关系。

对于非线弹性支撑剂变形，通常需要采用室内实验建立支撑剂的非线性应力应变关系；而对于满足线弹性变形的支撑剂，其应力应变关系如下：

$$p_s = \begin{cases} -E_s [\![\boldsymbol{u}]\!] \cdot \boldsymbol{n}_{HF} / d_{HF0} & [\![\boldsymbol{u}]\!] \cdot \boldsymbol{n}_{HF} < 0 \\ 0 & [\![\boldsymbol{u}]\!] \cdot \boldsymbol{n}_{HF} \geqslant 0 \end{cases} \tag{3-3-34}$$

式中　E_s——支撑剂的杨氏模量，Pa。

式（3-3-34）表明，只有当水力裂缝闭合（开度变化为负）时，支撑剂才会对裂缝壁面产生作用力。

4. 数值模型的求解

考虑煤储层内气水两相渗流及产出过程中煤储层应力变化两方面因素，分别建立了煤层气藏的渗流方程和应力方程，可以看出这两个方程是相互耦合关联的，具体表现为：渗流方程中微裂缝的孔隙度和渗透率以及水力裂缝的渗透率均与力学参数有关，而应力方程中有效应力又与孔隙压力有关。

两个差分方程组是通过煤储层压力耦合在一起，在定井底压力生产条件下，首先令井筒压力均为已知井底压力，若在定产条件下，则可设为任意合理的井筒压力值，这样地层模型就可按照共轭梯度法求解，得到相应的地层压力值，然后将所得地层压力值代入储层应力方程组中进行求解，得到相应的储层力学参数，再将最新的力学参数代入渗流方程模型中重复计算，如此反复迭代，直到相邻两次所得压力值变化很小，即得到该时刻地层压力和储层的应力参数，然后求解气相、水相的饱和度。

5. 数值模型的验证

为了验证模型的合理及可靠性，根据研究区块的基础资料获取了模型计算所需要的基本参数，如厚度、储层压力、渗透率、孔隙度、兰氏压力等参数。通过实验获取了气水相对渗透率等数据，建立了郑庄区块的机理模型（表 3-3-1、图 3-3-3）。

表 3-3-1　模型基本参数

基本参数	数值
初始地层压力 /MPa	6
初始含水饱和度 /%	0（基岩）、100（天然裂缝）、100（水力裂缝）
地层温度 /℃	25
基岩固有渗透率 /mD	0
地层水密度 /（kg/m^3）	1000
水的黏度 /（mPa·s）	1.01

续表

基本参数	数值
水的压缩系数 /$10^{-4}MPa^{-1}$	4.35
煤岩压缩系数 /$10^{-2}MPa^{-1}$	4.39
扩散系数 /（m^2/d）	0.003
基岩杨氏模量 /GPa	2.2
基岩泊松比	0.23
基岩密度 /（kg/m^3）	1400
天然裂缝渗透率 /mD	1.5
天然裂隙孔隙度 /%	1
天然裂隙间距 /m	0.05
天然裂缝开度 /m	0.0001
天然裂缝杨氏模量 /GPa	0.01
压裂段数 / 段	8
段间距 /m	100
人工裂缝半长 /m	100
人工裂缝高度 /m	5
人工裂缝开度 /m	0.005
兰氏体积 /（m^3/kg）	29
兰氏压力 /MPa	2.7

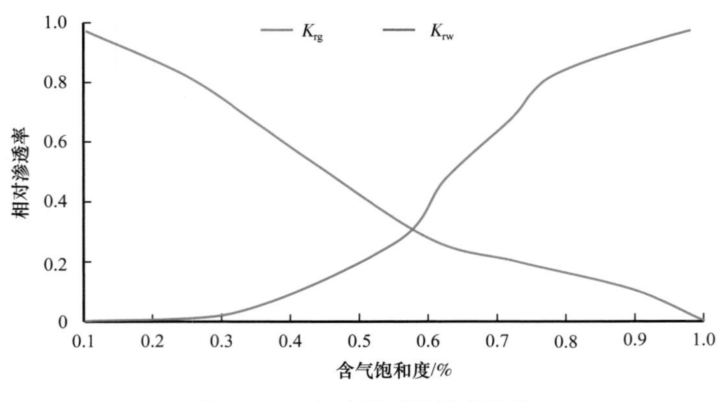

图 3-3-3　气水相对渗透率曲线

在该机理模型的基础上，对 Z4–308 井的排采数据进行拟合，模型运算出的煤层气产量先期逐渐增加，达到峰值后再下降，符合煤层气的排采规律，模型拟合产量与实际产量比较一致，验证了模拟程序的可靠性（图 3–3–4）。

6. 产能预测实例

在确定郑庄区块单井产能时，应用上述模拟器，首先基于郑庄区块煤储层实际物性参数建立了机理模型，对套管压裂水平井进行了产能预测。数值模拟结果表明，套管压裂水平井的稳产期为 3 年，稳产期日产气量为 7000～8000m^3，投产 15 年后累计产气量为 $2280\times10^4m^3$，开发 15 年末采出程度为 47.2%（图 3–3–5）。

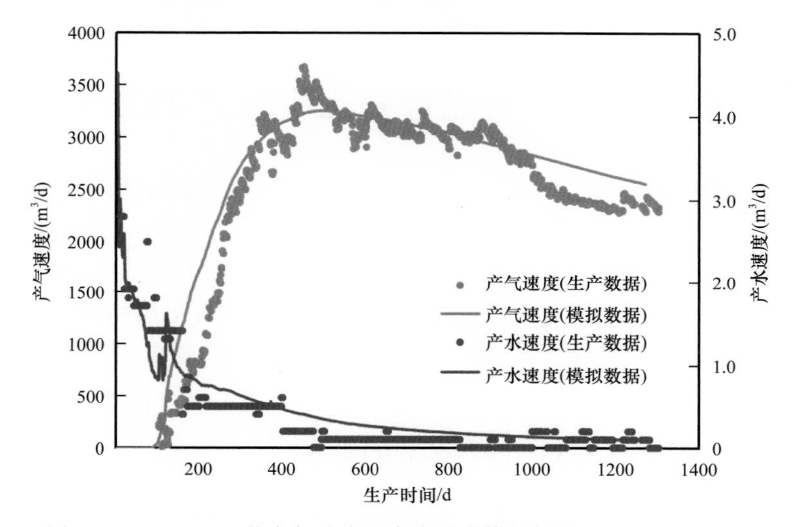

图 3–3–4　Z4–308 井产气速度和产水速度模拟结果与实际结果对比

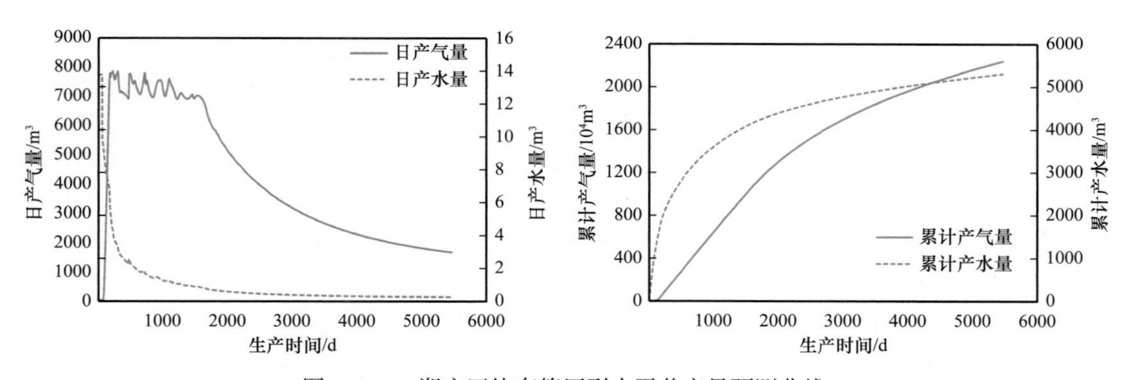

图 3–3–5　郑庄区块套管压裂水平井产量预测曲线

统计郑庄区块已投产水平井的排采数据，确定稳产气量在 5200～12000m^3/d 之间，截至 2020 年 12 月，稳产期在 2 年以上，平均产气量为 8066m^3/d，见表 3–3–2。综合考虑动态分析及数值模拟预测结果，确定郑庄区块 3 号煤层套管压裂水平井单井产能为 7500m^3/d。

表 3-3-2 套管压裂水平井排采数据统计

井号	投产时间	排水期 / d	解吸压力 / MPa	峰值气量 / m^3/d	稳定气量 / m^3/d
Z1P-3L	2018-09-23	29	2.5	17000	12000
ZS34P3	2018-10-17	58	3	7395	7000
ZS34P4	2019-06-25	14	1.9	5235	5200
平均		34	2.5	9876	8066

第四节 地质设计对工程技术的要求

地质设计方案经地质选区、井型井网优化后，明确了有利区范围储量规模、适应的开发技术，为实现井控储量最大化和最终产量最大化，工程技术应针对不同的地质条件进行优化。其中，Ⅰ类地质单元构造主要为单斜、缓褶曲、背斜，煤体结构以原生煤为主，裂缝为串接型裂缝，应力为拉张型应力，相对利于钻完井和储层改造；Ⅱ类、Ⅲ类地质单元微幅褶曲相对发育，煤体相对破碎，应力集中，需要对工程技术提出更高的要求。

一、微幅褶曲发育区对工程技术的要求

微幅褶曲主要影响煤层钻遇率和井轨迹的圆滑，因此钻井工程应加强地质导向，严格控制井眼轨迹，保证水平段在煤层钻进。

（1）加深工区构造分析、地层对比分析、目的层特征分析及顶底板特征分析，进行构造图建模、多井对比建模、地震剖面建模、地层倾角建模等，建立导向模型；在造斜钻进前，完成导向方案编制，并向钻井、定向井等相关人员交底。

（2）随钻过程中，自上而下卡准岩性、电性对比层，并与邻井进行跟踪对比，结合地层倾角与轨迹走向不断预测目的层垂深；将预测靶点与设计靶点对比，判断目的层靶点是提前还是滞后，修正入窗轨迹，保证着陆时井斜角与地层倾角的角差在6°左右；应用录井卡层的方法卡准着陆点。

（3）在水平段钻井过程中，根据导向敏感参数的变化特征，优选导向区间，时刻观测钻头所处位置和地层倾角变化，调整井斜角使轨迹位于导向区间内，并保持井斜角的地层倾角尽可能一致。

二、煤体破碎区对工程技术的要求

煤体结构破碎会导致钻井过程中井眼垮塌，压裂过程中裂缝延伸困难，因此需要钻完井和压裂工程进行针对性优化。

（1）合理优化钻井参数：在满足机械钻速基础上，应尽可能选用“低转盘转速＋螺杆”方式，降低转盘转动对井壁造成的震动；适当选用低排量施工减少对煤层井壁的冲刷，降低煤层垮塌风险；优选煤岩特性的钻井液体系，控制适当的性能参数和保持合理的流变性，阻止钻井液滤液进入地层，保持煤岩稳定。

（2）合理优化压裂支撑剂组合，控制多裂缝产生，促使形成主裂缝；在加砂期间适当提高排量、增大缝宽，进行多粒径段塞加砂，形成较长的高渗透支撑主裂缝。

三、应力集中区对工程技术的要求

应力集中会导致压裂施工困难，裂缝支撑难度大，因此需要压裂工程进行针对性的优化。

（1）优选适合煤层气的低伤害、低摩阻滑溜水压裂液体系，降低施工压力，确保顺利加砂。

（2）优化支撑剂类型，在确保支撑剂强度的基础上，提高支撑剂在滑溜水压裂液或清水压裂液中的悬浮性能，改善支撑剂的运移状态。

（3）根据具体井层的滤失情况，适当提高前置液比例，可有效地将地层压开，促使裂缝向远端延伸，为防止压裂液过多进入地层，抬升储层压力，压裂后及时进行开井放喷，合理优化放喷速度，确保压裂效果。

第四章　钻井工程技术

水平井钻井设计和施工质量是实现煤层气高产的工程基础，国内煤层气水平井钻井主要经历了国外技术及设备引进（2005—2008 年）、自主消化吸收（2009—2010 年）、模仿及设备国产化（2011—2013 年）、自主创新攻关（2014 年至今）4 个阶段，形成了远距离穿针连通、复合造穴、欠平衡钻井等煤层气钻井系列关键技术，先后试验了裸眼多分支水平井、U 型水平井、仿树形水平井（杨勇等，2014）、顶板压裂水平井等井型，但受限于地质条件和开发效益，以上井型虽在部分区块取得了一定成效，但难以进行现场规模化推广。

在“十三五”期间，针对煤储层易垮塌、易受伤害、低渗透性等特点，重点开展了以套管完井为主体的煤层气新型 L 型水平井技术研究与试验（朱庆忠等，2017），配套形成了煤层气 L 型水平井优快钻井系列技术，主要包括井身结构优化设计、可降解稳定井壁钻井液、近钻头地质导向、井眼轨迹精细控制、固井技术等特色技术，综合形成了二开全通径大位移水平井钻完井技术，钻井周期和成本大幅降低，单井产量得到保证，基本满足了煤层气低成本效益开发的需求。

第一节　钻井工程优化设计

钻井优化设计是水平井钻井成套技术的首要环节，水平井钻井设计的优劣，对水平井的钻井周期、钻井成本、钻井质量、施工风险、成井寿命等方面具有重要意义，同时为实现水平井最大限度沟通裂缝、降低煤储层伤害、井眼轨迹平滑、后期长期生产和措施作业奠定基础。

一、井身结构优化

水平井井身结构优化设计的关键在于确定钻进开次、钻头与套管的配合尺寸、相应的钻进及下入深度。早期引入的多分支水平井（图 4-1-1）和 U 型井（图 4-1-2）均采用三开井身结构，多分支井水平段多采用裸眼完井，U 型井多采用 PE 筛管完井。

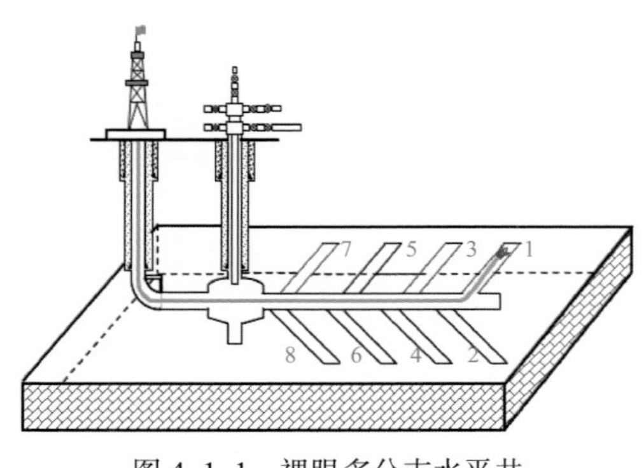

图 4-1-1　裸眼多分支水平井

1. 裸眼多分支水平井

裸眼多分支水平井由一口工艺井（即多分支水平井）和一口排采井组成（乔磊等，2007），

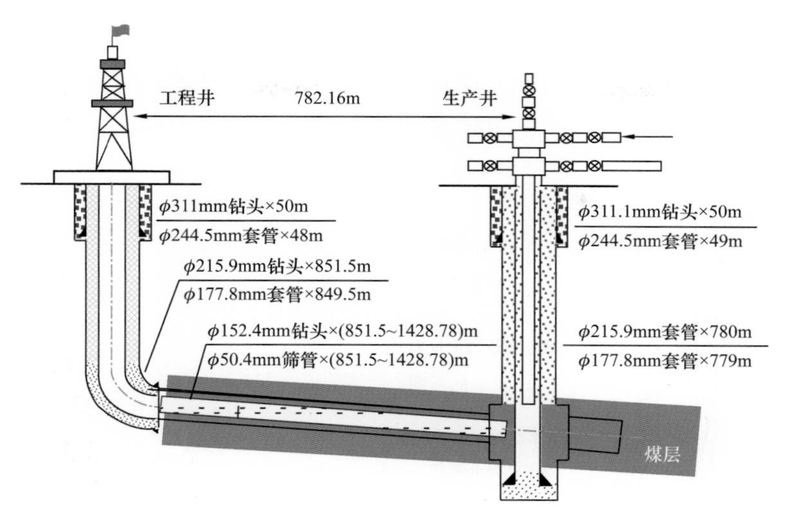

图 4-1-2 U 型 PE 筛管水平井

工艺井与排采井连通，该技术集钻井、完井和增产技术于一体，依据所钻区块煤岩特性及考虑增大控制面积从单主支优化为双主支，主支走向、主支长度、分支间距、两主支之间的夹角同步做了优化，形成了如下的井底形态：2 个主支，6～8 个分支；总进尺 4000～5000m；主支长 800～1000m；分支间距 100～150m；两个主支夹角 10°～15°；分支与主支夹角 20°～45°；单井控制面积大于 0.3km^2。

2. U 型井组

U 型井由一口直井（排采井）和至少一口水平井（工程井）组成，最少需要两个井场，水平井大多沿煤层钻进，水平段长度约 1000m，完井方式一般采用裸眼完井或割缝筛管完井。水平井沿下倾方向部署，水平井水平段末端通过“穿针”技术与洞穴直径相连通。随着工艺与技术的不断成熟与进步，为降低洞穴井垮塌风险，U 型井组工程井与远端排采井连通方式也进一步多样化，从初期直井煤层造穴连通，发展到煤层底板造穴连通、不造穴连通（图 4-1-3）。

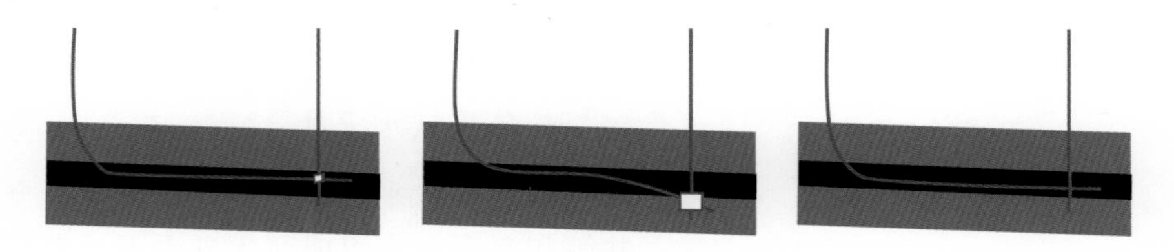

图 4-1-3 U 型水平井远距离连通方式演变示意图

3. L 型水平井

在实践过程中，随着排采工艺的进步，排采井逐步被优化删除，井身结构依各区块地质条件不同，有三开井身结构（图 4-1-4）与二开井身结构（图 4-1-5）。其中，二开井身结构适用于煤层以上无明显垮塌、漏失及异常高压层位且煤层相对稳定的区块（刘立军等，2019）；三开井身结构适用于上部地层垮塌严重、存在漏失及异常高压层位区块。为解决生产期间煤层井眼垮塌堵塞，保持产气通道的长期畅通，完井方式由原来的裸眼完井优化为套管或筛管完井，同时可结合地质产能和后期作业需求，选择合适的井眼及套管尺寸。

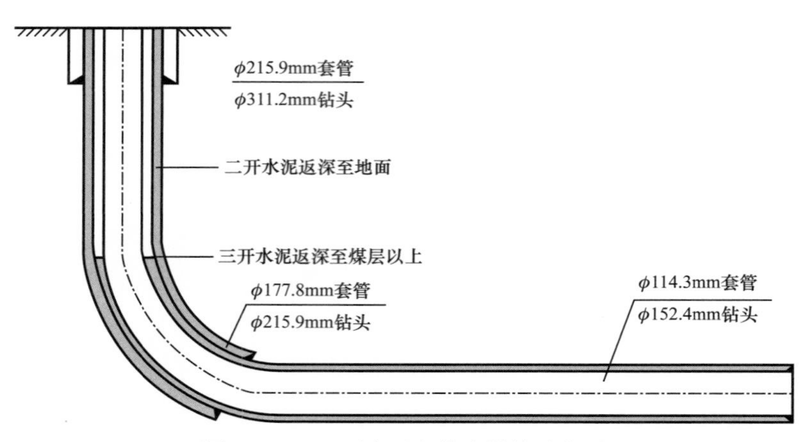

图 4-1-4　三开全通径井身结构示意图

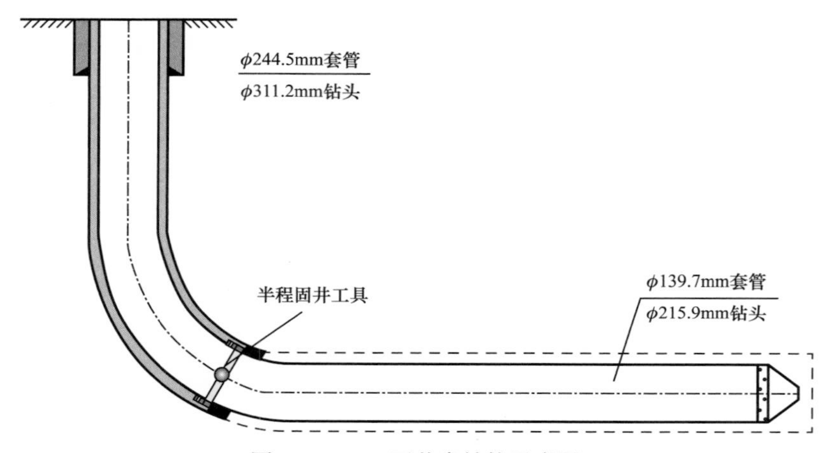

图 4-1-5　二开井身结构示意图

4. 鱼骨状水平井

鱼骨状水平井（图 4-1-6）由一个单主支井筒和多个分支组成，主支中下入套管或筛管完井，既具备了单支水平井井眼可控、利于改造的特点，同时拥有多分支水平井控制面积大、导流能力强的优势（李宗源等，2019）。煤层气鱼骨状水平井主支井眼一般设计 800～1000m，分支数 4～6 个，每个分支长度在 600m 左右，分支与主支夹角 30°～60°。

图 4-1-6　鱼骨状 L 型水平井示意图（上倾）

二、井眼轨道优化

煤层埋藏普遍较浅，水平井水垂比大、水平段上倾易造成钻具托压，设计合适的井眼剖面及轨道，可有效降低施工摩阻，保障轨迹平滑，是实现水平井安全顺利钻进及煤层段管串下入的重要基础。

1. 水平井井眼剖面设计

水平井常用剖面主要有单弧剖面［图 4–1–7（a）］、双弧剖面［图 4–1–7（b）］和三弧剖面［图 4–1–7（c）］3 种类型。剖面类型选择的总体原则是，根据地质目标、煤层情况、地质要求和靶前位移，选择三弧、双弧和单弧等不同的剖面类型。

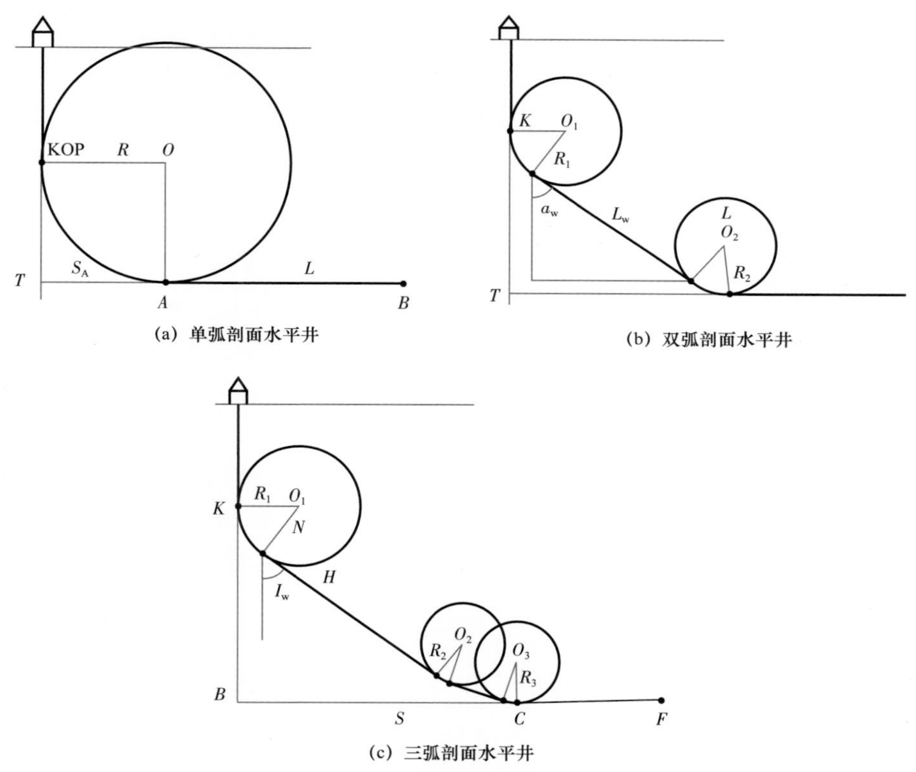

图 4–1–7 水平井井眼剖面设计示意图

KOP，K—造斜点；R，R_1，R_2—曲率半径；S，S_A—靶前距；a_w，I_w—井斜角；L—水平段长度；L_w，H—稳斜段长度；N—稳斜点；A，C—着陆点

单弧剖面，又称“直—增—水平”剖面，它由直井段、增斜段和水平段组成。其突出特点是使用一种造斜率使井斜由 0° 增至最大井斜角，适用于目的层顶界和工具造斜率都非常确定的水平井剖面设计。通常可用于侧钻短半径水平井的井身剖面设计。

双弧剖面，又称“直—增—稳—增—水平”剖面，它由直井段、第一增斜段、稳斜段、第二增斜段和水平段组成。其突出特点是在两增斜段之间设计了一段用于调整的稳斜段，适用于目的层顶界确定而工具造斜率尚不十分清楚的情况。近年来，实际设计时，常用一段微增段代替稳斜段，由于没有稳斜段，井眼轨迹整体更加光滑，一般称为三增剖面。

三弧剖面，又称“直—增—稳—增—稳—增—水平”剖面，它由直井段、第一增斜段、第一稳斜段、第二增斜段、第二稳斜段、第三增斜段和水平段组成。其突出特点是设计了两个用于调整的稳斜段，适用于目的层顶界和工具造斜率都有一定误差的情况。

结合水平井钻井施工经验，综合考虑剖面易于施工，稳斜控制困难，井眼轨迹整体比较光滑，减小摩阻，实现钻压和扭矩的有效传递，常规导向工具造斜率易实现，通常二维水平井可采用调整参数法或自然曲线法进行计算，采用中曲率半径和“直—增—增—稳（水平段）”的连增复合型剖面。

丛式平行水平井三维设计，考虑煤层地质垂深不确定性和工具造斜率不确定性，应用斜面圆弧法进行设计，将井眼轨道剖面由常用五段制优化为六段制，即“直—增—稳—增（扭）—增—稳”，在A靶点之前将方位调整至与水平段方位一致，并留有一个增斜段设计为低造斜率井段来克服煤层垂深和造斜率不确定性导致的井眼轨迹控制困难，提高钻井成功率。

2. 丛式水平井组轨迹优化设计

1）井口排布设计

（1）平台内各井口的部署方式应根据钻机运移方式，原则部署成直线型、矩形等，井口间距宜不小于5m。平台内井的造斜点深度越深，井口间距需越大。

（2）井口展布应从平台中心位置展开，展开方向除了遵循钻机大门朝向的有关规定外，还要兼顾考虑防碰绕障。

（3）井口展布应考虑多靶点井优化轨迹的需要，必要时应通过调整井口间距和展布方向，使多靶点井靶前位移和需要调整的工作量对钻井施工的影响达到最小。

根据煤层气开发特点和沁水盆地地形特征，一般采用单排或双排井口排布方式。

2）造斜点优选

造斜点选择在中部较稳定的地层，可较快实现造斜并确定井眼轨迹。造斜点最深井部署在平台中间，两边邻井造斜点逐井采用30～50m落差变浅，可有效解决钻井过程中造斜初始阶段因钻具造斜率不足或方位控制不准而导致井眼轨迹控制复杂化的难题。

3）着陆井斜角优化

煤储层渗透率低，钻井水垂比大，应尽量控制着陆后的全角变化率，保障轨迹着陆后在煤层内钻进，减小后续水平段施工难度。由于煤储层较薄（一般为3～5m），地层倾角变化较大，优化着陆点井斜角小于地层倾角5°～8°为宜。

4）全角变化率要求

为满足后期排采下泵要求，同时保证井眼平滑，尽量减小实钻轨迹控制难度，降低摩阻扭矩，确保后期完井作业顺利进行，优化第一造斜率小于6°/30m，第二造斜率小于6.5°/30m，水平段狗腿度整体小于3°/30m，同时，结合无杆排采下泵要求，在着陆井段适当设置稳斜段。

三、钻井参数设计

钻井参数的合理选择是水平井优快钻井的重要保障。由于煤层具有区别于常规砂、泥岩的特殊力学性质，使得煤储层在钻进时既具有可钻性好、机械钻速快的特点，也具有易垮塌、易受伤害的施工难点。因此，针对煤储层特性，优化设计钻井参数，在保障井壁稳定的基础上，尽可能降低钻井液、煤屑等对储层的伤害，提高钻井速度，减小钻井液侵入半径，保持原始裂缝系统畅通。

1. 钻压选择

与常规砂、泥岩相比，煤层可钻性好，煤质较软，复合钻进时机械钻速较快（0.5～1m/min），较小钻压即可实现快速钻进，为保障井下安全，需控制钻进速度。因此，在煤层段钻压设计一般为10～30kN，控制钻井速度，控制钻井液中的岩屑浓度，保证安全钻进。在复合钻进时，钻压突然增大，一般为钻遇夹矸或出层情况，应及时调整井眼轨迹。

2. 转速选择

煤层段采用动力钻具钻进，复合钻进时，煤层钻进速度快，岩屑多。因此，在满足机械钻速基础上，应尽可能选用“低转盘转速 + 螺杆”方式，降低转盘转动对井壁造成的震动，减少煤屑产出堵塞井筒裂隙，建议转盘转速范围为20～40r/min。

3. 排量选择

因煤岩密度较砂、泥岩小，且大排量冲刷煤层，易导致煤层垮塌。因此，煤层段钻进排量在满足携带岩屑要求的基础上，可适当选用低排量施工，ϕ215.9mm井眼设计排量一般为28～30L/s，ϕ152.4mm井眼设计排量一般为15L/s左右，减少对煤层井壁的冲刷，降低煤层垮塌风险。

4. 泵压控制

基于煤层易出现垮塌、易憋泵情况，设计泵压安全值低于区域煤层破裂时泵压，高于该值时安全销自动剪断，确保岩屑携带正常，井底煤层不被压漏或因压力激动造成储层应力伤害，减少钻井液侵入半径，沁水盆地800m以浅钻井泵压限制经验值选取为10MPa。

5. 钻井液密度设计

钻井液密度的选择基于三压力剖面设计。由于煤层气为吸附气，井控风险相对小，需重点考虑井壁稳定和漏失，由于多数煤储层压力系数较低（压力系数为0.6～1.0），为降低煤储层伤害，同时考虑煤层段钻进风险，保障煤层井壁稳定，在高于坍塌压力的基础上，设计密度低于或略高于地层孔隙压力当量密度，实现近平衡钻井，推荐煤层段钻井液密度为1.03～1.08g/cm^3。

四、完井优化设计

在煤层气水平井开发实践过程中，早期完井方式全都是单一裸眼，这种完井方式下井眼长期受地层水浸泡，特别是在压力波动时易垮塌，无有效的解决手段，且在生产过程中无有效的作业维护和增产改造措施。由此，为实现煤层气水平井井眼长期稳定，渗流通道全生命周期畅通，根据不同的地质条件优化完井设计。

1. 完井管串设计

煤层埋藏浅，地层压力大多是常压或欠压，钻遇地层不存在异常高压，因此，在既满足强度要求，又降低套管费用的原则下，设计的 ϕ244.5mm 表层套管全部选用国产 J55×8.94mm 长圆螺纹套管，ϕ139.7mm 产层筛管全部选用国产 N80×7.72mm 长圆螺纹套管割缝，ϕ139.7mm 套管部分选用国产 N80×7.72mm 长圆螺纹套管，对于部分煤层压裂破裂压力高的区块，为降低分段压裂套损、套变风险，生产套管优选 P110 钢级材质。具体常用完井管柱如下：

筛管完井管串组合：引鞋 +ϕ139.7mm 筛管串 + 半程固井工具 +ϕ139.7mm 套管串至井口。

套管完井管串组合（半程固井）：引鞋 + 短筛管 1 根 +ϕ139.7mm 套管串 + 半程固井工具 +ϕ139.7mm 套管串至井口。

套管完井（全程固井）管串组合：浮鞋 +ϕ139.7mm 套管 1 根 +ϕ139.7mm 浮箍 +ϕ139.7mm 套管串至井口。

2. 水泥浆体系设计

结合煤层气井完井方式的差异，设计采用不同的水泥浆体系配方。

1）半程固井水泥浆设计

煤层气井与常规油气井比较，地层压力低、温度低、上部地层疏松，因此水泥浆体系要求低温快凝、低失水、高早强、防漏失、浆体稳定性好。常用的水泥浆体系配方：G 级油井水泥 +1.6%降失水剂（干混）+0.4%分散剂（水混）+0.3%消泡剂（水混）+1.0%早强剂（水混）。

水泥浆性能要求见表 4-1-1。

表 4-1-1 水泥浆性能要求

试验项目	试验条件	性能指标		备注
		领浆（低密度）	尾浆（常规水泥）	
密度 /（g/cm³）		1.45～1.55	≥1.85	视井况定
水灰比 /%		55	45	
失水（30min）/mL	45℃，7MPa	≤50		
初始稠度 /Bc	45℃，井底压力	≤35	≤20	

续表

试验项目	试验条件	性能指标		备注
		领浆（低密度）	尾浆（常规水泥）	
稠化时间 /min	45℃，井底压力	≥施工时间 +90		
抗压强度（24h）/MPa	井底静止温度、压力	≥7.0	≥14.0	
n	井底循环温度、常压	0.70～0.80		
K/（$Pa \cdot s^n$）	井底循环温度、常压	≤0.20		

注：n 为流变指数，K 为稠度系数。

2）全程固井水泥浆设计

为满足煤层气井全封固漏失的问题，上部水泥浆要求低密度、高早强，浆体稳定性好，稠度适宜，同时对煤层的伤害小。经室内化验分析和以往煤层气井固井经验，设计采用低密高强防漏水水泥浆体系。

结合国内外先进固井工艺，设计采用双密双凝水泥浆体系进行固井（齐奉忠等，2015），尾浆先凝固，后通过添加不同的外剂来调节各段水泥水泥浆的凝固时间，使水泥自下而上逐渐凝固，当尾浆速凝段凝固失水造成失重状态时，首浆缓凝段仍保持传递压力的能力，从而解决水泥浆凝固过程中的失重问题，同时也能解决低压地层漏失问题。

结合生产实践，上部地层和煤层段设计不同参考配方：低密高强防漏水水泥浆配方为 G 级水泥 + 减轻剂 + 增强剂 + 降失水剂 + 分散剂 + 纤维堵漏剂；低温高强水泥浆 G 级配方为嘉华 G 级水泥 + 降失水剂 + 早强剂 + 分散剂 + 水。

第二节　井壁稳定及储层保护技术

煤储层井壁稳定与储层保护的矛盾是制约煤层气水平井高效开发的关键之一，尤其对于裸眼或筛管完井的水平井更加突出。早期，煤层气藏钻井主要采用低成本清水钻进，储层保护效果较好，但井下事故复杂率较高，井眼稳定性差，特别对于黏土含量高、强度低的煤岩，如果不能保持煤岩稳定，水平井技术将无法应用于煤层气藏钻井。因此，煤层气藏钻井必须结合完井和改造方式，需求储层保护和井壁稳定平衡，为水平井高产打下基础。

一、煤层气低伤害稳定井壁钻井液

煤岩具有双重孔隙结构，且是一种含多孔介质的大分子聚合物，有很强的吸收或吸附性，钻开煤层后滤失量大，水相进入煤层并引起煤岩矿物发生变化是煤层气水平井井壁失稳的根本原因，因此，从稳定井壁的角度出发，必须阻止或延缓水相进入煤层。然而，常规钻井液在煤岩井壁上难以形成致密的滤饼，因而屏蔽暂堵技术也就很难实现，且常规聚合物类处理剂会因吸附、机械捕集及物理堵塞等伤害煤储层。因此，选择适用于煤岩特性的钻井液体系、控制适当的性能参数和保持合理的流变性对煤层气水平井至关重要。

1. 钻井液优选原则

1）确定合理的钻井液密度

钻井液密度是影响钻井工程安全和效率的重要工艺参数。一方面，它起着维持井眼压力系统平衡的作用，设计合理的钻井液密度对于防止井涌、井塌、井漏、卡钻等事故起着重要的作用；另一方面，合理的钻井液密度是实现快速钻进、节约钻井成本、提高整个钻井工程效率的重要参数。附加密度通常包括：考虑起钻过程中可能造成溢流的抽汲压力当量钻井液密度 S_w；考虑下钻过程中井内产生的激动压力当量钻井液密度 S_g；考虑控制钻进过程中溢流的溢流系数当量钻井液密度 S_k；考虑地层坍塌压力、破裂压力检测误差而给予的一个安全系数 S_f。

2）钻井液应具有良好的抑制性

煤岩强度与煤的矿物组成有关。在钻井过程中，抑制性差的钻井液滤液进入煤层会产生水化膨胀压，改变井周应力分布，诱发或加剧井壁失稳，导致煤岩坍塌。因此，要求钻井液具有良好的抑制黏土膨胀的性能。

3）钻井液应具有强封堵能力及优良造壁性

煤岩节理、割理和裂缝的先天存在，决定了煤岩具有很好的缝隙特性，所以必须加强钻井液封堵能力，阻止钻井液滤液进入地层，保持煤岩稳定。

4）钻井液应具有良好的流变特性

钻井液流变性差，黏度和切力过高，环空循环的流动阻力大，容易引起压力激动，破坏应力平衡而发生坍塌；黏度切力过低，环空冲刷严重，同样对煤岩井壁形成冲蚀作用，诱发煤岩应力变化，降低抗拉强度，从而导致井壁失稳。

5）钻井液应具有良好的润滑性

保持钻井液具有良好的润滑性可降低钻具与井壁滤饼之间的摩擦阻力，保证井眼有限延伸及套筛管的顺利下入。

2. 煤层段钻井液体系优选

随着煤储层保护机理认识的不断加深，以及钻井液技术的不断升级，在沁水盆地煤层气水平井钻井开发实践中，针对不同的完井方式，逐步优选形成无固相可降解聚膜钻井液体系和煤层专用可降解井壁稳定钻井液体系。

1）无固相可降解聚膜钻井液体系

可降解清洁聚膜钻井液体系（许朋琛等，2017）是基于超分子聚合物处理剂的降解性、独特流变性发展起来的一种清洁环保煤层气井专用钻井液技术。在一定的外界条件下（温度、酸碱性等），聚合物将降解为小分子化合物，而钻井液体系的性能将再次接近于清水，保护煤层气。该体系以煤层清洁保护剂 BHJ、成膜剂 CMLH–Ⅰ、固膜封堵剂 GMJ–Ⅰ和强膜剂 TCJQ–Ⅱ为核心，根据现场实际情况适当配合超分子堵漏材料，在兼顾储层保护的同时，可有效解决煤层破碎、垮塌、泥页岩水化膨胀等方面问题。

目前使用的基本配方：2% 煤层成膜保护剂 +1% 纳米固膜封堵剂 +0.3% 煤层清洁保护剂 +1% 可降解强膜剂 +0.5% 可降解超分子乳液降失水剂。在实验室对该配方进行性能评价（表 4–2–1），其钻井液性能完全满足于目前煤层气二开水平井要求。

表 4–2–1 体系的流变稳定性和滤失造壁性

测定条件	表观黏度 / mPa·s	塑性黏度 / mPa·s	动切力 / Pa	动塑比 / Pa/（mPa·s）	初终切 / Pa	滤失量 / mL
常温	42.5	22	20.5	0.93	2.5/3	9.6
50℃，16h	44	23	21	0.91	2/2	8.2

完井时对钻井液进行有效的破胶解堵，破胶速度快，破胶效果明显，可提高煤层气的采收率。对可降解无固相清洁聚膜钻井液体系进行破胶实验评价，将破胶剂按照体系体积的 5% 配制成水溶液，然后在室温条件下放置，观察体系的破胶情况：加入破胶剂溶液后 5min 体系开始破胶，体系胶液和水开始分层，破胶后状态如图 4–2–1 所示。

(a) 破胶前 (b) 破胶0.5h (c) 破胶1h (d) 破胶3h (e) 破胶16h

图 4–2–1 体系破胶后状态

由表 4–2–2 可以看出，体系可破胶降解，破胶后残渣和水分层，且残渣较少。

表 4–2–2 破胶后残渣含量

类型	离心管重 /g	离心管 + 残渣 /g	残渣含量 /（mg/L）
聚膜钻井液	19.9712	20.2192	248
其他类型钻井液	19.1937	19.9203	7266

用低渗透 / 超低渗透储层伤害模拟评价系统测定煤心 LL–3 和人造岩心 DF–26 的初始渗透率，用煤层气钻井液对岩心进行污染评价，测定岩心破胶后的渗透率恢复率。渗透率恢复率超过 90%，超过同类型其他钻井液体系。

2）煤层专用可降解井壁稳定钻井液体系

针对部分煤层易垮塌、易漏失的区块，且设计采用套管射孔完井的水平井，基于可降解清洁聚膜钻井液基础材料配方，考虑后期通过压裂改造进行增产，因此将保证井壁稳定和钻井速度放在首位，设计煤层专用可降解井壁稳定钻井液。

配方：水 +0.2% 煤层清洁保护剂 +1% 成膜剂 +0.8% 固膜剂 +0.5% 可降解强膜剂 +

0.3% 可降解降滤失剂 +NaCl，基本性能见表 4-2-3。该配方主要适用于存在垮塌风险的煤层，如果钻遇地层坍塌风险很大时，可增加成膜剂、固膜剂用量；如果钻遇地层漏失，可加入超分子堵漏材料，下入完井管串后，采用破胶剂进行破胶洗井解除。

表 4-2-3 煤层专用可降解井壁稳定钻井液体系性能室内测试

表观黏度 / mPa·s	塑性黏度 / mPa·s	动切力 / Pa	Φ_6/Φ_3	动塑比 / Pa/（mPa·s）	初终切 / Pa	API 失水 / mL	渗透率恢复率 /%
42.5	22	20.5	6/3	0.93	2.5/3	5.3	＞80%

注：Φ_6 和 Φ_3 分别表示钻井液在旋转黏度计转速为 6r/min 和 3r/min 时的读数。

二、煤层气钻井固壁技术

针对煤层气水平井部分泥岩段和煤层段易垮塌问题，为保证二开钻井的顺利施工，在垮塌或易垮塌井段，采用化学固壁技术，将化学浆液高压挤注入地层内岩石裂隙之中，从而提高井壁稳定性能。

1. 固壁剂材料的优选原则

常规化学灌浆技术一般是指地面的常压或低压下的化学灌注，而煤层气井固壁技术是将化学浆液通过钻井泵高压挤注入地层内岩石裂隙之中，煤层气水平井工况对化学挤注材料要求如下：

（1）流动性。所选用的化学挤注材料要有很好的流动性，原因有二：一是在浆液流动性不好的情况下，泵送浆液至孔底可能会出现困难；二是在浆液流动性不好的情况下，浆液往地层裂隙渗透中也会出现困难。

（2）强度。固结体主要承受到两个方面的作用力：一是封堵层井筒内的液柱压力；二是封堵后续钻进过程中要承受住钻井循环介质的冲刷力。粗略估算，与石英砂的复合强度应该达到 2MPa 左右。

（3）胶凝时间。在封堵层较深的情况下，从浆液配制好到往井下挤注，最后候凝，这一整段时间的总和应该与选用浆液的固结时间相等。胶凝时间过快，固结在钻杆内壁，势必造成后期的清洗困难；胶凝时间过长，候凝时间势必延长，这样也延长了工期，增加了工程成本。

（4）必须选用单液的浆液挤注工艺。井身结构较为复杂，如果选用双液挤注，必然增加施工的困难，操作性不强。因此，从安全和可行性方面出发，主要考虑单液的挤注工艺。

（5）选用材料的安全性。选用的材料应该是无毒、无污染的材料，对钻具本身不能有腐蚀，注浆后期对钻具的清洗应该容易操作和实施，同时对地层伤害较小。因此，选材上既要考虑环保性，又要考虑与钻具的黏附性。

2. 固壁剂体系

水玻璃体系固壁浆液凝胶时间可控，无毒、无刺激性气味，其本身具有的凝固后容易收缩的缺点正好可以利用其沟通产气通道，且水玻璃价格低廉容易被现场施工采用，现场优选形成水玻璃的水玻璃化学浆液体系。

水溶性大分子聚丙烯酰胺（PAM）交联网络结构在强碱性条件下处于收缩状态。延迟活化剂中的酰氨基逐渐活化水玻璃，形成低分子硅酸溶胶，体系 pH 值逐渐降低，聚丙烯酰胺交联网络结构慢慢伸展开来，低分子硅酸溶胶不断生长，生成较大分子量的硅酸凝胶，填充在聚丙烯酰胺交联网络结构中。未参与交联反应的金属离子（Al^{3+}）与水玻璃发生反应生成硅酸盐沉淀，进入聚丙烯酰胺分子结构中，最终形成包裹硅酸凝胶、硅酸盐沉淀的大分子交联网状结构。

体系配方：9%～45% 水玻璃 +0.6% 聚丙烯酰胺 +3% 磷酸二氢铝 + 水。该配方的凝胶时间见表 4-2-4。可以看出，其固化时间总体较合适。随着水玻璃加量的增加，凝胶时间先减小后增大；水玻璃的用量需控制在一定浓度范围。

表 4-2-4　水玻璃 + 聚丙烯酰胺 + 磷酸二氢铝 + 水实验结果

组号	水 /g	水玻璃 /g	磷酸二氢铝 /g	聚丙烯酰胺 /g	凝胶时间 /min
1	100	9	3	0.6	130
2	100	15	3	0.6	82
3	100	18	3	0.6	75
4	100	30	3	0.6	88
5	100	45	3	0.6	100

3. 现场试验

ZSP1 井位于沁水盆地南部晋城斜坡带郑庄区块北部，由于该井上部地层钻进过程中出现掉块，井壁失稳，造成起下钻不畅，延长了钻井周期，决定在该井上部地层进行固壁试验。

1）施工过程

该井现场试验采用停钻封堵方式，施工步骤如下：

（1）11：00 循环钻井液，11：30 清洗钻井液罐，11：50 打水配固壁钻井液 12m^3（配方：20% 钻井液用硅酸钠溶液 +1% 钻井液用聚丙烯酰胺乳液 +10% 钻井液用磷酸二氢铝）。固壁剂浆性能：密度为 1.15g/cm^3，黏度大于 150s。

（2）11：56 开泵泵入固壁浆 8.8m^3。

（3）12：04 顶替固壁浆至井底往上 220m 井段，即封固 1090～1310m 井段。

（4）起钻至 1032m，循环 30min，将混浆循环干净。

（5）继续起钻。

（6）关井候固化，固壁施工结束。

2）现场试验效果分析

该井在井深 1310m 处固壁剂试验后，组合钻具下钻验证固壁效果，下钻过程顺利，到底后能正常钻进，掉块情况大为减轻，无大块掉块返出，开泵无憋阻起压，且在下步作业钻进、起下钻等工序井眼畅通，无明显挂阻，达到了加强封堵、提高井壁稳定性、降低井壁失稳风险、减少钻进过程中地层垮塌的目的，具有较好的应用效果。

三、伤害解除技术

在低伤害可降解钻井液体系有效降低煤储层伤害程度的基础上，通过破胶洗井液冲洗、氮气负压洗井等措施，冲洗井筒周围伤害带，可进一步解除伤害带液相及固相堵塞，恢复原始裂缝状态。针对固相堵塞伤害，主要通过旁通堵塞带，通缝扩喉，提高渗透率；针对液相侵入伤害，主要通过降低界面张力，减小气液两相渗流阻力，改善近井筒地带渗流环境。常用洗井介质主要有清水、气体和泡沫，根据不同地质特征和施工条件，选用合适的冲洗介质。

1. 循环射流破胶洗井

1）基本原理

煤层气旋转分段射流洗井（李宗源等，2017）是通过旋转射流工具在井筒内产生射流冲击作用和环空旋流效应来冲洗煤层井壁，促使钻井液破胶残留物脱落，煤层垮塌解除近井地带伤害。

整个旋转射流工艺管柱由旋转射流发生器、旋流扶正器和小钻杆（油管）组成，流体通过旋转射流器通过筛管孔眼冲刷井壁，利用旋转射流扶正器或增阻器及钻杆接箍增大内环空摩阻，促使流体经外环空流动冲洗筛管外井壁，上下拖动钻具进行分段动态洗井冲刷（每段 20～30m），并在侧钻点及钻井过程中煤层垮塌严重处进行定点洗井，以连通无效进尺井段，促使易垮塌段进一步垮塌，解放自然产能。

通过多种喷嘴组合形式的对比优选，为促使流体在外环空流动，采用侧向喷嘴 + 前向喷嘴螺旋分布方式，保证喷嘴能喷射到支撑管外的坍塌物。前向喷嘴主要用来冲洗管串内部沉砂，保证洗井管串顺利到底；侧向喷嘴主要驱动旋转喷头旋转，并在井筒环空内产生旋流场，卷吸、掺混、冲刷煤层井壁，促使破胶残留物脱落、煤层破碎垮塌。旋转射流工具结构如图 4-2-2 所示。

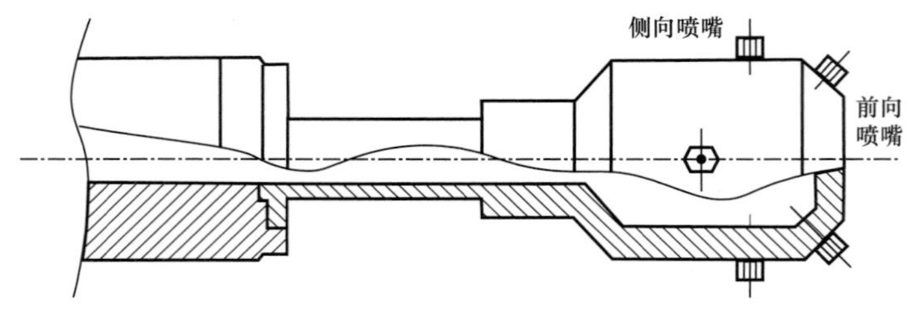

图 4-2-2　旋转射流工具结构原理示意图

2）旋转射流分段洗井工艺流程

旋转分段射流洗井在下入管串并完成钻塞通井后进行，可利用钻井设备直接进行洗井施工，具体流程如下：

（1）下入洗井管串［旋转射流发生器 + 旋流扶正器 + 小钻杆（油管）］至井底，根据不同钻井液体系破胶，全煤层段注入破胶剂静置24～48h破胶，使井壁残留钻井液与破胶液充分反应。

（2）准备清水150m^3左右，在井底顶替混合液至污水池，更改循环通道至清水罐或清水池，打开地面固控设备清理返出的岩屑，利用顶驱或大钩上提、下放钻柱，以18～25L/s排量分段循环冲洗管外井壁2周以上，直至液体无黏度、岩屑较少，注入与返出液体基本一致，则该段洗井完毕。

（3）上提50～100m或至附近侧钻点处，上提、下放管柱清水循环射流分段洗井2周以上，在侧钻点处定点循环，沟通利用分支或无效进尺段煤层。

（4）重复（3）步骤，依次上提管串完成全煤层段洗井工作，岩屑清洗干净后完井。

3）旋转射流与破胶剂联合动态洗井

旋转射流与破胶剂联合动态洗井是在清水或破胶液顶替钻井液完成后，一方面利用旋转射流对井壁形成冲刷，使钻井液残留物松动脱落并随液体排除，利用地面设备上提和下放管柱实现分段解堵；另一方面，利用不同可降解钻井液破胶剂的溶解、破乳、降低界面张力和地层流体黏度等作用，解除井壁暂堵薄膜，同时动态冲刷促使破胶剂与深部及微裂隙钻井液接触，破胶后直接循环排出，实现深部解堵。

2. 氮气负压洗井

1）基本原理

煤层水平段选用一定尺寸筛管完井，使用氮气对井内注、憋、放产生压力波动，对煤层施以交变载荷，产生负压诱吐、疏灰解堵效果，在割缝衬管外围的煤层中形成剪切破碎区（图4-2-3），以此提高煤层渗透率，消除近井地带钻井液伤害，提高井筒生产时的导流能力（张波等，2018）。

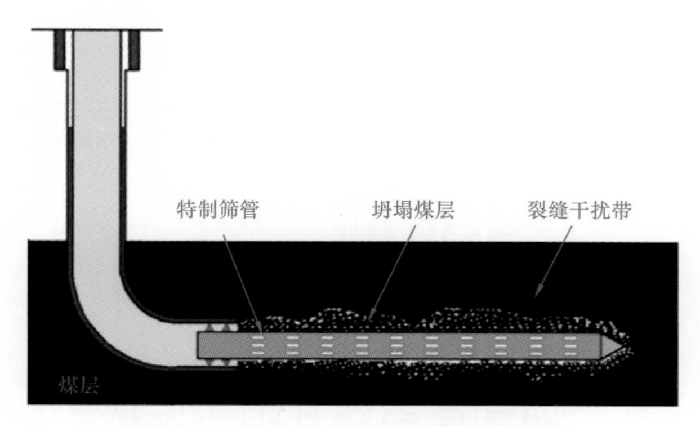

图4-2-3　氮气负压洗井疏通原理图

2）室内模拟实验

对氮气负压洗井疏通进行有限元 + 离散元仿真模拟实验，按照700m垂深、6MPa的注气压力、10.3MPa的立管压力，达到稳压状态下，井眼煤层受到16.3MPa的应力载荷，割缝宽度12mm，环向6个割缝，模拟5个注入轮次，坍塌区共扩展到45.825cm，但5

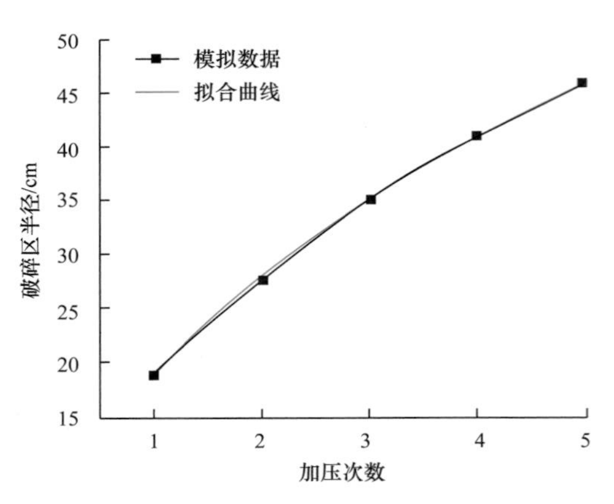

图 4-2-4 加压次数和破碎区扩展半径模拟曲线

个轮次加压产生的破碎区增加的范围逐次递减（图 4-2-4）。

3）工艺施工步骤

（1）按照设计要求准备好液氮车、液氮泵车、压裂井口与放喷池，连接井口及管线（图 4-2-5），对流程、地面管线、井口进行试压，井口套管阀处安装压力监测装置。

（2）打开注入阀门，开始以 80～700m^3/min 排量注入氮气，逐步提高排量，测试地层破裂压力。施工过程中逐步提高排量，待压力达到略小于地层破裂压力后稳压 10min，快速放压，放喷至气体不携带大量煤粉后停止放喷，继续注入氮气，如此反复激动 3～5 次。

（3）注入完毕后，依次关闭井口、增压泵入口和液氮罐阀门。依次缓慢打开增压泵、地面流程和液氮罐放空阀门泄压至 0MPa。

（4）立即从油管敞开放喷。现场放置一敞口罐进行放喷，用硬管线连接放喷管线，放喷出口固定牢固，每隔 5m 用地锚进行固定。放喷过程中，记录好返液量及煤粉变化数据。

（5）放喷完毕后，用氮气或清水清洗井筒，进行下泵作业。

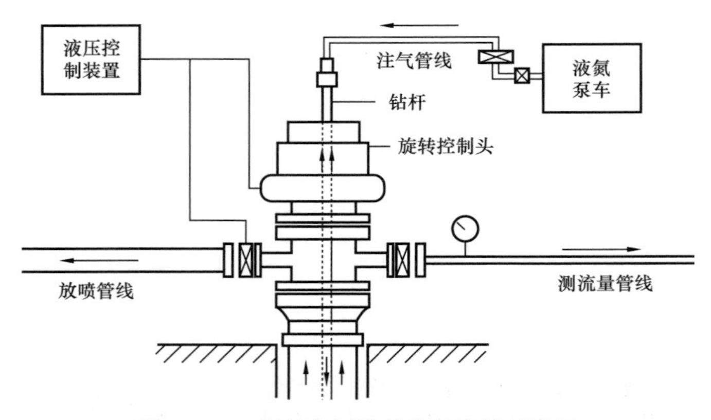

图 4-2-5 氮气负压洗井井口连接示意图

第三节 地质导向及井眼轨迹控制技术

水平井地质导向和轨迹控制是实现煤层钻遇率最大化和轨迹最优化的关键，也是实现完井管串下入的重要基础。钻遇不同的煤体结构和井眼轨迹的平滑度均对后期煤层气产出和维护作业有较大影响。基于不同的地质条件与钻井难度，选取匹配的导向工具和控制措施，利用实钻地质信息、工程测量等参数随钻控制，实现井眼轨迹整体平滑、畅通，提高“高气测、低伽马”的优质煤层钻遇率。

一、近钻头测量导向技术

随着煤层气开发的逐步深入，水平井技术成为煤层气开发的主力井型，如何保障水平段钻遇效果是提高产气量的关键因素。目前，煤层气地质导向技术主要面临煤层薄（2～5m）、起伏变化大、褶皱发育、地震资料精准度不足等难题，同时受制于煤层气整体开发成本低，国内煤层气常用的导向工具主要有MWD+GR系统、EM-MWD系统和近钻头方向伽马导向工具3类，主要性能对比见表4-3-1。

表4-3-1 MWD+GR系统、EM-MWD系统和近钻头方向伽马导向工具性能对比

对比参数	MWD+GR系统	EM-MWD系统	近钻头方向伽马工具
测量参数	井斜、方位、平均伽马	井斜、方位、平均伽马、上伽马、下伽马、电信号、环空压力	井斜、方位、平均伽马、上伽马、下伽马
方向性	无方向性	具有方向性	具有方向性
测量盲区	井斜方位探头距井底10～11m，自然伽马距井底8～9m	井斜方位探头距井底9～10m，自然伽马距井底6～7m，电信号和环空压力无盲区	自然伽马距井底0.66m
信号传输介质	钻井液	地层—钻柱	钻井液
传输速度	慢（平均20～30s出一个参数）	快（平均8s出一个参数）	较快（平均10～20s出一个参数）
传输机理	井下发射脉冲信号，地面传感器接收	井下发射高频电磁波，地面天线接收	井下发射脉冲信号，地面传感器接收
仪器稳定性	较稳定，自然伽马假值相对少	欠稳定，自然伽马假值多，故障率偏高	不稳定，信号传输端故障率较高
测量精度	精度低	精度高	精度低
工作时间	连续工作300h以上	连续工作150h以上	连续工作200h以上
适应施工条件	不适应空气、泡沫等循环体系，不受煤层影响	不受钻井液体系影响，受煤层影响	受钻井液体系影响较小

注：表中数据分别来源于北京海蓝MWD+GR、BLACKSTAR EM-MWD和近钻头方向伽马导向工具BITEye。

常规地质导向主要采用平均伽马，由于传输技术限制，导向装置距离钻头15m，这就导致了常规地质导向在水平井钻井过程中面临反应慢、易出层，判断准确性差、追层难度大，优质煤层钻遇率低等问题，制约了煤层气水平井钻井效率与质量。通过“十三五”期间的不断优化完善，逐步形成了国产化煤层气井近钻头导向控制工具。

1. 近钻头测量系统工作原理

近钻头测量系统包括安装在钻头与螺杆之间的近钻头测量短节，在螺杆与无磁之间

安装的近钻头接收短节，以及配备无线接收短节的MWD。近钻头测量短节测量近钻头静态井斜和方位伽马数据，通过跨螺杆无线通信传输给近钻头接收短节，再通过无线通信传输到MWD，然后通过脉冲发送至地面（廖可鹏 等，2018）。

MWD连接顺序：循环套 + 主阀头主件 + 脉冲器短节（内置接收短节）+ 探管短节 + 电池短节（内置电池组）+ 打捞头。

钻具连接方式：钻头 + 近钻头测量短节 + 螺杆 + 近钻头接收短节 + 无线发射机芯 + 转换接头 + 无线通信短节 + 无磁钻铤。

2. 近钻头方向伽马导向工具

近钻头方向伽马导向工具主要由近端测量模块、井下无线信号短传传输技术、MWD无线传输技术和地面系统四大部分组成，能在不同类型的钻井液条件下工作，连续工作时间长，测量盲区短，方位伽马能精确确定地层上、下边界，为地质导向提供有力依据。

3. 近钻头测量系统特点

该近钻头测量系统具有以下特点：

（1）方位成像伽马技术，采用方位伽马进行实时八扇区测量，在钻井过程中能够实时对上伽马、下伽马、左伽马、右伽马等进行测量并及时返回地面。

（2）自然伽马测量点短距，离钻头顶部仅0.5m，可满足快速追煤层的要求。

（3）高造斜率解决方案：煤层地层倾角走向起伏较大且预知困难，在必须具备足够造斜率的前提下，在靠近地层边界或出层后才能够保证及时调整轨迹并跟上地层的变化。通过专门设计的短弯螺杆钻具，弯点到螺杆底部仅小于1.4m，ϕ215.9mm井眼造斜率可达到10°/30m。

（4）连续工作寿命大于200h，避免了钻井过程中由于近钻头设备问题而导致起下钻，影响钻井效率。

（5）方位伽马测量能够精确确定地层上、下边界，实现地质导向。

（6）能够测量钻头转速，真实了解钻头工作状况，优化确定钻井工程参数。

（7）采用目前最先进的技术和工艺，数据传输和接收稳定可靠。

二、地质综合导向判识技术

地质综合导向判识是实现煤层段高钻遇率的关键，通过地质资料综合分析、岩屑录井、模型建立、实钻跟踪调整等手段，在兼顾整体轨迹平滑的基础上，尽可能确保轨迹在煤层高气测、低伽马的优质煤层段钻进。

1. 综合地质导向关键流程

（1）导向准备：收集整理资料，钻前地质分析，导向模型建立，导向方案编制与交底。

（2）着陆导向控制：目的层深度预测，着陆轨迹调整，着陆点卡准。

（3）煤层水平段导向控制：目标煤层段的选择，导向依据确定，钻头位置判断，顶出底出煤层判断（地层倾角预测）。

（4）水平段轨迹调整：根据钻头所处位置和地层倾角变化调整井斜角，使轨迹位于优质导向区间内，并尽可能保持井斜角与地层倾角一致。

2. 水平井段地质导向

煤层气水平井地质导向有3项关键技术环节，分别为跟踪判断、随钻倾角计算和井眼轨迹控制（刘勋才等，2017）。

（1）跟踪判断钻头位置，随钻分析测井参数（自然伽马）、录井参数（钻时、气测、岩屑）和工程参数（钻压、扭矩）变化特征是实施地质跟踪判断的唯一手段，是倾角计算的前提。

（2）倾角计算是轨迹控制的依据，是地质导向工作的重点。通过研究总结，其计算方法可分为井震结合逼近法、常规计算法和角差大小计算法。

井震结合逼近法是利用井区内已钻井（包括洞穴井）的实钻数据，计算出相邻井间的地层倾角，并以此为依据修正构造等高法与地震测线法预测的地层倾角，这样可以消除构造等高线与地震测线解释的系统误差，预测地层倾角更为准确。其次，利用主支钻探方向的地震测线，宏观掌握地层倾角变化，分段计算地层倾角，然后再利用井间实际倾角校正，进而获得较为准确的钻前地层倾角。

随钻地层倾角常规计算法适用于地层产状稳定的区域，在地质导向过程中，通过分析随钻地层参数判断出钻头在煤层中的位置，利用钻头两次钻遇同一明显岩性界面（进出顶底板泥岩或煤层矸石），根据闭合位移与垂深差的反正切三角函数计算得出地层倾角。

角差大小计算法适用于地层倾角反复变化区域，是利用已钻地层井身轨迹的自然伽马曲线形态与煤层中相对应层的曲线特征进行对比，曲线拉伸的宽度越大，角差越小，反之则角差越大，以此为依据推测地层倾角。在施工过程中，通过确定煤层导向参数权重、细分煤层内部特征、优选导向区间来实现跟踪判断，利用轨迹穿越煤层内的标志特征进行倾角计算，进而实施轨迹调整。

三、井眼轨迹控制技术

水平井钻探轨迹控制不仅仅是判断顶出与底出、告知定向井向上还是向下调整，其主要任务是根据随钻资料及时判断井斜角是否合适，并适时调整，选择煤层中的有利位置，采用“穿心法”或“登梯法”进行井眼轨迹控制。

1.“穿心法”井眼轨迹控制

1）基本原则

根据地层倾角大小及变化情况，认真分析地层倾角、井斜角、自然造斜率间的关系，适时进行层内井眼轨迹微调，引导钻头快速穿越，保证水平段井眼轨迹实现“低峰长波”，同时减少水平井段的“轨迹峰谷”总数，从而实现轨迹相对平滑。“穿心法”井眼轨迹如图4-3-1所示。

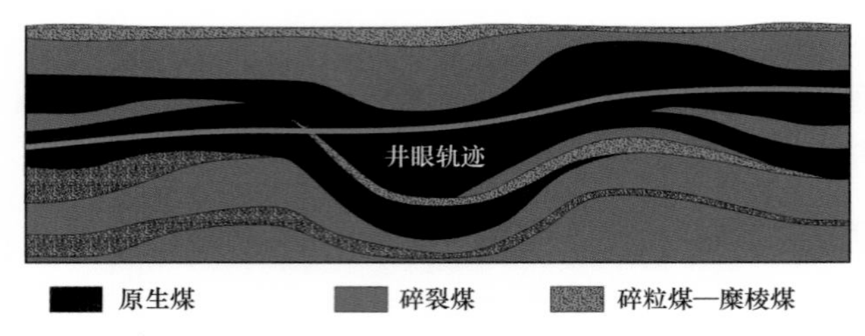

图 4-3-1 “穿心法”井眼轨迹示意图

2）控制方法

结合随钻岩屑、气测等数据，可建立纵向煤体结构分布图，对煤储层开展评价。通常，优质导向区间应选择低伽马、高气测、原生煤—碎裂煤层段（图 4-3-2）。

具体施工过程中，一般选择底矸上作为中心点，由于煤层内部的不均质性，作为煤层主要评价参数的 GR 值变化大，且滞后井段长，有时钻遇高 GR 值不代表出层，同样地面检测到是低 GR 值，也不代表钻头就在煤层中。而钻时可直接反映钻头位置处的岩性，全烃通过循环也可检测到井底是否在煤层中，因此，在轨迹调整过程中要适时循环，综合分析三参数的关系。

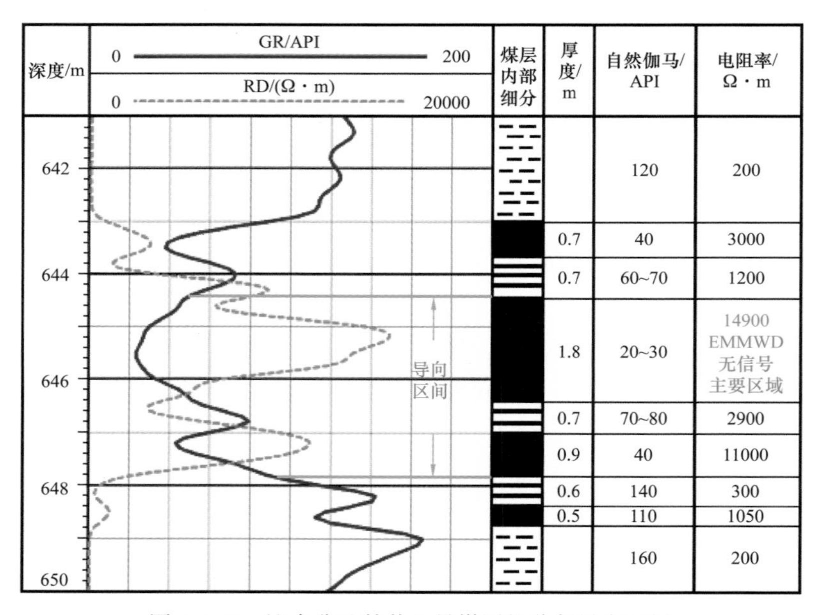

图 4-3-2 沁水盆地某井 3 号煤层细分与导向区间

2.“登梯法”井眼轨迹控制

1）技术要点

改变以往“出层即急追”井眼轨迹控制理念，在钻井过程中，将追煤层起伏曲线改为缓慢降趋势，轨迹调整以多段调整为主，使井眼轨迹与煤层趋势线相交，控制主支（分支）轨迹上倾，实现轨迹形态与煤层产状一致，呈平滑、安全、通畅的“阶梯状”上倾轨道（杨勇等，2016），降低井眼摩阻，减少因追煤层而产生的 U 形管效应，从而形成稳定的有利于排水、输灰、采气的井眼通道（图 4-3-3）。

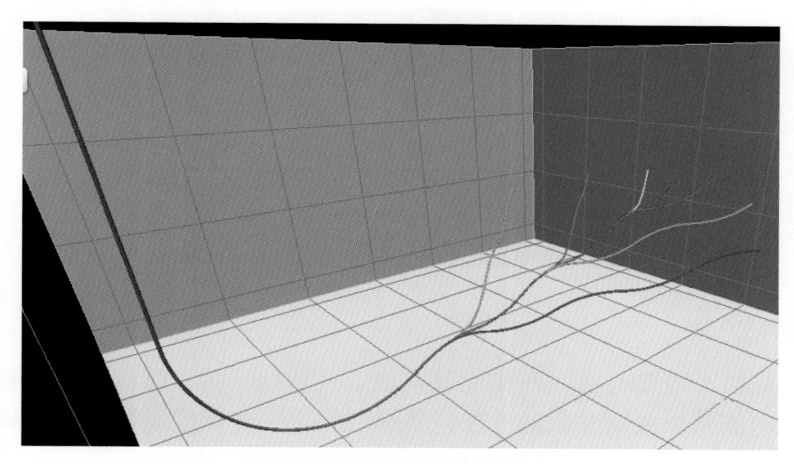

图 4-3-3 “登梯法”井眼轨迹控制示意图

2）操作步骤与规范

（1）采用 MWD 或 LWD 进行水平段地质导向控制，倾角一直保持在 90° 以上，需找目的层内标志层（如底部夹矸），首先轨迹倾角控制在 90° 与地层倾角之间。

（2）每隔 100～200m 调整轨迹倾角大于预测地层倾角 1°～2°，若下碰至标志层，则可根据实际情况上调轨迹倾角，到达煤层中上部以后，调整轨迹倾角控制在 90° 与地层倾角之间。

（3）若地层倾角存在局部的上下起伏导致出层，则可根据实际情况直接穿过，保证井斜一直在 90° 以上。

（4）重复上述步骤，直至完成各个主分支钻进。

3. 鱼骨状水平井递进式钻进方式

多分支钻进方式主要有后退式与递（前）进式，钻进方式的选择需要服务于后续完井工艺。前期裸眼多分支井均采用后退式钻进方式，可有效避免已钻分支坍塌、埋钻问题，降低井下风险。

选用利于作业管串下入的递进式钻进方式（图 4-3-4），通过优化钻井参数和钻井液体系降低分支夹壁墙垮塌风险。具体操作方法为：在到达着陆点 b 之后，先沿主支方向钻进，到达分支点 c 后开始沿分支 1 方向钻进，以探明主支（分支点 c 到分支点 d）将要穿过煤层产状，分支 1 完钻后循环清洗井眼，用清水替换分支 1 内钻井液，并修正构造图；在新构造图基础上，沿主支方向钻进，到达分支点 d 后直接沿分支 2 方向钻进，完钻后循环清洗井眼，用清水替换分支 2 内钻井液，并再修正构造图；按此方式依次完成主、分支钻进。管串在重力作用下，优先进入低部位井眼，分支水平井无须定向仪器引导即可顺利重入。

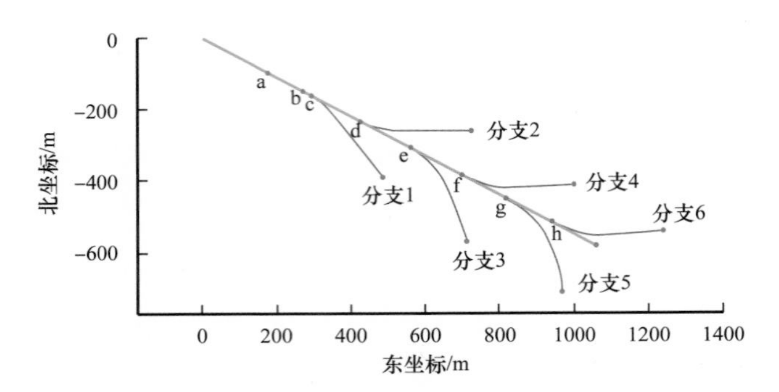

图 4-3-4　鱼骨状水平井递进式钻进方式示意图

4. 悬空侧钻方法

悬空侧钻是指不需要打水泥塞作业及其他工具辅助，而在已钻井眼轨迹井斜增高井段直接进行定向侧钻形成新井眼的方法，是煤层气水平井煤层段最经济有效的侧钻方式（杨勇等，2015）。它工艺简单，可操作性强，侧钻效率高，成本低。

1）侧钻点选取

（1）侧钻点附近的井眼状况：井下情况应正常，无掉块和垮塌，钻具上提、下放的摩阻较小。

（2）侧钻点在煤层的纵向位置：侧钻点应位于煤层的中上部（不要将侧钻点选在煤层底板附近），同时注意侧钻点下 10m 能避开夹矸，且不能选在有降斜或与待侧分支方位相同的扭方位井段。

（3）侧钻点的井斜：侧钻点的井斜不小于地层倾角，选择在定向增斜 / 增斜井段 / 向上趋势（增斜 0.6° 以上）的井段，定向向上的拐点（4°/30m 以上）。

建议每 100m 左右留一个侧钻点，每小于 200m 触顶一次以确定煤层倾角的变化。

2）侧钻操作程序

（1）划槽时的工具面角调整为 120°～150°（或 210°～240°），即为侧钻的初始工具面；划槽长度 2～5m，钩速度 2～3ft[1]/min；划槽 2～3 遍，2 次为最优选择；根据不同区块煤质的软硬，确定是否需要划槽以及划槽次数和段长；划槽过程中观察工具面的变化，发现钻头加压现象可立即进入侧钻程序。

（2）侧钻时要操作平稳，送钻均匀，初始 2m 钻进速度控制在 2m/h，此为侧钻成功与否的关键阶段；之后 3m 保持 3m/h 的速度钻进，钻完 5m 后可以调整工具面到 ±（90°～100°）；持 5～6m/h 的速度钻进 4m，钻进 9m 后侧钻基本结束，逐步加快钻进速度至正常速度。

（3）当定向侧钻的井段长度达 30～35m、分支井与主井眼间距达 2.4～3.7m 后，可以旋转钻进：首先采用低转速方式钻进，顶驱转速开到 20r/min，侧钻点以深 80m 后按正常转速旋转钻具。

在侧钻过程中如出现泵压升高、加压困难等情况，很可能是夹壁墙垮塌，可考虑重新侧钻。

[1] 1ft=0.3048m。

5. 井组钻井防碰施工工艺

1）上直段防碰施工工艺

（1）上直段采用钟摆或导向钻具以低转速、小钻压、大排量钻进。

（2）浅表层套管井出套管后尽早造斜，初始造斜段使用测斜仪加密测斜，确保实钻轨迹与设计轨道相符合，避免产生较大偏离。

（3）根据测斜数据及时计算、绘出单井设计与实钻轨迹投影图，并绘出本井与防碰邻井在同一坐标系下井眼轨迹水平投影叠加图，同时在轨迹控制过程中实时更新数据，跟踪分析。

（4）以稳定的钻压、转速和排量钻进，密切注意钻压、钻速、排量、泵压、扭矩等参数，并观察岩屑中有无水泥和铁屑，出现异常立即停止钻进，确认原因并采取有效措施后方可继续钻进。

（5）钻井液应具有较强的稳定井壁和携砂能力，钻井过程中应避免在同一位置长时间循环。

（6）煤层段钻进过程中尽量避免倒划眼、中途循环，打完进尺后尽快起钻，确保井眼规则。

2）其他井段防碰施工工艺

（1）实钻中，当空间防碰距离小于两井井眼轨迹的坐标测量误差半径之和时，应甩掉螺杆等特殊仪器，以常规钻具组合进行钻进，尽量以小钻压、低转速、水力冲射钻进。

（2）防碰井段施工时，定向井工程师、井队技术员及钻井监督等相关技术人员必须在现场进行随钻技术指导。

3）出现井眼碰撞现象时的应急措施

（1）立即停止钻进，将钻具提离井底 2m 以上活动，循环钻井液。

（2）复测并确定地磁强度值。

（3）用高黏高切钻井液循环携砂，观察返出岩屑中水泥和铁屑含量。

（4）用陀螺测井仪复测井眼轨迹，根据测量数据重新进行防碰扫描分析。

（5）根据复测轨迹结果，做防碰绕障施工方案，并根据需要注水泥塞回填。

第四节　固井、完井技术

固井、完井作业是钻完井作业过程中不可缺少的一个重要环节，主要包括下套管和注水泥两部分，其主要目的是保护和支撑气井内套管，封隔产层与非产层，阻止地层间流体相互窜流。

一、完井管串下入技术

煤层段下入大尺寸支撑管串是煤层气水平井施工的重点和难度之一，管串能否下至设计位置决定了后期有效生产段长，对煤层气井后期作业与生产至关重要。

1. 主支管串下入技术

1）水平井下套管受力分析

水平井的特点是斜度大、稳斜井段长，在井斜角较高的情况下，套管负重“躺”在井壁上，增加了下行阻力，甚至不能靠自重下到井底，需要加压才能向下滑动，这可能导致套管柱屈曲。因此，在下套管作业以前，有必要对套管的阻力进行分析预测和综合设计。

（1）套管下入可行性分析。

水平井中的套管柱受力分析比较复杂，在大斜度井段，套管柱要随井眼一起弯曲。除受到重力、浮力作用外，还有摩擦阻力、弯曲应力等附加力作用。井眼曲率半径越小，附加力越大，在短曲率半径大位移井、水平井中可使用柔性钻杆钻进。但没有柔性套管，套管柱能否顺利通过弯曲段关系到完成方式，应根据套管柱的受力分析加以判断。套管柱通过大斜度井段存在的问题如下：

① 套管柱通过大斜度井段时随井眼弯曲承受弯曲应力作用，弯曲应力随井眼曲率半径的减小而增加。弯曲应力有可能超过其钢材强度的极限破坏套管。

② 套管基本上属于薄壁管或中厚壁管。套管柱随井眼弯曲变形时，即使弯曲应力未超过钢材的屈服极限，但由于套管丧失稳定性而形成椭圆状套管截面。因椭圆的短轴小于套管公称尺寸，某些工具无法下入。这是后续生产所不允许的。套管柱弯曲严重时也有可能产生屈曲变形破坏。

③ 套管接箍处的螺纹在随井眼弯曲时产生弯曲变形，有可能引起套管柱的密封失效，这也是后续生产所不允许的。

（2）套管柱受力分析。

套管柱除受重力、浮力外，在弯曲段还要受到井壁摩擦阻力和套管弯曲应力，重力和浮力的计算与直井中基本相同。

2）水平段管串下入要点

（1）井眼轨迹质量是筛管能否顺利下入的有力保障。结合区域构造特征及相关资料，预测待钻地层走势，提前做好施工模型，采用“长波短峰”的控制方式，在构造变化段减少大幅度调整。

（2）使侧钻处井眼快速分离，并形成稳定的夹壁墙。侧钻过程中，应尽快保证夹壁墙的形成，且夹壁墙的形状不能为单一的垂直方向，最终的夹壁墙应在垂直和水平方向上都产生分离，防止在重力作用下发生垮塌。每次侧钻后，在向前钻进100m左右时，应退回侧钻点位置，将工具面摆放在与侧钻时相同大小，上提、下放钻具3～4次，一方面确保主支井眼通畅，另一方面破坏不稳定的夹壁墙，防止后续施工中发生垮塌。

（3）确保主井眼能够重入。钻进过程中起下钻或下筛管前通井，必须保证每次都能顺利重入主支井眼。若在侧钻点附近发生遇阻或摩阻大等问题，不宜强行上提、下放钻具，应提前摆好工具面，停泵后下放钻具，成功下放后开泵测斜，验证是否重入主支井眼成功，并通过循环清洗井眼。

（4）控制套管下放速度。下放速度控制在每根25～30s为宜，不得高速下冲，减小井内压力激动，防止井塌；准确记录侧钻点深度，套管下至侧钻点处严格控制套管下入速度，下放速度控制1min/10m以上为宜，防止高速下冲破坏夹壁墙。

（5）规范上扣扭矩。下管串作业，要求上扣扭矩达到规定值，严格控制上扣速度（小于25圈/min），用自动记录仪进行记录，降低后期压裂作业接箍处套损、套变风险。

（6）严格执行灌浆制度。每100m灌浆一次，专人观察井口钻井液返出情况，定时校核指重表，灌满钻井液，灌浆时注意上下活动管串防卡。

2. 分支筛管下入技术

1）分支PE筛管下入方式

当水平井钻达设计井深后，通井下入光钻杆至井底（预留2m口袋），在井口安装PE筛管注入装置（申瑞臣等，2012），以钻杆为通道进行筛管连续注入（图4-4-1），计算PE管下入设计长度后锯断，依靠流体冲击力将筛管泵冲到井底，PE筛管冲出钻杆后利用固定锚固定，起出钻具，完成PE管下入。

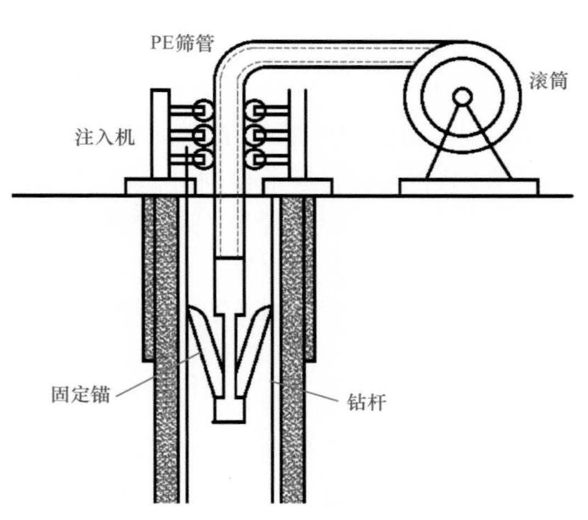

图4-4-1 PE筛管连续注入示意图

2）$4^1/_2$in[1]大尺寸筛管下入方法

水平井分支筛管支撑工具由筛管脱悬装置、套管钻杆转换接头和引鞋组成（表4-4-1），工具采用液压脱悬结构，管串排布组合为引鞋+筛管串+筛管脱悬装置+转换接头+钻具组合到井口。采用钻杆将水平井分支筛管支撑工具下入井内设计位置（距离侧钻点1m左右），将低密度球投入钻杆柱内，用泵车小排量顶替（不大于$0.5m^3/min$），泵送球与球座碰压，完成滑套剪切工作，滑套下落至底托套上，并继续打压剪切液缸销钉，使液缸上行，脱开滑块锁定，上提管柱完成尾管（或筛管）脱悬操作，上提起出整个送入管串，完成施工作业。

表4-4-1 筛管悬挂器参数

产品名称	规格型号	总长/mm	最大外径/mm	内通径/mm	剪切压力/MPa	耐温/℃	连接螺纹
筛管脱悬装置	GCY/TX-114	1300	162	36	7（滑套），11（液缸）	120	$4^1/_2$in LTC
套管钻杆转换接头	GCY/TX-127	700	168	101		120	钻杆螺纹
引鞋	GCY/TXX-114	26	130			120	GCY/TXX-114

[1] 1in=25.4mm。

二、煤层气固井技术

固井作业是钻完井作业过程中不可缺少的一个重要环节，其主要目的是保护和支撑油气井内的套管，封隔油、气、水层或复杂地层，阻止地层间流体相互窜流。对于筛管完井的二开水平井，采用半程固井技术是必然选择，而对于套管完井的二开水平井，需结合地质及压裂需求进行工艺选择，满足层段间改造分隔需求。

1. 半程固井工艺

1）半程固井工艺的优选

常规半程固井方式主要采用钻除式固井工具，主要由封隔器、分级箍和盲板构成，固井完成后需下入小钻具钻除盲板、分级箍内部附件，存在磨塞时间长和盲板处理不彻底的情况，易对完井管串造成伤害，影响井筒质量，因此，优化设计采用免钻塞半程固井工艺。

免钻塞半程固井技术主要分为内管法免钻塞半程固井技术和非内管法免钻塞半程固井技术。其中，内管法免钻塞固井存在内管小，胶塞顶替不彻底，小钻杆内留水泥塞、无法达到紊流所需的顶替排量，水泥浆顶替不彻底，固井质量不理想等问题。

非内管法免钻塞半程固井技术又分为脱落式和打捞式两种。脱落式半程固井技术采用常规的工具组合进行半程固井施工，主要由一级胶塞、二级胶塞、分级箍本体、碰压座与重力塞组成，固井施工结束后井口憋压，剪断关闭套销钉使其直接落入井底，但在水平井内部机构无法掉落到井底的风险较大，因此目前现场多选用打捞式免钻塞半程固井工具。

2）打捞式免钻塞半程固井

打捞式半程固井也是采用常规的工具组合进行半程固井施工，该工艺的特点是采用集成打捞式半程固井工具，即盲板、封隔器和分级箍一体化设计，盲板上移至封隔器上部，与分级箍的打开及关闭系统连接，采用液压开关循环孔，不受井斜限制。固井结束后，工作芯筒打捞后实现全通径，整体施工风险相对小。

（1）工具结构组成。

如图 4-4-2 所示，打捞式免钻注水泥工具集注水泥器、套管外封隔器和盲板于一体，可以完成分段注水泥施工要求（曲庆利等，2014）。在注水泥结束后即可捞出工作芯筒，实现井眼畅通，并保证井眼通径，满足排采管柱下入。

打捞式免钻注水泥工具主要技术参数见表 4-4-2。

（2）工艺操作方法。

通过井筒内液压变化控制 4 级限位剪钉的动作，实现封隔、打开、循环和关闭，通过打捞实现免钻塞半程固井的目的。

① 胀封封隔总成，封隔地层：工具下放到指定位置后，控制压力剪断一级剪钉，使关闭套带动打开套和打捞套动作至定位环，实现封隔器进液，胀封胶筒。

② 开启循环孔，注水泥固井：控制压力剪断二级剪钉，打开循环孔，实现固井注水泥作业。

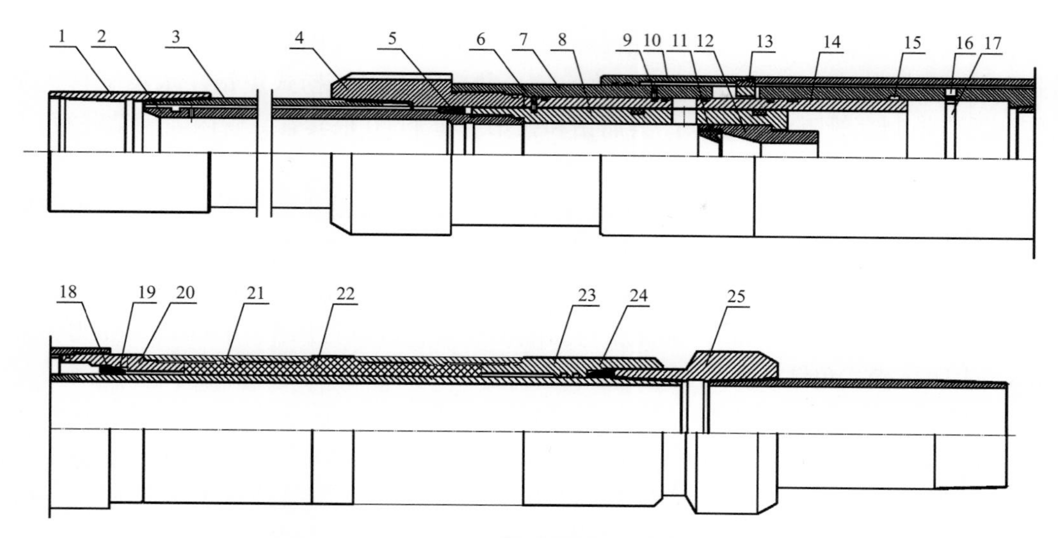

图 4-4-2 一体式免钻半程固井工具结构示意图

1—接箍；2—打捞套；3—套管短节；4—上接头；5—扶正环；6—四级剪钉；7—筒体；8—打开套；9—一级剪钉；10—压帽；11—堵头；12—球座；13—二级剪钉；14—关闭套；15—限位卡环；16—三级剪钉；17—定位环；18—顶环；19—皮碗；20—过流接头；21—胶筒上接头；22—胶筒；23—胶筒下接头；24—皮碗；25—下接箍

表 4-4-2 主要技术参数

规格 /in	$5^1/_2$	7
最大外径 /mm	190	210
内通径 /mm	120	156
连接扣型	$5^1/_2$ in LCSG	7 in LCSG
封隔器开启压力 /MPa	7	7
封隔器关闭压力 /MPa	10	10
循环孔打开压力 /MPa	16～18	16～18
总长 /mm	3960	3960
打捞附加悬重 /kN	100	150

③ 永久关闭循环孔：投关闭塞，实现三级、四级剪钉的剪切动作，并通过限位卡环实现循环孔的永久关闭。

④ 打捞工作芯筒：下打捞矛将工作芯筒捞出。

3）现场施工实例

以沁水盆地郑庄区块某水平井免钻塞半程固井施工为例，具体施工如下：

（1）下套管及固井管串。

下井前，仔细检查打捞式免钻注水泥工具本体胶皮有无划伤和明显变形，上、下端螺纹是否完好。

将打捞式免钻注水泥工具吊上钻台，按顺序下入套管及附件，按标准扭矩上扣。打捞式免钻注水泥工具入井时要缓慢下放，防止井口设备对打捞式免钻注水泥工具碰撞和划伤。适当控制套管下放速度，严禁溜钻和顿钻。每下20根套管，管内灌满钻井液。

（2）胀封、注水泥作业。

地面管线试压25MPa，循环，打破胶剂（一种破坏煤层井壁、提高出气产能的化学品）。停泵，装水泥头，投球（ϕ45mm胶木球），装挠性关闭塞。泵送球（排量为300L/min，压力为3.4MPa）。泵压上升到5.9MPa，稳压5min；继续打压至7.5MPa，稳压5min；继续打压至8.2MPa，稳压5min，确保胀封封隔器胶筒；继续打压至14.3MPa，压力突降至2MPa，表明打捞式免钻注水泥工具循环孔打开。

钻井泵单阀缓慢开泵循环，压力正常后三阀循环。循环结束，井口安装套管水泥头，水泥头内装关闭胶塞。开始向管柱内注水泥，注水泥结束后，释放关闭胶塞。先用固井泵车顶替2m^{3}压塞液后换成钻井泵顶替，留2m^{3}余量再换成固井泵车碰压，碰压21.5MPa，共替浆17.8m^3，稳压5min泄压，放回水，无倒返，表明打捞式免钻注水泥工具循环孔关闭成功。

（3）打捞固井工具。

检查打捞矛尺寸是否合适（卡瓦外径为91～92mm），有无损坏、异常，保证卡瓦牙、螺纹完好，循环通道是否畅通，卡瓦移动是否灵活、到位。

注水泥结束5h后，将捞矛连接$2^7/_8$in钻杆下端，下井，打好备钳，防止下部钻具转动，控制下钻速度。捞矛到位，接方钻杆，悬重19t。在捞矛距离打捞位置2～3m时，开泵循环冲洗20min。开泵循环、缓慢下放钻具，遇阻后加钻压20tf，将打捞矛一次性压到底。缓慢上提钻具，悬重由0上升至最高38t，后突降至19t，判断捞矛已捞住芯筒并提脱脱离本体，起钻。起出捞矛与芯筒，检查打捞出的工作芯筒是否完整。

2. 煤层段全程固井

煤层段全程固井对于预防后期套管发生蠕变、延长生产周期有较好的作用。现在水平井的应用相当普遍，成为油气田生产后期提高采收率的有效手段。固井是水平井钻井的一个关键技术，同直井和常规定向井相比难度增大。水平井固井需要解决的突出问题表现在两个方面：一个是如何确保有足够强度的套管柱能够克服阻力顺利下至设计位置；另一个是在大斜度或水平井段完全充填优质水泥浆。

1）全程固井的难点

煤层段水平井全程固井与常规油气相比，由于煤层孔隙压力系数较小，加上不断变化的地层压裂梯度，导致施工过程中易发生井漏事故，具有以下难点：

（1）套管的安全下入问题：套管能否顺利通过弯曲段进入水平井段，是钻井井眼轨迹设计的关键依据之一，因此下套管前必须以实际资料进行弯曲度和摩阻两方面的校核。

（2）替净问题：沿着环空下部，由于岩屑沉淀堆积或固相颗粒浓度提高导致黏度增加，水泥浆很难驱替干净而充填。

（3）自由水问题：在大斜度或水平井段，因斜向或横向运移的路程短，自由水极易聚集在井壁上侧形成连续的水槽或水带，不能有效胶凝或形成足够的强度，最终成为油气窜流的通道，最大限度地减少水泥浆自由水以及阻止自由水运移，是提高封固质量的重要方面。

（4）套管居中问题：套管在自重作用下易靠近井壁下侧，而套管偏心影响岩屑携带及注水泥替净效果。室内实验及现场经验表明，只有居中度大于67%，注水泥质量才有保证。

（5）井眼条件问题：斜井中钻具受力状况导致井眼椭圆形状、浅层岩性疏松、钻井循环，造成井径扩大严重且不规则，使井眼椭圆度更加严重、孔隙度大、渗透率高、储层裸露段长，也使井下不稳定成为问题。

（6）固井过程中上部地层井漏和井塌、煤层渗漏现象突出。

2）技术措施

（1）机械清除岩屑。

水平井眼中岩屑床的破坏仅靠循环钻井液是不行的，必须用机械的办法清除。普遍的做法是在下套管前反复用钻具上下通井循环钻井液，使钻具破坏岩屑床。在套管柱的适当部位加装滤饼刷，反复地活动套管，将井壁下侧的岩屑清洗掉。

（2）合理下入扶正器，保证套管居中。

为改善套管的居中程度，使套管柱在弯曲井筒和水平井筒中尽可能地不贴井壁下侧，在套管柱上大量使用套管扶正器。在水平和弯曲井段至少要每2～4根套管上加一个扶正器，必须是刚性扶正器。套管的居中程度至少要达到67%，才能有好的效果。

（3）优选水泥浆体系。

水平井的水泥浆应有尽可能低的失水量和较高的黏度，在顶替过程中可减少窜槽。在顶替过程中要活动套管，最好是旋转套管，使套管运动带动死区的钻井液流动，被顶替走。当无条件旋转时，至少要大幅度地上下活动套管，这样对消除死区有利。

（4）优化注入程序。

根据平衡压力固井原理，在水平井注水泥作业中应用双凝双密度技术，在水平井煤层段使用速凝浆，煤层段以上使用低密度浆，有效降低环空液柱压力，避免井漏、井塌发生，从而提高水平井全井封固质量。

3）现场施工实例

以山西沁水盆地郑庄区块某水平井为例，设计采用二开井身结构，煤层段全程固井完井，具体固井施工参数见表4-4-3至表4-4-6。

表4-4-3 扶正器下入设计

序号	井段/m	扶正器规格	加放原则	扶正器数量/只
1	0～990	139.7mm×215.9mm 弹性扶正器	每3根套管加1只扶正器	30
2	990～1900	139.7mm×210mm 刚性滚轮扶正器	每2根套管加1只扶正器	50
共下入扶正器数量/只		80		

表 4-4-4 水泥浆配方性能

<table>
<tr><td rowspan="2">配方</td><td>配方 1</td><td colspan="6">G 级 + 降失水剂 + 分散剂 + 早强剂</td></tr>
<tr><td>配方 2</td><td colspan="6">G 级 + 降失水剂 + 稳定剂 + 减轻剂</td></tr>
<tr><td rowspan="3">试验结果</td><td>项目</td><td>密度 / g/cm³</td><td>水灰比</td><td>流动度 / cm</td><td>稠化时间（34℃，9MPa）/min</td><td>滤失量（30min，6.9MPa）/mL</td><td>抗压强度（34℃，9MPa，48h）/MPa</td></tr>
<tr><td>配方 1</td><td>1.83</td><td>0.48</td><td>23</td><td>148</td><td>42</td><td>20.5</td></tr>
<tr><td>配方 2</td><td>1.40</td><td>0.95</td><td>28</td><td>280</td><td>75</td><td>8.2</td></tr>
</table>

表 4-4-5 水泥浆压稳段设计

<table>
<tr><td>序号</td><td>封固井段 / m</td><td>介质</td><td>液柱压力 / MPa</td><td>失重后液柱压力 / MPa</td><td>当量密度 / g/cm³</td><td>压稳提示</td></tr>
<tr><td>1</td><td>0～500（垂 500）</td><td>r1.40 水泥浆</td><td>6.86</td><td>6.86</td><td>1.40</td><td>地层压力 8.59MPa</td></tr>
<tr><td>2</td><td>500～1900（垂 862）</td><td>r1.83 水泥浆</td><td>6.5</td><td>3.55</td><td>1.00</td><td></td></tr>
<tr><td colspan="3">合计</td><td>13.36</td><td>10.41</td><td>1.18</td><td>大于地层压力 1.82MPa，可以压稳</td></tr>
</table>

表 4-4-6 全程固井施工步骤

<table>
<tr><td>序号</td><td>操作内容</td><td>密度 / g/cm³</td><td>用量 / m³</td><td>排量 / m³/min</td><td>时间 / min</td></tr>
<tr><td>1</td><td>下套管到底后，小排量开泵顶通，观察压力变化，缓慢增加循环排量，大排量循环 2 周，调整钻井液性能达到固井要求</td><td>1.03</td><td>—</td><td>1.5～2.0</td><td>—</td></tr>
<tr><td>2</td><td>安装水泥头</td><td>—</td><td>—</td><td>—</td><td>—</td></tr>
<tr><td>3</td><td>冲管线及管线试压 23MPa</td><td>1.00</td><td>—</td><td>0.2</td><td>—</td></tr>
<tr><td>4</td><td>注前置液</td><td>1.01</td><td>6</td><td>0.8～1.0</td><td>6</td></tr>
<tr><td>5</td><td>注低密度</td><td>1.40</td><td>18</td><td>0.6～0.8</td><td>30</td></tr>
<tr><td>6</td><td>注常规密度</td><td>1.83</td><td>42.3</td><td>0.5～0.7</td><td>71</td></tr>
<tr><td>7</td><td>注后置液</td><td>1.01</td><td>2</td><td>0.5～0.7</td><td>4</td></tr>
<tr><td>8</td><td>替量</td><td>1.00</td><td>19.4</td><td>0.5～0.7</td><td>40</td></tr>
<tr><td>9</td><td>碰压</td><td>1.00</td><td>1.5</td><td>0.5～0.7</td><td>3</td></tr>
<tr><td colspan="2">累计时间 /min</td><td colspan="4">154</td></tr>
</table>

三、超长水平井特色完井技术

1. 漂浮下套管技术

当水平段长度大于1000m、水垂比大于2.5时，常规下套管工艺难以保证套管安全下入井底。漂浮下套管技术是专门针对水平井、大位移井下套管作业的一种技术。

1）基本原理

下套管时将漂浮接箍安装在套管柱上，它在整个套管串中起到了临时屏障的作用。漂浮接箍与浮鞋之间套管内密闭为空气或低密度钻井液，减小了下部管串对井壁的正压力，从而大大降低管柱在大斜度和水平井段的下入摩阻。通过向漂浮接箍以上套管内灌注钻井液，增加上部管串的重量，以增加下入载荷，推动管柱下行，可实现整个管柱顺利下入的目的（曾艳春，2016）。因此，形成长水平段漂浮下套管与半程固井联作工艺，漂浮下套管管柱结构（图4-4-3）：ϕ139.7mm LTC旋转式单向堵塞器+ϕ139.7mm套管1根+ϕ139.7mm桥式密封拦截器+ϕ139.7mm套管串（1700m）+ϕ139.7mm漂浮接箍+ϕ139.7mm套管串+ϕ139.7mm半程固井工具+ϕ139.7mm套管串（至井口）。

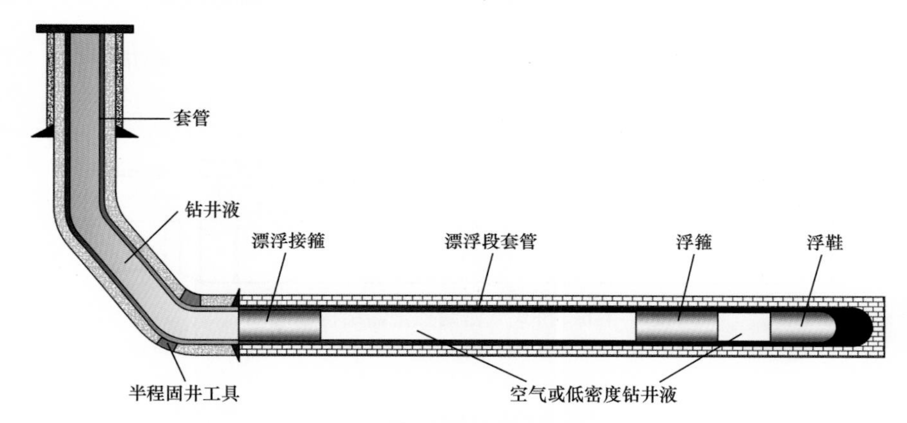

图4-4-3 漂浮下套管管柱结构示意图

2）长水平段套管下入模拟

以现场实施某井为例，进行井口载荷与下入深度模拟（图4-4-4）。从模拟图中可看出，从套管入井到下深800m左右，即套管在直井段和部分造斜段下入时，无漂浮接箍井口载荷要大于有漂浮接箍。因为浮力存在，有漂浮接箍井口载荷偏小。随套管下入深度增大，套管进入大斜度井段和水平段。对于无漂浮接箍套管柱，因套管柱自重引起的摩阻变大，下入约1600m时，下放载荷变为零，影响套管下入安全。连入漂浮接箍后，下放载荷稳中有升。

3）配套工具

水平漂浮下套管配套工具主要由漂浮接箍（图4-4-5）、桥式气密封拦击器（图4-4-6）和旋转式单向堵塞器（图4-4-7）组成。

滑套式漂浮下套管工具主要参数见表4-4-7。

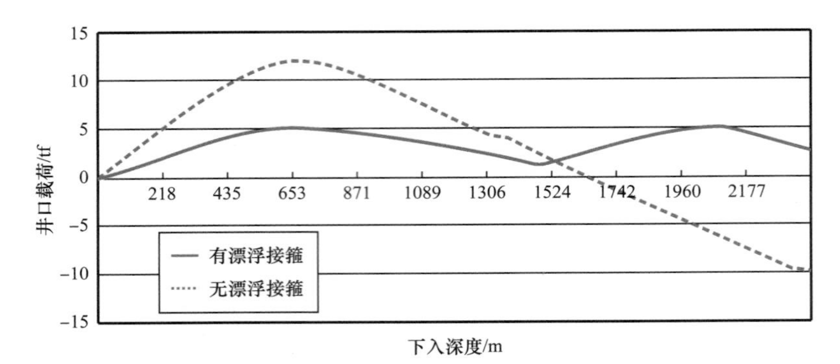

图 4-4-4 井口载荷与下入深度关系

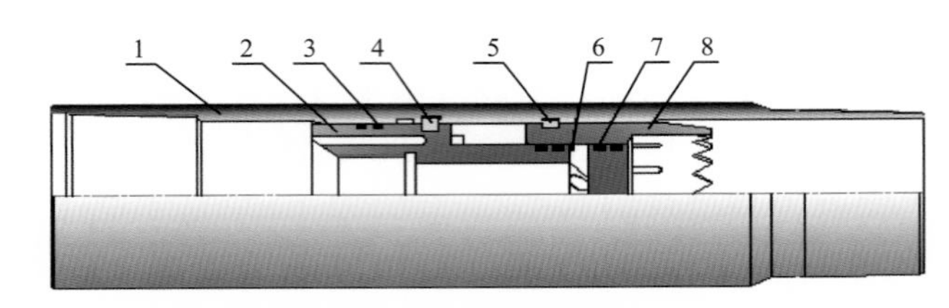

图 4-4-5 漂浮接箍结构示意图

1—外筒；2—上滑套；3—密封胶圈；4—上滑套销钉；5—下滑套销钉；6—卡环；7—密封胶圈；8—下滑套

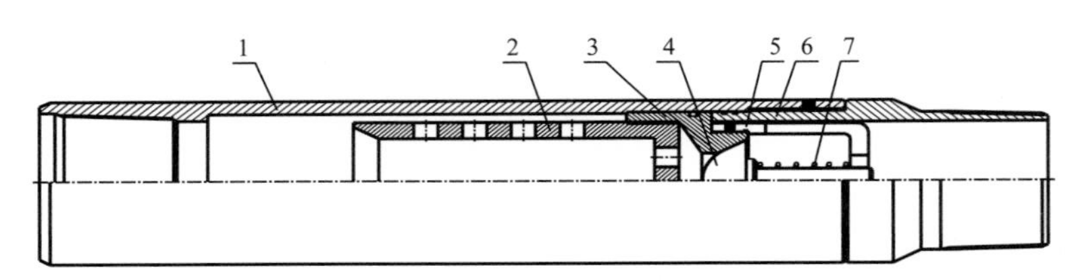

图 4-4-6 桥式气密封拦击器结构示意图

1—壳体；2—过流筒；3—阀座；4—阀体；5—花篮；6—下接头；7—复位弹簧

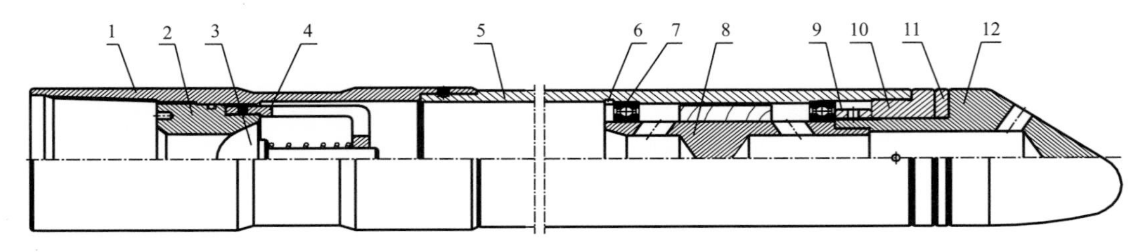

图 4-4-7 旋转式单向堵塞器结构示意图

1—外壳；2—专用阀座；3—阀体；4—花篮；5—延伸管；6—卡簧；7—深沟球轴承；8—导流涡轮；9—调节环；10—固定环；11—摩擦环；12—导向头

表 4-4-7 滑套式漂浮下套管工具技术参数

参数	数值
总长 /mm	1260
工具内通径 /mm	121

续表

参数	数值
连接螺纹	$5^1/_2$ in LC
最大外径 /mm	168
整体密封能力 /MPa	50
额定负荷 /tf	150

2. 漂浮下套管与半程固井联作固井工艺

通过漂浮下套管工艺与免钻塞半程工具工艺相结合，实现两者间的联作实施，具体操作流程见表 4–4–8。

表 4–4–8 漂浮下套管与半程固井联作固井工艺流程

施工阶段	施工步骤	施工细节及注意事项
施工前准备	通井	原钻柱通井，对以往起下钻途中遇卡、阻井段反复划眼，进行短起下，同时循环洗井
	洗井	通井到底，校准井深，大排量充分循环钻井液两周以上，调整好钻井液性能，保证井眼无沉砂，井壁稳定，不垮塌、不掉块
	配接管柱	根据提供的测井数据和井眼数据，确定漂浮接箍位置和配套工具位置，配接管柱
	套管通径	丈量套管及调整短节，检查螺纹，套管严格按要求通内径
下完井管柱	下附件	下入漂浮下套管配套工具，下入前检查完好性
	下套管	下入套管，不灌浆，防止落物。外螺纹涂密封脂，按标准扭矩紧扣
	下漂浮工具	按照设计位置，下入漂浮下套管工具，禁止在工具本体打钳
	下套管及免钻完井工具	继续下套管，边下边灌浆。严防套管内落物，钻井液含砂量<0.3%
打开漂浮工具	井口准备	管柱下放到位后，用吊卡坐于井口，灌满。连接正打压管汇
	加压打开	逐渐升高压力，打开漂浮下套管工具。边排气边灌浆，注意高压气体伤人；严防落物
	循环洗井	待气体排空后，小排量建立循环。对于上倾水平段，环空排气较多，注意防喷、防爆和安全
固井	固井	井口安装水泥头，投球，憋压胀封封隔器，打开循环孔，注水泥，投胶塞，碰压
打捞	打捞	下入打捞管柱，捞出固井附件
通井	通井	下入通井管柱，建议带钻头通井
	循环洗井	通井到底后，大排量循环洗井两周

3. 现场应用实例

Z4-76-32L 井煤层埋深 630m，设计水平段长 2000m，水平位移 2260m，水垂比达 3.6，为解决长水平段完井套管安全下入和固井难题，设计采用漂浮下套管与半程固井工艺，一趟顺利下入 2814m 套管至井底，顺利完成半程固井施工。

1）现场施工工艺方案

（1）确定漂浮接箍的位置。

该井完钻井深 2816m，套管下深 2813.94m，最大垂深 642.06m，实际水平段长度 2001m，水垂比 3.67，水平位移 2253.97mm。应用时使用漂浮接箍连接在 1005.64m 处，该井设计钻井液密度 1.06g/cm^3，漂浮段长度确定 1716.92m。

（2）生产套管串设计。

为了保证该井漂浮下套管工艺的顺利实施及固井施工安全，设计管串结构（自下而上）如下：

ϕ139.7mm 旋转式单向堵塞器 +ϕ139.7mm 套管 1 根 +ϕ139.7mm 桥式气密封拦截工具 +ϕ139.7mm 套管串 + 漂浮接箍 +ϕ139.7mm 套管串 +ϕ139.7mm 半程固井工具 +ϕ139.7mm 套管串 + 联顶节。

（3）浮箍正反向承压情况 .

该井最大垂深 642.06m，浮箍承受的最大反向压力为 6MPa，因此浮箍要求高压力等级，至少应满足 20MPa 反向密封要求。

（4）井口载荷（不含大钩等自重）分析。

从套管入井到下深到 1000m 左右，即套管在直井段和部分造斜段下入时，无漂浮接箍的井口载荷要大于有漂浮接箍的。因为浮力的存在，有漂浮接箍的井口载荷偏小，由于是在小井斜段下入，下入困难不大。

套管进入大斜度井段和水平段时，对于无漂浮接箍的情况，由于套管自重引起的摩阻逐渐变大，当套管下入 1716.92m 时，下放载荷为零，直接影响套管下入安全。在该处连入漂浮接箍，下放载荷稳中有升。

2）试验施工过程

2019 年 11 月 17 日 10：00，顶驱 7t 加配重 7.5t，总重 14.5t（重量包含空车、顶驱和配重）；18：00 开始下套管，按照管串顺序依次连接入井，旋转式单向堵塞器下入后至漂浮接箍下入前不灌浆，保持 1716.92m 空气段；18 日 12：00 套管顺利下至井深 2813.94m，共下入生产套管 243 根；18 日 14：00，下完套管打通漂浮接箍，循环洗井后，投球憋压封隔器胀封，打开循环孔，随后泵入前置液 4m^3，注低密度水泥浆 13.50m^3、高密度水泥浆 10.00m^3、压塞液 2m^3，替清水 6.61m^3，碰压 15MPa，稳压 15min，压力未降，随后重新憋压 10MPa，候凝；19 日 15：00 顺利取出免钻塞中心管。

第五节 钻完井配套技术

一、水平井井眼延伸配套工具

在水平段钻井施工过程中钻压传递、井眼清洁是关键点，一般采用水力加压器作为钻井工程辅助送钻工具，实现准确加压及均匀送钻，提高机械钻速和钻进效率；采用井眼清洁工具减少钻井作业中的岩屑堆积和清除岩屑床，降低钻柱在大斜度和水平井段的下入摩阻，从而有效保证井眼不断延伸。

1. 辅助送钻

目前，国内外已研制开发多种机械式减摩降扭工具，可在水平井钻井中起到重要辅助送钻作用，在煤层气长水平井钻井过程中可选用水力加压器作为辅助送钻工具，它可使钻压保持恒定，又能实现准确加压及均匀送钻，且具有明显减振效果。

1）基本原理

水力加压器（图 4–5–1）是一种新型近钻头施加钻压工具，采用液力加压方式，利用其液体弹性吸收原理使钻压保持恒定，实现准确加压及均匀送钻，具有明显的减振效果，能够大幅提高机械钻速和钻进效率，保护钻头效果显著。在常规转盘钻井作业中，水力加压器可直接连接在钻头或螺杆上，典型钻具组合：钻头 +（螺杆）+ 水力加压器 + 定向钻具组合 + 钻铤 + 钻杆。

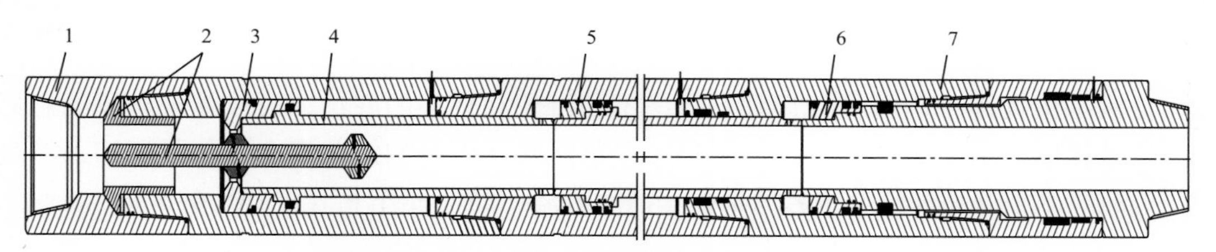

图 4–5–1 水力加压器结构示意图

1—上接头；2—压力显示机构；3——级活塞及密封系统；4—花键芯轴；
5—二级活塞及密封系统；6—三级活塞及密封系统；7—缸体

2）工具最优安放位置研究

水力加压器技术的工作原理是通过轴向振动带动周围钻具相对井壁振动，从而将与井筒接触的摩擦状态由静摩擦改变为动摩擦，从而减小钻具摩阻。根据力学原理，摩擦力的大小除与摩擦系数相关外，还与作用在摩擦副的压力相关。通过力学分解，最终影响施工摩阻的因素为摩擦副沿水平方向的那部分摩擦分力。因此，在整个井眼轨迹中，不是所有钻具都会按照长度比例贡献相同的钻具摩阻，其施工摩阻可以等效为井眼轨迹在水平方向投影的钻具的摩阻。

通过井眼轨迹在平面上的二维等效图，可计算在该模式下自激振荡波的传播距离，从而找到工具最佳安放的投影位置。最后，将该位置对应到原井眼轨迹中，即可计算出在钻具组合中工具实际距离钻头的安放位置。

3）现场使用方法

在常规转盘钻井作业中，水力加压器可直接连接在钻头或螺杆上。典型钻具组合：钻头 +（螺杆）+ 水力加压器 + 防斜钻具组合或定向钻具组合 + 钻铤 + 钻杆。具体的操作方法如下：

（1）按常规方法下放钻柱，待钻头接近井底一定距离（2～5m）时，开泵循环钻井液并开动转盘，此时减振推力器的活塞处于工作行程的终点“下行极限位置”，芯轴行程为全伸出状态，大钩悬重为钻柱在钻井液中的悬浮重力，泵压升高 1～2MPa。缓慢下放钻柱，钻头接触井底。

（2）继续下放钻柱，大钩悬重减小，该减小值即为减振推力器的推力值。其外筒体在工作行程范围内下滑，即活塞上移，泵压下降，直至工作行程起点“上行极限位置”，泵压再次升高 1～2MPa，而在此过程中大钩悬重基本无变化。

（3）若继续下放钻柱，大钩悬重会降低，此时应立即刹车。保证活塞处于“悬浮”工作状态，即在工作行程的“上行极限位置”和“下行极限位置”之间。大钩悬重保持不变，使钻压（减振推力器的推力值）处于稳定的选定值上。

（4）通过液力加压，为钻头提供稳定钻压，实现钻进；在液压推力作用下，芯轴不断伸出直至工作行程结束，活塞到达“下行极限位置”，完成行程范围内自动送钻。此时大钩悬重上升（达到钻柱在钻井液中的悬浮重力），说明行程已完全打开，需要及时送钻。

（5）重复以上步骤，可实现持续钻进。

2. 井眼清洁工具

长水平段井眼中岩屑往往运移不畅，不断沉积在环空的底边，形成越来越厚的岩屑床，导致摩阻增大、蹩钻、卡钻等问题，严重时甚至可影响钻井安全。井眼清洁工具是专门为减少水平井钻井作业中岩屑堆积、清除岩屑床的一种井下工具（图 4-5-2）。

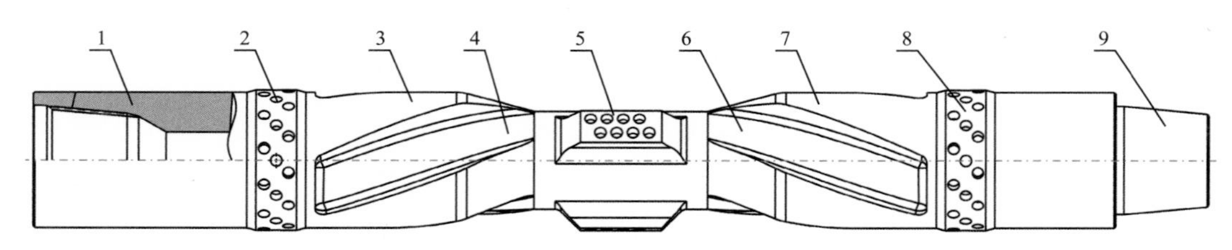

图 4-5-2 井眼清洁器结构示意图

1—内螺纹；2，8—磨削齿；3，7—螺旋棱；4，6—螺旋槽；5—切削块；9—外螺纹

1）工具基本原理

它直接安装于钻杆中成为钻柱一部分，随钻柱旋转。正常钻进时，将井眼清洁器安装于钻柱串中，通常需要 3～8 根工具，工具随钻柱旋转，传递扭矩。在旋转过程中，其独特的外形结构可以起到搅动和破坏岩屑床作用，通过改善大斜度井、大位移井、水平井井眼底边区域钻井液流场特性，将岩屑“抛向”高边环空，使其被钻井液带走，从而

减少或消除因岩屑堆积形成的岩屑床，提高井眼清洁效果。

2）工具安放位置确定

单只井眼清洁器因作用范围有限，一般一口井需要使用多只工具，依靠每只工具的"接力"作用，将井下岩屑返出井口。基于对 Moore 滑落末速公式的修正引用和井眼清洁器的流场分析，提出工具放置间距离的计算方法：

$$L = \alpha\beta \frac{D_{h} v_{h}}{\sin\theta v_{sx}} \tag{4-5-1}$$

式中 α——工具的携带因子，$\alpha=1\sim2$；

β——工具的加速因子，其值等于流场速度增加倍率；

θ——井斜角；

D_{h}——环空直径；

v_{h}——环空返速；

v_{sx}——岩屑颗粒在井筒中的滑落速度。

3. 应用实例

2019 年 9—11 月，在郑庄区块 Z4-76 井组应用辅助送钻工具、井眼清洁工具技术，在 Z4-76-31L 井和 Z4-76-32L 井开展了可控水平井井眼延伸现场试验，试验效果显著。具体指标见表 4-5-1。

表 4-5-1 井眼延伸工具现场应用完成指标统计

井号	试验时间	完钻井深 / m	套管下深 / m	水平段长度 / m	水平位移 / m	水垂比	煤层钻遇率 / %
Z4-76-31L	2019-10-12—2019-10-19	2577	2574.72	1807	2045.38	3.47	100
Z4-76-32L	2019-11-11—2019-11-16	2816	2813.94	2001	2253.97	3.67	91.75

二、洞穴井复合造穴技术

煤层气井裸眼洞穴造穴技术主要有：负压造穴、水力射流造穴和机械造穴。从这 3 种造穴技术的设备和工艺的复杂程度及其应用的效果来看，负压造穴技术所需的工艺设备最为复杂，技术要求高，操作难度大，危险性大，目前国内应用较少。水力射流造穴技术在煤层及岩层因射流能量不足，不能满足大尺寸造穴要求，未单独使用。机械造穴技术相对来说工艺和设备比较简单，所造洞穴直径大小可以根据不同的需要进行调节，是当前造穴技术中比较成熟的一项技术。

根据煤层地质疏松、易垮塌的特点，结合造穴要求及现场工况，提出了水力射流造穴 + 机械造穴的复合造穴技术。

1. 煤层复合造穴技术

1）技术原理

复合造穴技术是在井筒内先下入水力射流造穴工具至造穴井段进行水力射流造穴，形成初步洞穴后再下入机械造穴工具，在原水力射流造穴的基础上造出符合要求的洞穴的造穴技术（蒋海涛等，2011）。该技术一般用于煤层裸眼井段的扩孔作业或裸眼洞穴作业，能在井眼周围形成大面积含有大量张性裂缝的卸载区，提高井眼周围割理裂缝的渗透性，增大地层的导流能力，使井眼与地层之间实现有效连通而达到增产的目的。通过水力射流造穴技术和机械造穴技术的有效复合应用，实现煤层气井造穴施工工艺的安全可靠，保证洞穴尺寸，并可根据需要控制洞穴大小，降低煤层气井裸眼造穴作业风险，提高煤层气井裸眼造穴效率，满足煤层气井钻井施工和高效开采的需要。

2）煤层复合造穴工具

（1）水力射流造穴工具。

水力射流造穴工具结构如图 4-5-3 所示，主要由本体和喷嘴机构两大部分组成。其中，喷嘴机构部分是采用高压水射流的基本原理设计的，施工中用钻具把射流扩孔工具送入所需扩孔、造穴井段，开泵循环，液流在经过小喷嘴时产生较大的射向井壁的水柱，破坏井壁形成洞穴。

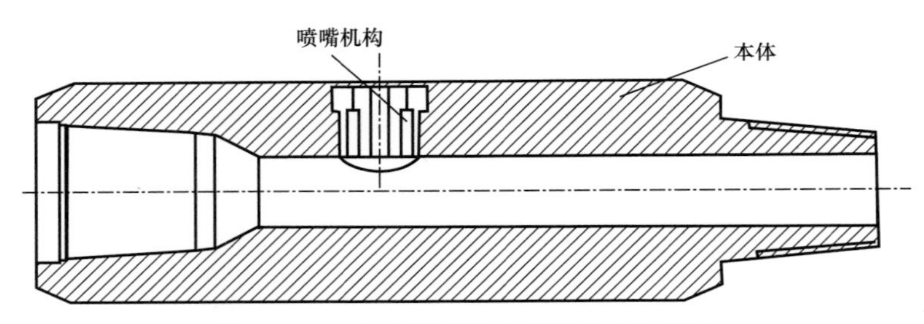

图 4-5-3 水力射流造穴工具结构示意图

设计并试制的水力造穴工具包括 SL206、SL145 和 SL114 三种型号，工具结构参数见表 4-5-2。

表 4-5-2 水力射流造穴工具结构参数

主要参数类型	SL206	SL145	SL114
上部扣型	$4^1/_2$ in IF（NC50）内螺纹	$3^1/_2$ in IF（NC38）内螺纹	$2^7/_8$ in IF（NC31）内螺纹
本体最大外径 /mm	ϕ206	ϕ145	ϕ114
工具全长 /mm	615	600	400
整体抗拉强度 /kN	2464	1691	1335
整体抗扭强度 / N·m	78140	35213	21932

续表

主要参数类型	SL206	SL145	SL114
整体耐压 /MPa	20	20	20
工作排量 /（L/s）	25～28	25～28	25～28
射流压降 /MPa	15	15	15

（2）机械造穴工具。

机械造穴工具主要由上接头、芯轴、本体、推头和刀杆等组成（图 4-5-4），其原理也是利用水泥浆流过小孔产生的压差，作用在工具芯轴的活塞上产生下推力，通过推头的传递作用，使刀杆在切削地层的同时逐步张开，造出需要直径的洞穴。然后，下放钻具，就像正常钻井一样，在煤层钻出具有一定直径和一定高度的洞穴，得到有利于煤层气开采的洞穴。机械造穴工具能完成低泵压、低排量条件先井眼造穴，在井眼内起下容易，打开和收回机构简单、安全可靠，施工工艺简便。

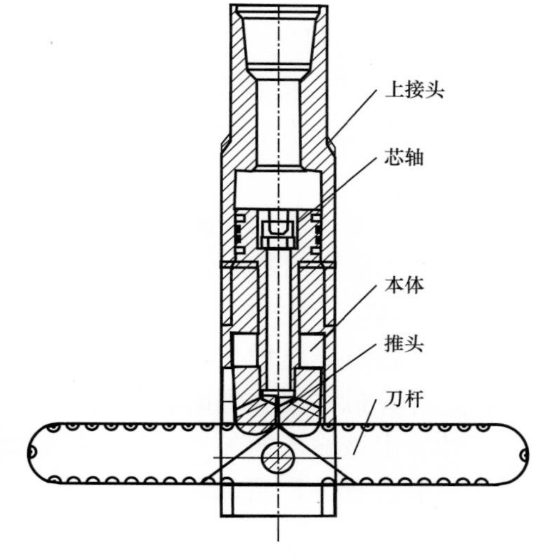

图 4-5-4　小直径机械造穴工具结构示意图

2. 顶底板泥岩造穴技术

针对煤层洞穴井壁稳定性差的问题，一些 U 型井和多分支井的排采井探索将洞穴置于较为稳定的煤层顶底板上。由于顶底板泥岩地层坚硬，研磨性强，煤层造穴所用的双刀翼机械造穴工具刚度强，用于顶底板造穴时易发生工具断裂等井下复杂事故。

因此，一般采用顶底板造穴专用的单翼机械式造穴工具。工具打开时刀翼与本体呈 90º，具有结构简单、抗扭强度高、能承受井底复杂工况的优点。工具刀翼靠钻井液流经刀翼水眼时在水流的反作用力下推动刀翼张开；停泵后刀翼在自身重力作用下下垂，自动收回（陶松龄等，2018）。

3. 技术操作流程及规范

（1）下入水力射流造穴工具，对设定的需要造穴段进行水力射流作业，完成射流造穴施工。

（2）根据钻井现场实际情况，选择确定机械造穴工具节流装置喷嘴的大小和钻井泵排量。

（3）配接下井钻具，保证在最接近套管下端位置安装满眼扶正器，并保证工具能够下到造穴段的底部。

（4）下入机械造穴工具到设计洞穴的顶部，缓慢开泵建立循环并缓慢转动，时刻观察钻具扭矩表值，如发现扭矩陡增，必须立即调整钻具转速或钻井泵排量，以防损坏造穴工具刀杆机构，造成井下事故。

（5）至没有煤屑返出时，下放钻具。如能产生钻压，则按照调整好的排量和转速，控制钻压 0.5～1tf。按照类似钻进作业实施造穴作业，直至造至设计洞穴底部。

（6）停泵，终止钻井液循环，缓慢转动钻具并缓慢上提，使造穴工具刀杆机构收回，起出钻具和造穴工具，造穴作业完成。

三、连通技术

1. 连通技术原理

对于多分支和U型井，成井的关键除轨迹控制外，另一重要的因素就是确保工程井和排采井顺利连通。两井连通主要是通过向直井中下入探管，在钻头达到探头可探测到的距离时，接收设备就会收集到相关信息，工程师就会利用所回传的信息来判断出井眼的具体方位，感知钻头的变化，之后利用正确的工具面准确地把井眼方向进行定位。

如图 4-5-5 所示，磁源短节安装在水平井动力钻具（螺杆）与钻头之间，其强度比天然磁场强度高出数十倍乃至数百倍（随距离衰减变化）。在钻进过程中，磁源短节随钻头一起旋转，产生一个交变磁场，同时目标井中探管感应交变磁场，并将其接收到的磁场信号通过绞车电缆传输至地面接口箱，最终通过地面无线传输器将磁场信号传输给计算机，计算机将接收到的磁场信号转换为波形信号，通过分析计算机所采集到的波形信号，计算出该磁场的矢量参数，可精确计算出磁源短节与靶点（探管）的相对位置，对钻头当前位置进行精确定位，并计算出钻头与靶点之间的距离和方位偏差，从而指导定向井进行定向连通作业。

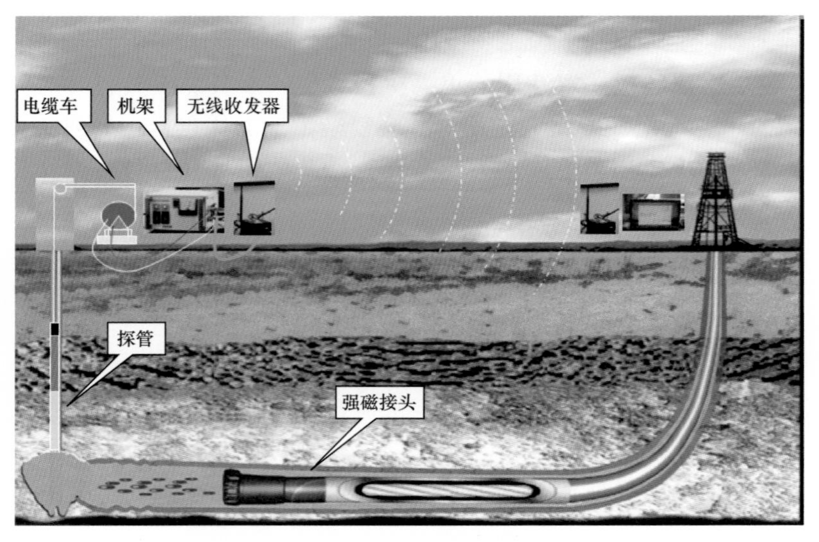

图 4-5-5 连通仪器工作原理示意图

两井连通技术是常规测量系统（MWD 或 EMWD 等定向测量系统）和精确中靶系统（RMRS 系统）的契合。常规测量系统存在测量误差和计算误差，并随井深增加而累加，最终形成一个误差椭圆（图 4–5–6）。而精确中靶系统是一种主动测量系统，利用旋转的强磁接头在正钻井中产生一个交变的磁场，通过测量该磁场的矢量参数，精确计算出钻头相对于靶点处传感器的相对方位和距离（图 4–5–7），不会产生累积误差，从而精确引导钻头向靶点钻进。

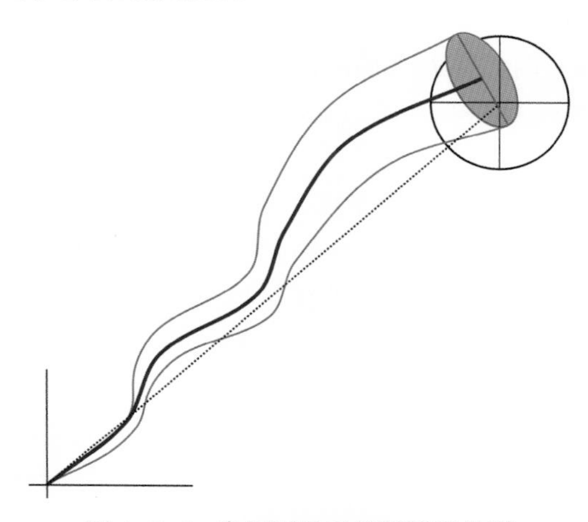

图 4–5–6 常规测量系统椭圆误差图

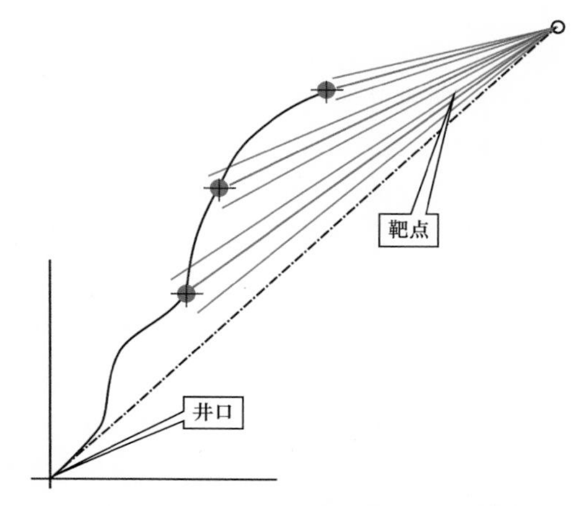

图 4–5–7 精确中靶系统计算模型示意图

2. 不同状态下洞穴连通技术

1）煤层洞穴连通技术

多分支水平井和 U 型井开发应用初期，由于两井连通技术处于引进探索阶段，技术工艺不成熟，连通精度误差较大，一般需要在排采井预定连通点处造直径 0.5m× 高度 5m 左右的圆柱形洞穴，以扩大连通点靶区范围，提高连通成功率。

2）顶底板洞穴连通技术

针对煤层洞穴井壁稳定性差的问题，一些 U 型井和多分支井的排采井探索将洞穴置于较为稳定的煤层顶底板上。顶底板洞穴连通较煤层洞穴连通而言，技术难度显著提高，主要原因如下：煤层的特殊性使煤层水平段连通时可采用地质导向 + 几何导向的轨迹控制方式，采用二维连通技术即可满足连通需求；而顶底板洞穴连通只能采取几何导向的轨迹控制方式，需要采用三维精确连通技术，在控制方位的同时需要精确控制垂深，以保证在顶底板洞穴处连通。

3）无洞穴连通技术

随着连通工艺与技术的不断成熟，为解决洞穴井壁稳定性差的问题和节省造洞穴工序，在排采井预定连通井段下入一根玻璃钢套管（一般直径为 177.8mm），水平井水平段直接击中玻璃钢套管实现两井连通，连通靶区由常规洞穴井的 0.5m×5m 的长方形靶变为“点靶”。

4）隔层“软连通”技术

随着煤层气勘探开发的推进，一些老区老井产量递产严重甚至停产，为盘活和利用老区老井资源，采用新钻水平井钻至距离排采井0.5～1m且不钻碰老井套管，利用排采老井射孔压裂裂缝与排采老井实现“软连通”。

3. 技术操作基本流程及规范

1）连通前的准备工作

（1）连通前直井用大排量清洗井眼，将洞穴内的碎屑等循环出井筒。

（2）连通直井进行陀螺测量，水平井进行多点测斜。

2）施工过程及工艺措施

（1）距离连通点80m左右，在直井中下入旋转式磁性测距仪，水平井下入强磁接头。

（2）旋转式磁性测距仪工程师及时将测距仪测量结果通知定向井工程师，定向井工程师依据仪器给出的数据进行轨迹调整，使水平井主井眼与抽排直井相交。

（3）每钻进3～5m进行轨迹测量，及时调整工具面做好井眼轨迹控制；采用短无磁钻铤，尽量减小井底到MWD测量点的距离。

（4）接近连通井时，根据防碰原理进行柱面法扫描，判断水平井与直井连通段中心的距离，分析轨迹与连通段的位置变化趋势，判断直井的位置和偏离情况，及时调整轨迹，以达到连通的目的。

（5）钻至连通井筒或洞穴附近，轨迹的垂深应位于井筒或洞穴的中部或中上部；若连通失败，可进一步侧钻找连通井筒或洞穴。若位于下部，增斜侧钻困难，不利于采取后续措施。

（6）若连通失败，根据RMRS采集信号的情况，判断连通井筒或洞穴的空间位置，并利用防碰原理扫描两井，计算出钻头处的空间位置，重新做连通方案及再次实施连通。

（7）确认连通后再钻进20～30m，起钻，更换钻具组合后再接着钻进。

两井连通的判断标准：水平井泵压急剧下降，水平井井口没有钻井液返出；连通井内有钻井液从井口涌出，钻井队应采取措施防止钻井液涌出造成伤害。

第五章　分段压裂技术

我国煤储层松软、低渗透的特征，致使直井压裂改造增产效果有限，绝大多数井产气效果不理想、经济效益差。随着水平井技术的日趋成熟，越来越多的水平井应用于煤层气井的开发。现场大量的生产数据表明，煤层气水平井能很好地与煤储层连通，扩大井筒与煤储层的接触面积，提高煤层气的开发效果。单靠水平井形成的解吸、扩散和渗流的通道，无法满足产能要求。如果在煤层气水平井开发的基础上再进行分段压裂增产改造，则可进一步提高煤层气的开发效果，提高煤层气井单井产气量。在煤层气水平井分段压裂整套工艺中，分段压裂工艺是影响压裂施工的关键因素。因此，需要对煤层气水平井分段压裂工艺进行研究，通过煤储层岩石力学特性研究、煤储层敏感性评价，对煤层气水平井分段压裂技术及压裂液进行研究，形成一套完整的煤层气水平井分段压裂工艺技术体系。在此基础上进行煤层气水平井分段压裂设计优化，从而为利用水平井大规模开发煤层气资源提供技术支持，大幅增加煤层气单井产气量，突破我国煤层气发展瓶颈，达到煤层气经济开发的要求。

第一节　压裂优化设计技术

一、压裂规模优化设计

水平井分段压裂施工规模主要是指施工泵注的液量和加砂规模，施工液量又由前置液、携砂液和顶替液三部分构成，贯穿施工的整个过程。施工的加砂量对于压裂形成裂缝的导流能力起着至关重要的作用，只有加砂量达到一定量才能使得压裂形成的裂缝符合压裂设计的要求。前置液的作用是破裂地层，形成一定几何尺寸的裂缝，以便后续携砂液进入裂缝。在上述施工参数优化的基础上，对施工排量进行优化。

针对沁水盆地煤层气井产量低、分段压裂技术体系不成熟等问题，采用理论分析、室内实验与数值模拟实验相结合的研究方法，以该区块煤层为主要的研究对象，对区块煤样岩石力学特性、储层敏感性进行了研究，在此基础上进行了水平井分段压裂工艺研究，包括活性水压裂液优化、分段压裂裂缝参数和施工参数优化，以及泵注程序设计。

1. 压裂液配比及总液量、砂量设计

1）煤对压裂液的吸附

根据煤层岩心压汞资料可知，高煤阶煤岩孔隙度可达 2.90%～10.52%，以微孔为主，发育了少量的中孔和大孔，孔隙中值半径为 53.09～93.64μm，这一孔隙特征导致煤的孔隙比表面积增大，吸附能力非常强，压裂液对煤层的伤害也就相应地增大。因此，煤层

气井压裂必须考虑压裂液对煤层的伤害。压裂液对煤层伤害的主要原因有两个方面：一是煤层本身的特性；二是压裂液中的化学材料对煤层的伤害。

由表 5–1–1 可以看出，煤对水的吸附膨胀并不是无限大的，达到一定的范围后，不再吸附膨胀。因此，在选择压裂液时，应考虑煤层遇压裂液产生的膨胀和运移，以免堵塞地层，降低地层渗透率。

表 5–1–1　3 号煤层煤样吸附润湿性实验结果

<table>
<tr><td colspan="2">时间 /s</td><td>1</td><td>100</td><td>200</td><td>300</td><td>400</td><td>500</td><td>550</td><td>600</td></tr>
<tr><td rowspan="2">吸附量 /g</td><td>1</td><td>0.147</td><td>0.160</td><td>0.162</td><td>0.164</td><td>0.165</td><td>0.166</td><td>0.166</td><td>0.164</td></tr>
<tr><td>2</td><td>0.101</td><td>0.156</td><td>0.164</td><td>0.168</td><td>0.169</td><td>0.169</td><td>0.170</td><td>0.170</td></tr>
<tr><td colspan="2" rowspan="2">吸附速率 /（10^{-5}g/s）</td><td>1</td><td colspan="2">1.356</td><td colspan="2" rowspan="2">接触角 /（°）</td><td>1</td><td colspan="2">65.7</td></tr>
<tr><td>2</td><td colspan="2">1.325</td><td>2</td><td colspan="2">60.8</td></tr>
</table>

2）压裂液相对伤害率实验

常用的压裂液有活性水、冻胶压裂液和清洁压裂液等。活性水、冻胶压裂液和清洁压裂液对煤岩渗透率的相对伤害率分别是 9.8%、90.2% 和 43.4%（图 5–1–1）。

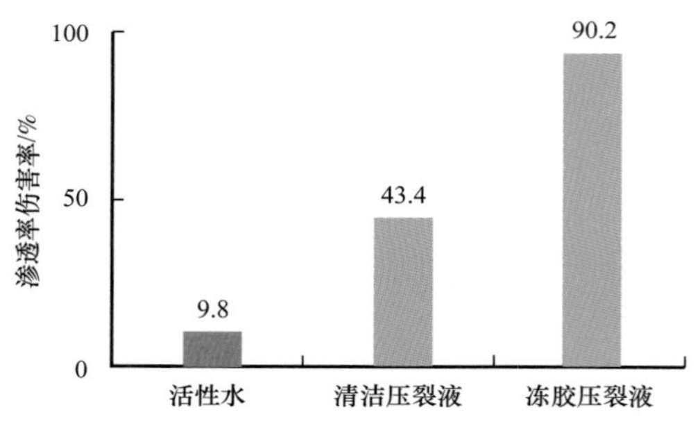

图 5–1–1　不同压裂液伤害率的测试结果

煤层是由连通性极好的大分子网络及其他互不连通的大分子通道所组成，具有很高的吸附或吸收各类液体和气体的能力。煤层吸附液体的后果之一是煤层基质膨胀。由于煤层总的割理孔隙度仅为 1%～2%，即使压裂液的吸附导致基质极轻微的膨胀，也会导致割理孔隙度及渗透率相对大的下降。并且煤对液体的吸附和基质所引起的膨胀是完全不可逆的。对 JS1 井的煤样进行了 KCl 的防膨实验，见表 5–1–2。根据 KCl 的吸附特性和对煤心防膨效果，KCl 用量选择 1.0%，即可满足要求。

表 5–1–2　KCl 对煤样的防膨实验结果

煤样	添加剂	线性膨胀量 /mm	防膨率 /%
3 号煤层	清水	0.5	0
	1% KCl	0.3	40
	2% KCl	0.8	46

由于高阶煤的解吸特性，排采过程中要避免流压快速下降，对压裂液的返排与常规油气田的快速返排相矛盾，因此压裂液滞留在煤层的时间明显增加，对压裂液选择提出更高要求。

目前，煤层气压裂液以活性水为主，性能评价比较单一、简单。活性水作为煤层气压裂液，由于其造缝能力、携砂能力较差，因此施工需要大排量、大液量，平均砂液比较低；但活性水压裂液价格低、适用范围广，对煤层的伤害小，因此仍是煤层气压裂液体系的首选。

3）压裂液、砂量的注入量

据国外资料介绍，由于煤的特殊性，其支撑缝半长一般不超过 60～150m，樊庄试验区的压裂资料解释：煤层裂缝单翼长度最长达到 127m，最短为 8m，一般为 50～90m。

考虑到注入压降法测得的煤层渗透率为 0.3～2.0mD，模拟的渗透率选择 0.1mD、0.5mD、1.0mD、2.0mD 和 5.0mD。在不同的渗透率条件下进行压裂增产效果的模拟计算，结果如图 5-1-2 所示。

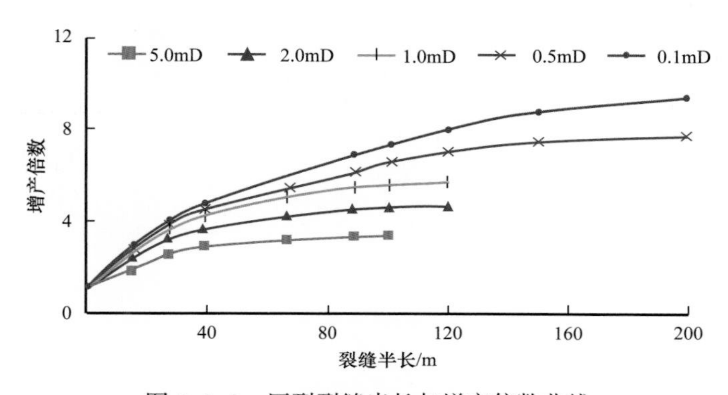

图 5-1-2　压裂裂缝半长与增产倍数曲线

从模拟结果可以看出，压裂增产倍数随裂缝半长的增大而提高，且在一定的缝长范围内增产倍数提高较快，而当缝长超过一定数值之后，增产倍数提高速度趋于平缓；最佳裂缝半长随储层渗透率降低而逐渐增大。考虑沁水盆地煤层的渗透率范围，裂缝半长设计为 100～120m。

煤层气产量随裂缝长度的增加而增加，但长度达到一定量后产量增加很少，所以压裂施工规模不是越大越好。

根据现场施工情况与压裂产量分析，采用液量 500～750m^3、砂量 40～60m^3 的压裂规模进行施工，最适合 3 号煤储层的压裂改造。

2. “变排量”压裂技术研究

1）理论依据

巴布库克方法：用巴布库克方法对砂子在垂直裂缝中的分布进行试验研究。在平衡状态下，裂缝中的砂子在垂向上的分布存在差异，可分为 4 个区域，如图 5-1-3 所示。区域Ⅰ是沉降沙堤，在平衡状态下沙堤的高度为平衡高度；区域Ⅱ是在沙堤面上的颗粒滚流区；区域

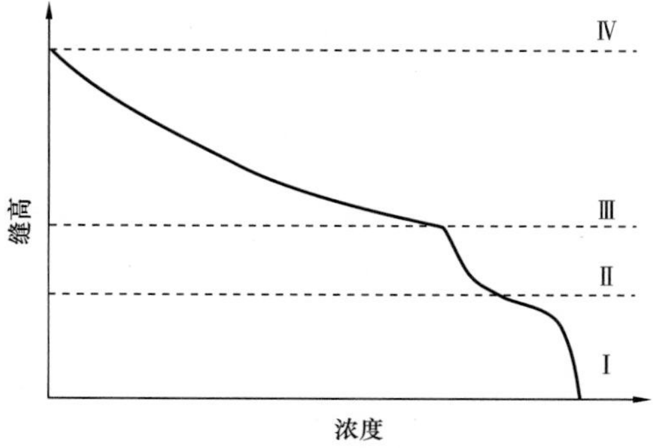

图 5-1-3　砂粒沿缝高方向的浓度分布

Ⅲ是悬浮区，虽然颗粒都处于悬浮状态，但是存在浓度梯度；区域Ⅳ是无砂区。若在平衡状态下增加泵注排量，区域Ⅰ、区域Ⅱ和区域Ⅳ均将变薄，而区Ⅲ变厚。如果流速足够大，区域Ⅰ可能完全消失。再进一步增加泵注排量，缝内的浓度梯度剖面消失，成为均质的悬浮流。

正交试验设计方法：通过正交试验设计的方法，认为生产层与隔层间的地应力差、压裂液稠度系数、流态指数和泵注排量依次是影响缝高的主要因素。因而，增大地应力差、采用低黏压裂液、低排量施工均可实现控制缝高的目的。

2）室内实验

排量对煤层裂缝扩展的影响研究得相对较少，赵益忠等（2007）用真三轴模拟压裂实验系统模拟不同的排量，认为当排量较小时，压裂液主要沿天然裂隙流动，采用大排量压裂时，能够形成宏观裂缝，但易形成多裂缝。实验参数设计见表5-1-3。

表5-1-3 不同排量时煤样压裂设计参数

项目	样品编号	垂直主应力 σ_v/MPa	最大水平主应力 σ_H/MPa	最小水平主应力 σ_h/MPa	最大最小水平主应力差 $\Delta\sigma$/MPa	应力差系数	实验室排量/mL/s	顶底板岩性
第一组	CC3-3	14	15	11	4	0.36	1	泥岩—泥岩
	CC3-4	14	15	11	4	0.36	1.5	泥岩—泥岩
第二组	NS3#-5	19	20	16	4	0.32	0.5	砂岩—砂岩
	CC3-2	19	20	16	4	0.32	1	砂岩—砂岩

第一组实验的两块煤样都来自常村，煤岩类型相同。实验结果显示，两块煤样沿最大主应力方向都能形成裂缝。排量较大时，最大主应力方向形成裂缝更加明显。两块煤样顶底板压裂结果明显不同，CC3-3煤样顶底板都未穿层，CC3-4煤样顶底板都被穿层。这说明，当排量较大时，井底压力较高（王鸿勋，1987），因此更容易压开顶底板。

第二组实验煤样采自不同的矿区，顶底板均为砂岩—砂岩。实验结果显示，常村CC3-2煤样在最大主应力方向形成水力裂缝，并压开底板。而牛山NS3#-5煤样最大主应力方向示踪剂分布很少，而在天然裂缝中分布较多，说明压裂液沿着天然裂缝而不是最大主应力方向形成水力裂缝。由于排量较小，且由于有天然裂缝的存在，压裂液沿着天然裂缝滤失，而未压穿顶底板。

3）数值模拟及裂缝监测

用FracProPT压裂软件模拟活性水在不同排量下的裂缝形态。输入参数：煤层埋深800m，煤层与隔层应力差8MPa，煤层厚6m，射孔4m，加砂60m^3。活性水排量1～8 m^3/min，平均砂比10%，注入液量550m^3。

由模拟结果（图 5-1-4）可以看出，裂缝高度随排量增加而增大，排量大于 6m^3/min 后裂缝高度上窜严重，考虑到活性水的携砂能力较弱，活性水加砂时施工排量为 5～6m^3/min。

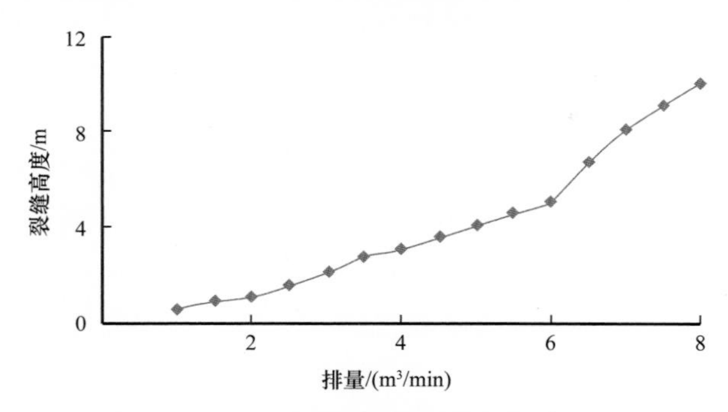

图 5-1-4 不同施工排量下的裂缝高度

煤层压裂时，煤层较单一，上下隔层完整时，不会出现大的裂缝窜层，但是煤层底部应力较低，裂缝向下延伸，可能造成大量支撑剂都铺垫在煤层底部，而煤层中并无多少支撑剂，大大影响压裂效果。但是阵列声波监测结果反映煤层顶底板有压窜现象。

压裂后煤层时差各向异性增强，而能量各向异性弱，可能是受水泥环影响造成的假象，顶板有一定程度压开。解释结果反映煤层顶底板都有不同程度压开，由于煤层易碎，压裂后反映时差各向异性增强，能量各向异性弱；但煤层垮塌严重的井，由于水泥环厚度大，影响了解释结果，该技术针对煤层压裂的解释还需进一步完善。阵列声波裂缝监测技术适用于煤层气井压裂时裂缝高度的监测。

通过模拟结果（图 5-1-5）可以看出，变排量施工能在一定程度下降低裂缝高度的过度延伸。

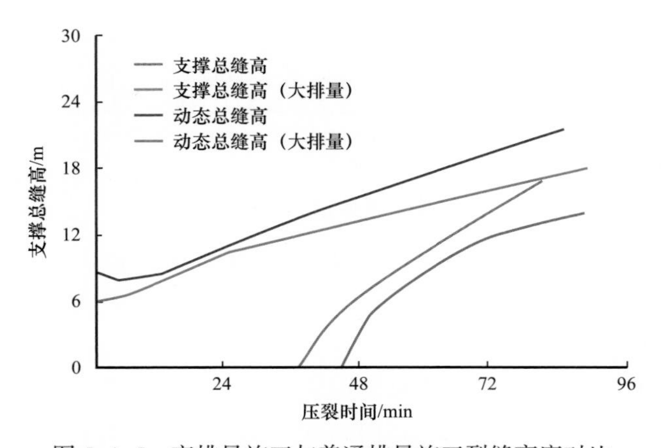

图 5-1-5 变排量施工与普通排量施工裂缝高度对比

4）“变排量”技术

煤岩具有人工裂缝扩展复杂、滤失量大，煤层吸附能力强、易伤害，对应力敏感、压敏效应强，杨氏模量低、支撑剂易嵌入等特点。为防止隔板压穿，在施工时采用变排量施工的工艺。变排量施工技术是指在前置液阶段利用变排量控制裂缝高度和滤失，携砂液阶段提高排量加砂，利用煤层的多裂缝特征，形成有效缝网，提高改造效果。该方法的优点是可以控制起始缝高，一旦主裂缝形成，再提高排量对缝高的影响不大。携砂液后期必须提高排量，以提高活性水压裂液的携砂能力，获得更长的支撑裂缝。变排量可以产生压力脉冲效应，振荡裂缝内可能的砂堵位置，冲散及携带沉降沙堤，提高砂比，有效支撑裂缝，从而排除砂堵风险。

对以往沁水盆地中煤层气勘探区块压裂情况统计显示，施工中一般以 0.5～3m³/min 的排量开始，前置液末期一般升至 6m³/min。后期高排量有利于提高裂缝宽度，降低滤失时间，提高压裂效率。混砂液速度的提高和泵注时间的减少使得支撑剂沉降时间和压裂液黏度降解减少。同时，高排量可直接改善携砂能力，在多裂缝发育、滤失系数高以及压裂液携砂能力有限的情况下，小排量施工容易导致脱砂。因此，在满足施工安全的前提下，由小排量开始，依据砂比、泵压等参数采用变排量的施工工艺更适合研究区的煤层情况，从而获得理想的裂缝形态和更好的见气效果。

以晋城区块两口井对比分析可以较明显地看出，采用稳定排量施工的 Z1-122 井压裂后效果较差，产气量不稳定，日均产气量相对较低（图 5-1-6）。

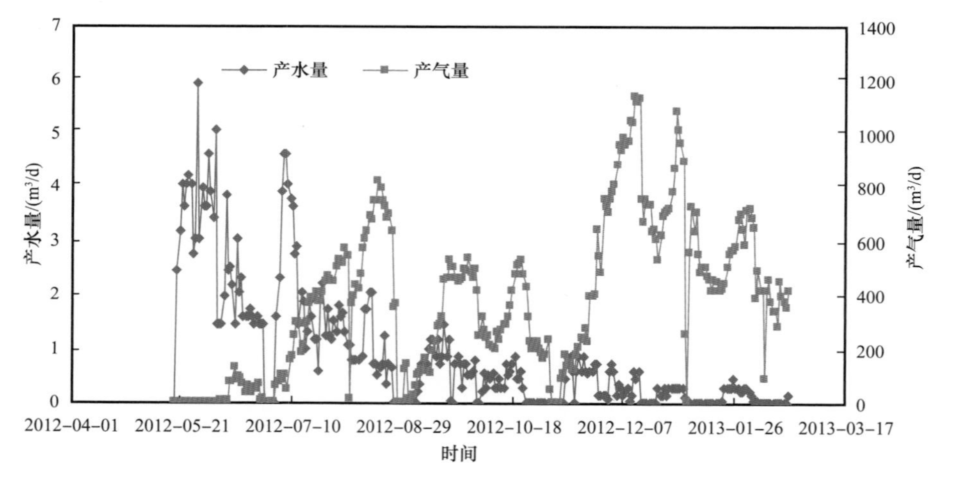

图 5-1-6 Z1-122 井排采曲线

而同一地区的 Z4-234 井在压裂施工阶段采用变排量工艺，压裂液排量由前置液阶段的 3m³/min 逐步提高到顶替液阶段的 7m³/min，其压裂效果较好，压裂后产气量稳定在 1500m³/d 以上（图 5-1-7）。

为了保证裂缝在煤层中延伸，避免压穿顶底板，避免压裂液和支撑剂进入顶底板，提出了低排量（0.5～1m³/min）启泵、台阶式提升的变排量压裂技术，能有效控制裂缝高度，从而获得最佳缝长，初始阶段低排量，还能防止压敏且有利于煤层开裂。同时能减少煤粉的产生，有利于裂缝形态的扩展与延伸。裂缝监测资料表明，变排量施工的煤层气井裂缝高度明显低于恒排量施工的裂缝高度（表 5-1-4），并且平均产气量大于恒排量施工的井。

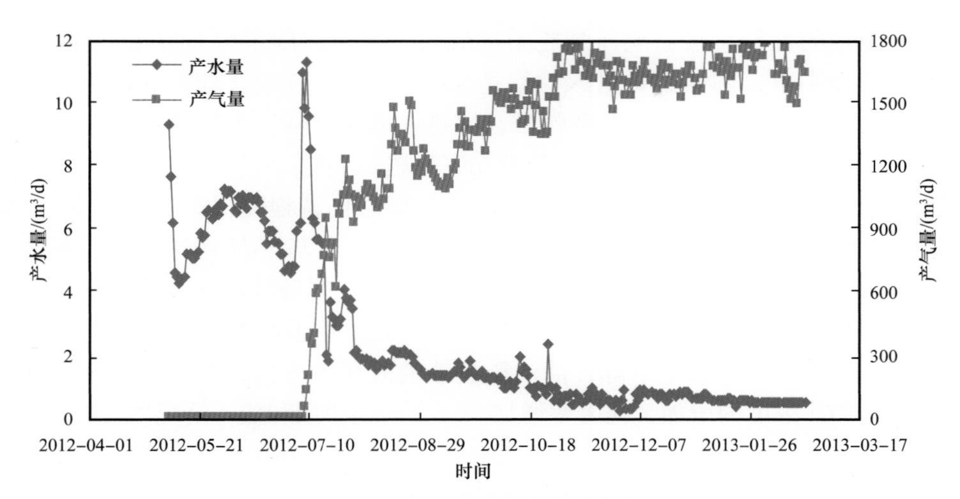

图 5-1-7 Z4-234 井排采曲线

表 5-1-4 裂缝监测效果对比

项目	井号	缝长 / m	缝高 / m	煤层厚度 / m	产气量 / m^3/d
恒排量施工	ZC032	189.3	9.3	4.8	1249
	ZC084	176	9.3	4.6	452
	ZC095	178.7	8	4.9	490
	ZC136	178.8	9.3	5	1041
	平均值	180.7	9	4.8	808
变排量施工	ZS73	197.7	6.6	5.6	试采关井
	ZS91	181.4	6.5	5	试采关井
	HJ7	207.7	5.26	4	423
	HJ8	206.94	5.25	5.45	1895
	HJ2	182.19	4.95	4.85	2606
	HJ5	193.7	6.2	4.9	1640.5
	平均值	194.9	5.8	5	1201

水平井压裂规模设计参数：压裂液强度为 800～900m^3/ 段；支撑剂强度为 50～80m^3/ 段；平均砂液比为 8%；最高排量（总）为 7～8m^3/min。

二、压裂液体系优化设计

1. 主体压裂液优选

煤储层一般具有低压、低渗透特征，故煤层气开发需要进行储层改造才能达到较好的效果，压裂液的性能直接影响压裂施工的成效。在压裂施工中，外来流体在正压差、毛细管压力的作用下，固相物体进入储层造成割理堵塞，其液相进入储层与煤岩作用，导致煤层吸附液体，从而诱发煤基质膨胀，导致渗透率下降。不同压裂液对煤储层渗透率伤害不同，因此煤层气开发过程中压裂液伤害问题是关键。

从实验结果可以看出，活性水和 KCl 溶液对煤层伤害程度很小，伤害率为 9%，属于弱伤害；未破胶的清洁压裂液对煤岩渗透率伤害很大，基本在 90% 左右；破胶后的清洁压裂液对煤岩渗透率伤害明显减小，只有 30% 左右。接触清洁压裂液后，地层水在煤样中渗透率明显降低。压裂液破胶前黏度较大，在地层中容易发生堵塞，对储层的渗透率造成伤害。在破胶后，黏度下降，清洁压裂液的流变性改善，对岩心的伤害率也会随之降低。随着 KCl 浓度的增加，伤害率增加。综合前期应用和成本情况，KCl 浓度为 0.5% 时便可以满足要求。

活性水压裂液配方：清水 +0.5%KCl。

2. 应力高区块压裂液优选

对于埋深大、应力高的区块，水平井压裂采用活性水压裂液体系施工摩阻高，部分井段施工排量提升困难，改造效果难以保证。通过室内实验对比测试，优选适合煤层气井的低伤害、低摩阻滑溜水压裂液体系。

1）减阻剂优选

常用的滑溜水压裂液减阻剂主要有线性胶、合成高分子聚合物、微乳液合成高分子聚合物和可控黏度交联聚合物等。

（1）伤害对比。不同液体对煤岩渗透率的伤害率对比如图 5-1-8 所示。

由图 5-1-8 可以看出，线性胶破胶液和聚合物破胶液对煤岩渗透率的伤害率基本持平，高于活性水压裂液。

（2）减阻性能对比。通过减阻性能测试对比实验（图 5-1-9）可以看出，相同浓度下，聚合物体系的减阻性能要优于线性胶。

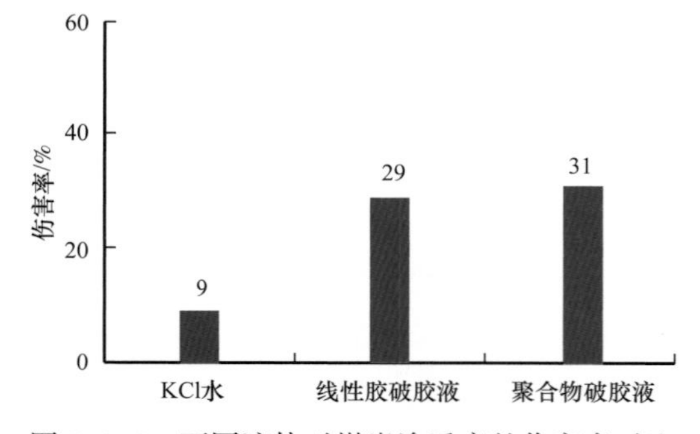

图 5-1-8 不同液体对煤岩渗透率的伤害率对比

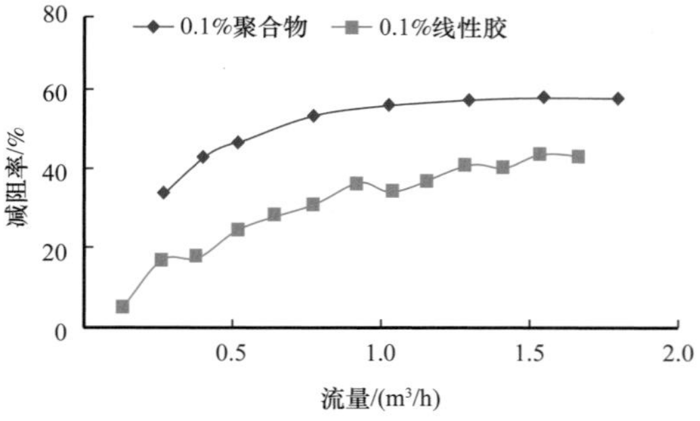

图 5-1-9 减阻剂溶液的减阻率随排量的变化

由实验结果（图 5-1-10）可知，聚合物减阻剂浓度为 0.15% 时减阻率最高，随着使用浓度的增加，减阻效果提升并不明显。

2）破胶剂优选

针对煤层气井储层温度低的特点，需要优选可以实现低温破胶的破胶剂体系，在压裂改造结束后，应尽快将压裂液从地层中排出，以减小对地层的伤害。

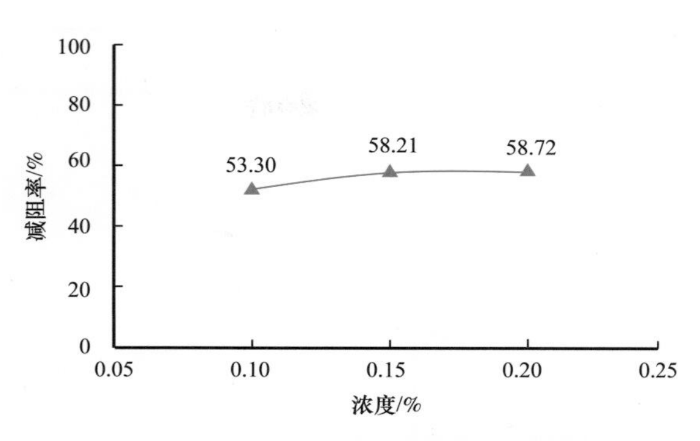

图 5-1-10 不同浓度聚合物溶液减阻率的变化

实验表明，低温下（低于 49℃），APS 已经不能够单独作为水基压裂液的破胶剂，需要优选破胶助剂与 APS 破胶剂配合使用，可有效提高破胶速度，并且彻底破胶水化。

低温酶配合过硫酸铵，在常温下进行破胶实验，通过优化破胶剂用量，能在规定时间内破胶，而且破胶彻底，有少许残渣。24℃时不同浓度压裂液的破胶实验结果见表 5-1-5。

表 5-1-5 不同浓度压裂液的破胶实验结果（24℃）

减阻剂浓度 /%	破胶剂	破胶液黏度 /（mPa·s）				
		2h	4h	6h	8h	12h
0.15	0.005%（质量分数）低温酶 +0.01%APS	未破胶	未破胶	未破胶	变稀	变稀
	0.005%（质量分数）低温酶 +0.02%APS	未破胶	未破胶	变稀	4.78	—
	0.005%（质量分数）低温酶 +0.03%APS	变稀	6.39	4.01	—	—
	0.005%（质量分数）低温酶 +0.04%APS	3.38	—	—	—	—

根据对比可以看出，当破胶剂加量达到 0.005%（质量分数）低温酶 +0.04%APS 时，可以在 2h 内实现破胶，达到返排要求，故优化的破胶剂加量为 0.005%（质量分数）低温酶 +0.04%APS。

对加入破胶剂的冻胶进行耐剪切实验，破胶剂加量为 0.005%（质量分数）低温酶 + 0.04%APS，实验温度为 30℃，剪切速率为 170s^{-1}，90min 后黏度达到破胶要求，实验结果如图 5-1-11 所示。既能满足携砂要求，又能满足破胶返排要求。

经过优化，滑溜水压裂液配方为 0.15% 减阻剂（聚合物）+ 破胶剂（低温酶 + APS）。

三、支撑剂体系优化设计

1. 石英砂

支撑剂的选择也是压裂施工能否顺利进行的关键。支撑剂的筛选应注意支撑剂回流，支撑剂应能深侵煤层以及能够最大限度地降低煤粉回流。根据煤层浅、地应力小的特点，

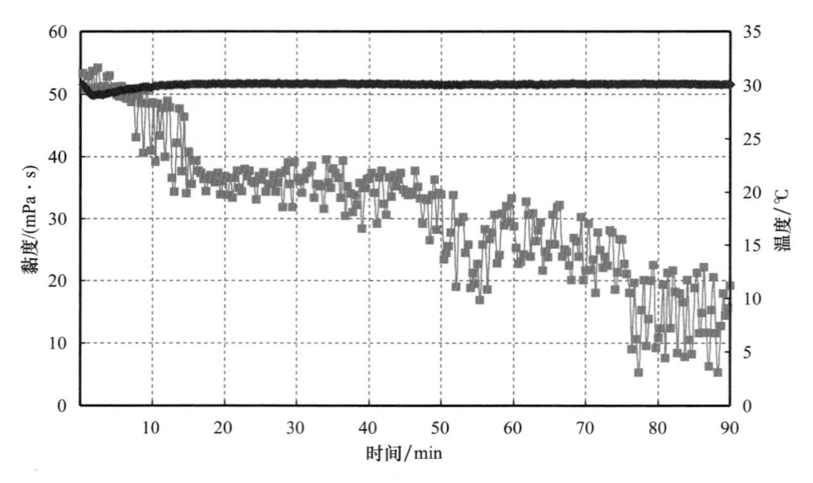

图 5-1-11 加破胶剂的流变实验结果

采用价格低廉的天然石英砂。根据理论分析，压裂层的流体产量增产比与施工规模（加砂量）成正比，故加砂量应充分发挥压裂液的携砂能力，尽量提高砂比和砂量。在前置液中加入 JL-1 降滤失剂，既可以提高压裂综合滤失系数，有助于形成滤饼和堵塞微裂缝，从而保证主裂缝的延伸和降低压裂液的滤失量，又可阻挡部分煤粉回流，同时又是支撑剂，使撑开的裂缝也参加导流，而后加入 40～60 目细砂，对煤粉起过滤作用，再加入 20～40 目石英砂，最后尾追 16～20 目石英砂，增大缝口导流能力，并可减少支撑剂回流。为减少支撑剂回流，还可以在加砂要结束时加入固化树脂石英砂。

选用符合 Q/SY 125—2005《压裂支撑剂性能指标及评价测试方法》标准的 20～40 目、40～70 目天然石英砂，采用兰州石英砂，对其物性进行的实验对比见表 5-1-6。

表 5-1-6 不同产地的石英砂性能对比

项目	围场石英砂（0.45～0.9mm）	兰州石英砂（0.45～0.9mm）	树脂陶粒砂	
			0.45～0.9mm	0.425～0.85mm
筛析 /%	99.9	99.9	93.7	90.7
圆度	0.86	0.78	0.9	0.9
球度	0.8	0.76	0.9	0.9
酸溶解度 /%	4.0	4.0	3.8	4.4
体积密度 /（g/cm^3）	1.61	1.67	1.41	1.54
视密度 /（g/cm^3）	2.64	2.64	2.38	2.46
浊度 /NTU	40	52	13.9	4.7
破碎率 /%	8（28MPa）	12.8（28MPa）	4.73（52MPa）	0.85（52MPa）

根据沁水盆地煤层特点（煤层埋深浅、闭合压力低），常规石英砂即能满足 3 号煤层裂缝导流能力需要。从实验结果（表 5-1-7）看，应用 20～40 目石英砂和 40～70 目石英砂足以满足施工要求。

表 5-1-7 不同粒径兰州石英砂导流能力实验

支撑剂粒径 / 目	铺砂浓度 / kg/m^2	闭合压力 /MPa				
		5	10	15	20	25
40～70	5	78	35	22	10	7
20～40		162	105	67	45	32
16～20		410	265	178	110	62
40～70	10	110	62	45	32	25
20～40		270	201	138	95	57
16～20		550	420	302	170	85

高煤阶煤岩地层杨氏模量小、泊松比大等特殊岩石力学性质，易发生支撑剂嵌入问题，通过导流能力和施工参数优化，以造长缝、扩宽缝为目的，形成变排量组合陶粒优化技术，达到降低嵌入程度、有效提高压裂裂缝导流能力的目的。通过室内支撑剂导流能力评价实验分析，优选出了合适的支撑剂组合粒径以及加入方式（图 5-1-12）。主力煤层 3 号、15 号煤层厚度较薄（5～7m），大排量施工易压穿煤层顶底板，选用可控制起始缝高的变排量组合粒径段塞水力压裂技术，在不同宽度的动态裂缝中形成有效的人工支撑裂缝。在相同闭合应力下，导流能力 16～30 目石英砂优于 20～40 目石英砂，20～40 目石英砂优于 40～70 目石英砂。随着闭合应力增大，20～40 目石英砂和 16～30 目石英砂导流能力趋于一致，优选中、粗砂为主要支撑剂。在加砂期间适当提高排量，增大缝宽，采用 20～40 目石英砂增加裂缝导流能力，形成较长的高渗透支撑主裂缝，有效沟通煤层深部孔隙和微裂缝，后期采用 16～30 目石英砂封口，保证近井地带的裂缝导流能力，提高了储层气井单井产气量。

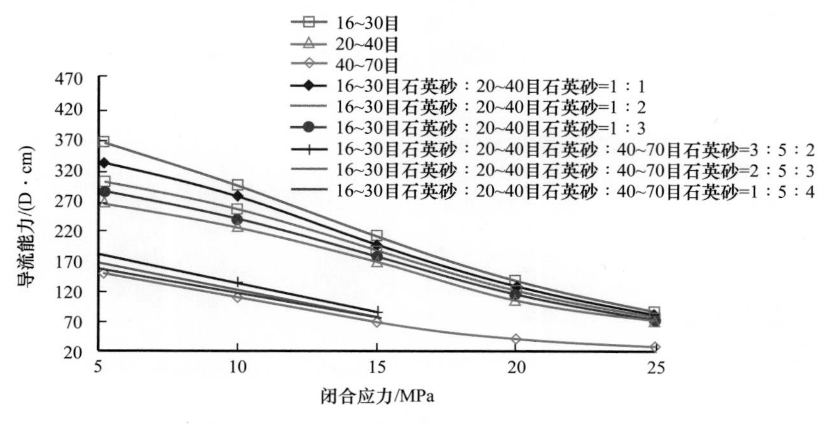

图 5-1-12 煤层压裂组合石英砂优化示意图

2. 自悬浮支撑剂

自悬浮支撑剂是通过化学改性的方法对支撑剂表面进行修饰后接枝聚合的产品，通过提高支撑剂在滑溜水压裂液或清水压裂液中的悬浮性能，改善支撑剂的运移状态，降低对压裂液体系性能的要求，达到降本增效的目的，是一种提高压裂效率和油气产量的新型压裂材料。在煤层气开采过程中通过压裂来提高裂缝导流能力，主要采用活性水压裂液来携带支撑剂，根据牛顿流体层流及湍流条件下的 Stokes 定律，通过降低支撑剂沉降速度改善沙堤形态，进一步提高导流能力。自悬浮支撑剂由传统支撑剂和表面可水化膨胀的高分子两部分组成，遇水体积膨胀，体积密度降低，在清水中可保持悬浮状态，能优化有效裂缝面积，提高压裂效率和油气产量，降低成本。因此，将支撑剂、压裂液合二为一的自悬浮支撑剂具有良好的应用前景与研究价值。

自悬浮支撑剂由硬质骨料（即传统支撑剂）和表面的可水化分子两部分组成。自悬浮支撑剂综合了压裂液和普通支撑剂的特性，但也绝不是压裂液和传统支撑剂的简单结合。表面的可水化分子遇水快速溶胀，在支撑剂内核周围形成稳固的水化层。水化层的出现降低了支撑剂在水中的密度，增加了支撑剂之间的润滑性。与此同时，支撑剂表面少量有机分子伸展于水溶液中，增加了水的黏度。两者的协同作用，使得自悬浮支撑剂不借助增稠剂就能轻易地在清水中长时间悬浮。

针对自悬浮体系进行室内评价，内容包括表观黏度、破胶时间、残渣含量等。采用旋转黏度计、流变仪分别测量自悬浮体系液体黏度，20℃下进行 0.1%、0.2% 破胶剂比例破胶时间测定及破胶液表观黏度测定。采用离心机、干燥箱进行残渣含量测定。压裂液性能评价仪器如图 5-1-13 所示。

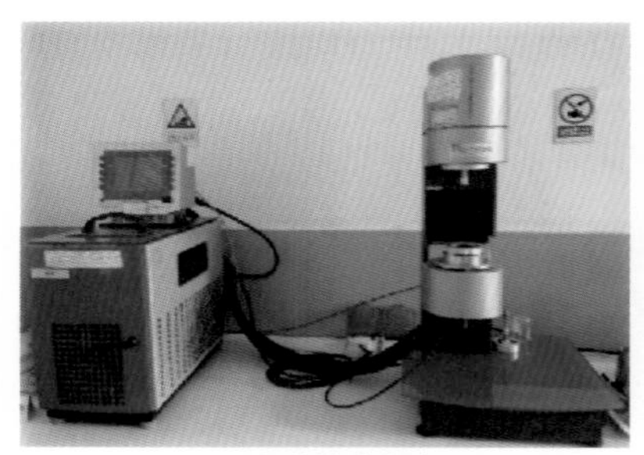
(a) 旋转黏度计

(b) 流变仪

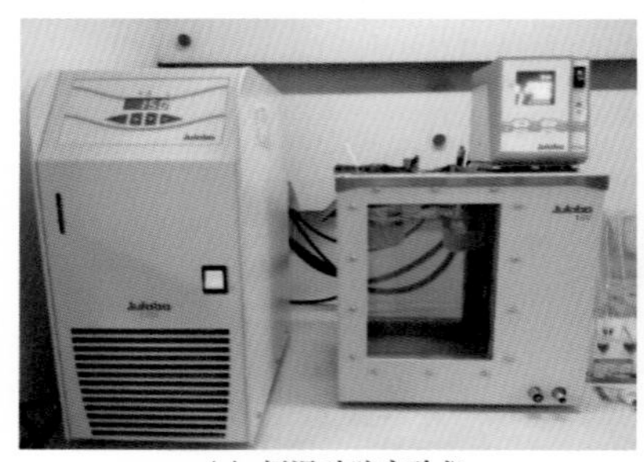
(c) 恒温破胶实验仪

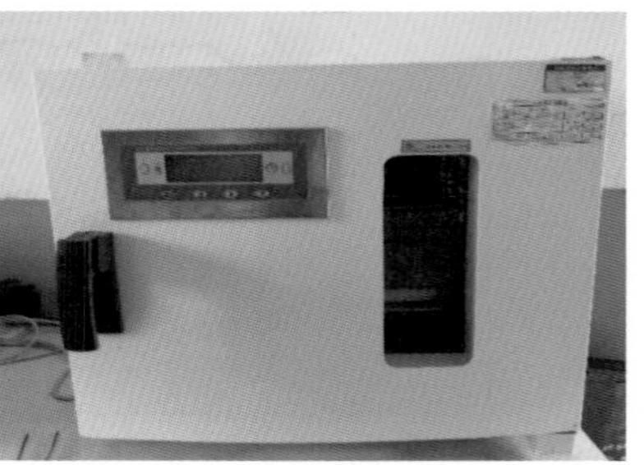
(d) 干燥箱

图 5-1-13 压裂液性能评价仪器

自悬浮压裂液表观黏度为50mPa·s，20℃时$170s^{-1}$剪切速率下黏度为102mPa·s。20℃时加0.1%破胶剂破胶5h，加0.2%破胶剂破胶3.3h，破胶后液体表观黏度为3mPa·s（水为1mPa·s），河水配液黏度为40.22mPa·s，加氯化钾黏度为8.94mPa·s，破胶后残渣含量为255mg/L。

自悬浮支撑剂液固一体化技术提高了支撑剂的悬浮能力，但自身通过传统破胶剂的破胶作用后也保持了较高的导流能力。20～40目自悬浮支撑剂破胶后在不同闭合压力下对水相和油相的导流能力与传统支撑剂进行对比，自悬浮支撑剂与传统支撑剂经过破胶处理后，对油相和对水相的导流能力几乎没有差别。

对于马必东、宁武等埋深在1000m以上的区块，由于埋深深，活性水用量为1000～1500m^3，石英砂用量为40～60m^3，施工压力为45～50MPa，存在活性水造缝效率低、携砂难、施工压力高的问题；对于煤体结构破碎的局部井区，活性水携砂难，难以形成有效支撑裂缝，可应用自悬浮支撑剂解决以上难题。

四、压裂施工参数优化设计

1. 水平井射孔优化

1）射孔方式的选择

射孔孔眼是沟通煤层和井筒的唯一通道，主要的射孔工艺有电缆输送射孔、油管输送射孔、油管输送射孔联作、电缆输送过油管射孔、超高压正压射孔和水力喷射射孔，各种射孔方式的比较见表5-1-8。

表5-1-8 射孔方式比较

<table>
<tr><th colspan="2">射孔方式</th><th>优点</th></tr>
<tr><td rowspan="2">电缆输送射孔</td><td>套管正压射孔</td><td>（1）施工简单，成本低及较高的可靠性；
（2）高孔密、深穿透；
（3）适用于高、中、低压煤层气藏</td></tr>
<tr><td>套管负压射孔</td><td>（1）施工简单，成本低及较高的可靠性；
（2）高孔密、深穿透；
（3）适用于中、低压油藏</td></tr>
<tr><td colspan="2">油管输送射孔</td><td>（1）安全性能好，便于测试、压裂、酸化和射孔联作；
（2）高孔密、深穿透；
（3）适用于斜井、水平井和高压井</td></tr>
<tr><td colspan="2">油管输送射孔联作</td><td>测试、压裂、酸化和射孔联作</td></tr>
<tr><td colspan="2">电缆输送过油管射孔</td><td>适用于不停产补孔和打开新层位的生产井，对煤层伤害程度小</td></tr>
<tr><td colspan="2">超高压正压射孔</td><td>对煤层伤害程度小，但不利于煤层气解吸</td></tr>
<tr><td colspan="2">水力喷射射孔</td><td>穿透能力强，定点改造，压裂时引导裂缝延伸</td></tr>
</table>

由表 5–1–8 可以看出，水力喷射射孔穿透能力强，可以实现定点改造，压裂时可以引导裂缝延伸，适用于应力高、煤体结构破碎储层，所以水平井射孔方式推荐水力喷射射孔。

2）水力喷射射孔参数选择

通过对比不同压力、不同排量、不同磨料浓度以及不同磨料粒径对射孔深度的影响，优化水力喷射射孔参数（图 5–1–14 至图 5–1–17）。

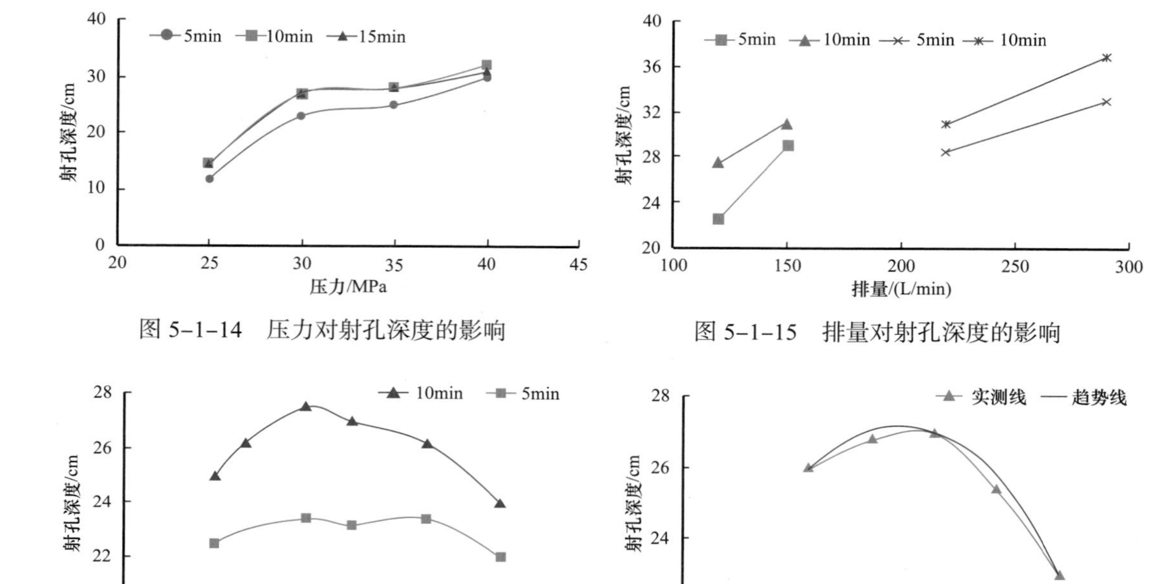

图 5–1–14 压力对射孔深度的影响

图 5–1–15 排量对射孔深度的影响

图 5–1–16 磨料浓度对射孔深度的影响

图 5–1–17 磨料粒径对射孔深度的影响

通过对比优选，推荐喷嘴压降为 28～35MPa，磨料粒径为 40～70 目（石英砂），磨料体积浓度为 6%～8%，喷射射孔时间为 10～15min。

3）射孔液的选择

煤层中含有一定量的黏土矿物，如果使用清水，会造成黏土矿物膨胀。防膨实验数据表明，清水中加入 KCl 能有效抑制黏土矿物水化膨胀。

实验表明，0.5%KCl 水溶液对煤岩的伤害程度最低，随着离子浓度的增大，对煤岩的伤害程度增加。

因此，选择 KCl 浓度为 0.5% 的活性水作为射孔液。

2. 低前置液快速返排技术

研究表明，煤岩注水会增加煤的含水饱和度并产生影响煤层气渗流的毛细管压力，从而抑制煤层气解吸。开发实践也证实，常规活性水压裂的液量排量越大、压裂压力越高，对产气水平的负面影响就越大，主要原因是压裂液滤失扩散进入煤层的范围越广，影响的范围越大，对煤层气封堵的能力就越强。煤岩相对常规砂岩更容易受到外来流体的伤害，从而影响解吸产气水平，为了化解或减轻压裂液对煤层负面“水堵”作用的影响，提出两个技术方向：一是“减液”，即减少压裂液用量，从而减少进入煤层水的总量；二是“降压”，即及时将水排出来，降低地层压力，减少水在煤层的滞留时间和滤失面积。

从“减液”方向研究提出低前置液压裂工艺优化思路，即通过论证优化压裂液量，实现大幅度减少压裂液量的目标；从“降压”方向研究提出“快速返排”压裂后控制放喷思路，即改变以往常规压裂工艺压裂后关井扩压的做法，进行压裂后快速放喷泄压，变压能为动能，加快液体返，排减少水滞留时间，同时反冲洗改善煤层渗透性。

1）低前置液设计技术

前置液量决定了在支撑剂到达裂缝端部前可以获得多少裂缝的穿透深度。一旦前置液耗尽，裂缝可能在宽度窄的裂缝区内形成桥塞，尤其是煤层这样的高滤失层。这样，泵注充分的前置液量是关键，这样才能造出所需的缝长。

但是，最高的液体滤失速率都是接近裂缝端部的。这样，携砂液要继续向裂缝端部流动。压裂后裂缝残余塑性将继续收缩直至裂缝闭合在支撑剂上为止，此时支撑剂流动停止，或直至携砂液运移至裂缝端部为止。

因此，合理的前置液量是优化设计的基础和保证施工成功的前提。前置液量的设计目标有两个：一是造出足够的缝长；二是造出足够宽度的裂缝，保证支撑剂能够进入，满足地层对导流能力的需求。理想的前置液质量分数如下：

$$\mathrm{PAD}=\frac{1-\eta}{1+\eta} \tag{5-1-1}$$

式中 PAD——前置液质量分数，%；

η——压裂液效率。

压裂液效率是指停泵时裂缝体积与压裂液总注入量的比值。一般由小型测试压裂获得。没有小型测试压裂结果，Crawford 提出了更为精确的考虑初滤失情况时每个裂缝面上的滤失量计算公式：

$$V_{\mathrm{S}}=A\left(0.75C_{\mathrm{t}}T^{0.5}+S_{\mathrm{purt}}\right) \tag{5-1-2}$$

式中 A——单翼裂缝面积，ft^2[❶]；

V_{S}——每个裂缝面上的滤失量，ft^3[❷]；

C_{t}——综合滤失系数；

T——时间，min；

S_{purt}——压裂液的初滤失量，$\mathrm{ft}^3/\mathrm{ft}^2$。

由式（5-1-2）可计算出停泵时的滤失量，再由注入总量可获得压裂液效率。

当然，在进行压裂设计时，也可由三维裂缝模拟软件进行模拟。常规做法是以裂缝半长与造缝半长之比（定义为动态比）为 80% 或 85% 来确定前置液质量分数。一般不

❶ $1\mathrm{ft}^2=0.0929\mathrm{m}^2$。

❷ $1\mathrm{ft}^3=28.3168\mathrm{dm}^3$。

能将动态比设计为理想值100%，由于滤失情况掌握不准，为留有余地，动态比一般小于100%。由模拟结果可知，随着前置液质量分数的增加，动态比逐步降低。

沁南区块高阶煤层气储层温度为20～40℃，原始渗透率极低，孔隙度低，孔喉半径小，易发生压裂液对煤层的水锁、气锁等伤害，入井压裂液返排率较低。为了煤层水力压裂造较长的支撑裂缝，主要注重水力压裂前置液量优化和携砂液阶段的裂缝延伸。针对高煤阶煤储层微裂缝发育连通性差、原始渗透率极低、压裂液初滤失较小的特点，按照水力压裂前置液量与动态比之间最佳比例关系原则，选取动态比为0.8～1.0，优化水力压裂前置液设计用量，在水力加砂过程中前置液在动态裂缝前端滤失完时，携砂液正好运移到动态裂缝顶端，实现煤层压裂有效改造的任务，同时以有效控制水锁气锁、有效提高压裂液返排、降低对煤层渗透率的二次伤害为目标。以水力压裂过程中随有效应力的变化而变化的动态渗透率与综合滤失系数为基础，根据水力压裂PKN模型计算压裂液效率，进而优化压裂液前置液比例，达到高煤阶煤储层压裂施工液量优化目的。通过压裂液用量优化计算，可合理减少前置液用量，以降低对储层渗透率的伤害，具有用液量少、伤害低、效率高等优点。煤层原始渗透率低于0.1mD的煤层压裂前置比可降低至15%～20%，既能满足水力加砂压裂施工的需要，又能够减少入井压裂液量。

模拟结果表明，在可能的滤失系数范围内，优化前置液比例为20%。

2）快速返排技术

早期，沁南区块煤层气井压裂后都采取焖井的做法，压裂后关井时间超过48h，即压裂后关闭井口进行自然扩压，待井口压力降为零后再开井进行冲砂洗井、下泵排采等作业。这种做法在现在看来主要的弊端就是压裂液通过滤失、扩散全部滞留在煤层中（图5-1-18），增加了煤层的含水饱和度，从而造成了水堵伤害，放喷效果差。

压裂理论研究表明，压裂结束后，关井时间过长，压裂液在高压差下会大量滤失进入煤层微孔隙并滞留，造成水堵伤害（图5-1-19）。返排油嘴转换不及时，压裂液不能有效排出，导致煤层含水饱和度升高，启动压力梯度增加，甲烷解吸困难，降低了煤层气的解吸压力，降低了产气量。

基于前面的认识，研究改进形成压裂后快速返排工艺，改变以往焖井的做法，在压裂后及时进行开井放喷，压裂后根据井口压力关井30～90min，开井后采用3～10mm油嘴放喷。但是返排工艺参数单一，煤层的针对性差，现场操作粗放，油嘴转化的标准不准确，基于前期的研究基础，需要进一步完善煤层气井压裂返排技术。

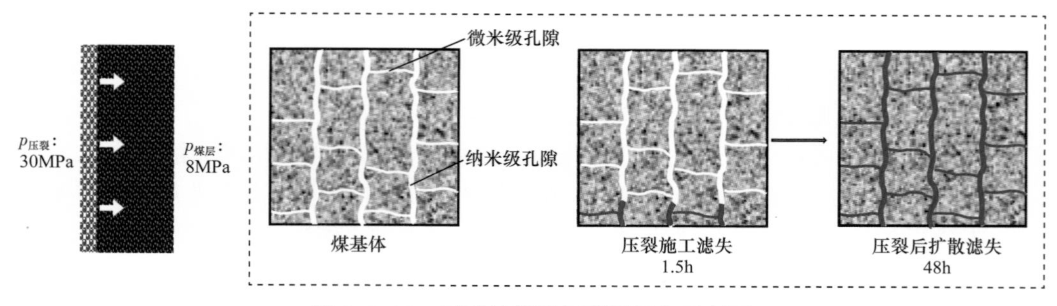

图5-1-18 压裂过程及压裂后滤失示意图

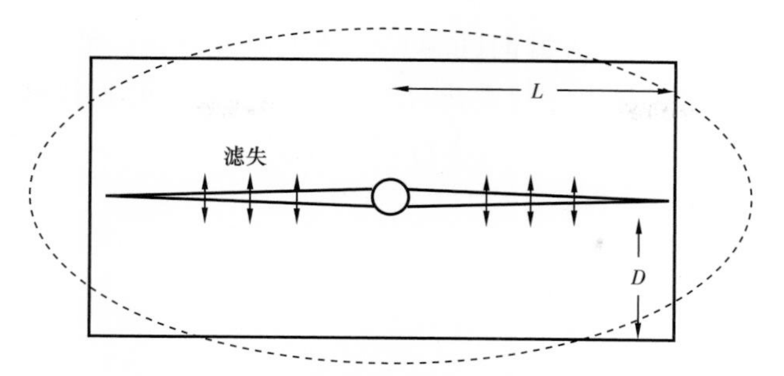

图 5-1-19 煤层压裂后压裂液滤失模型

L—裂缝半长，100～150m；D—侵入带深度，2～5m

煤层压裂多使用KCl水溶液，其黏度大大超过地层气体黏度，此时压裂液的滤失速度主要取决于压裂液的黏度，由达西方程导出滤失系数 C_1 为：

$$C_1=5.4\times10^{-3}\left(\frac{K\cdot\Delta p\phi}{\mu_f}\right)^{1/2} \tag{5-1-3}$$

式中 C_1—— 受压裂液黏度控制的滤失系数；

K——垂直于裂缝壁面的渗透率，D；

Δp——裂缝内外压力差，kPa；

μ_f——裂缝内压裂液黏度，mPa·s；

ϕ——地层孔隙度。

压裂液的实际渗流速度 v_a 为：

$$v_a=\frac{K\Delta p}{\mu_f\phi D}=\frac{dD}{dt} \tag{5-1-4}$$

式中 D——滤失深度，m；

t——滤失时间，min。

对式（5-1-4）积分得到：

$$\int_0^D D\mathrm{d}D=\int_0^t\frac{K\Delta p}{\mu_f\phi}\mathrm{d}t \tag{5-1-5}$$

进而得到压裂滤失深度计算公式：

$$D=\sqrt{\frac{2K\Delta pt}{\mu_f\phi}} \tag{5-1-6}$$

式中 D——滤失深度，m；

K——渗透率，mD；

Δp——地层压力与闭合压力的压差，MPa；

t——时间，min；

μ_f——压裂液黏度，mPa·s；

ϕ——孔隙度，%。

从式（5–1–6）可以看出，关井时间越长，滤失深度越大，滤失范围也就越大，对煤层的伤害程度越大。由此，提出快速返排理念，即压裂后及时返排卸压，变压能为动能，最大限度减少滞留在煤层的水量，降低水对煤层的伤害。

（1）建立快速返排数学模型。

快速返排需要遵循如下原则：

① 最快、最大量地将入井液排出。

② 尽可能减少支撑剂返吐。

③ 尽可能不产生新煤粉。

④ 考虑裂缝闭合前后应力变化，区别对待。

模型的假设条件如下：

① 压裂后裂缝强制闭合，裂缝模型采用拟三维裂缝模型。

② 裂缝在闭合期间，井底最大缝高和裂缝的长度不变，仅有缝宽减少。

③ 停泵后裂缝立即停止延伸。

④ 不考虑支撑剂对裂缝闭合的影响。

a. 支撑剂不返吐条件下的第一临界流速。

裂缝闭合前，第一临界流速计算公式为：

$$v_{\mathrm{f}}=\frac{1}{36}\frac{d_{\mathrm{s}}^{2}g\left(\rho_{\mathrm{s}}-\rho\right)}{\mu} \tag{5–1–7}$$

式中 d_s——单个支撑剂的直径，m；

ρ_s——支撑剂的密度，kg/m^3；

ρ——压裂液的密度，kg/m^3。

裂缝闭合后，第一临界流速计算公式为：

$$v_{\mathrm{f}}=\frac{1}{36}\frac{d_{\mathrm{s}}g(\rho_{\mathrm{s}}-\rho)}{\mu}+\frac{1}{192}\frac{\varepsilon}{\mu}+\frac{1}{192}\frac{\rho gh\delta}{\mu} \tag{5–1–8}$$

式中 ε——黏结力系数，10^{-5}N/cm；

ρ——压裂液的密度，kg/m^3；

g——重力加速度，9.8m/s^2；

h——裂缝滤失高度，m；

μ——压裂液的黏度，Pa·s；

δ——薄膜参数，cm。

b. 不产生新煤粉条件下的第二临界流速。

对裂缝壁面造成剪切破坏时的临界流速 v_2 满足如下条件：

$$\frac{\mu v_2 A}{2\pi HK_{\mathrm{c}}}\leqslant s_{\mathrm{c}}\tan\left(\frac{\pi}{4}+\frac{\phi}{2}\right) \tag{5–1–9}$$

式中 K_c——裂缝渗透率，mD；

s_c——裂缝横截面积，m^2；

ϕ——孔隙度。

选择第一临界流速和第二临界流速中的最小值作为允许的最大返排速度，建立井口和油嘴处伯努利方程和连续性方程。

井口和油嘴处伯努利方程为：

$$\frac{p_t}{\gamma}+\frac{v_1^2}{2g}=\frac{p_0}{\gamma}+\frac{v^2}{2g}+\zeta\frac{v^2}{2g} \tag{5-1-10}$$

井口和油嘴处连续性方程为：

$$v_1\pi R^2=v\pi r^2 \tag{5-1-11}$$

将井口和油嘴处的伯努利方程和连续性方程联立，可得油嘴返排流速方程：

$$v=1.414\times10^3\rho^{-0.5}\left(1+\zeta-\frac{r^4}{R^4}\right)^{-0.5}\left(p_t-p_0\right)^{0.5} \tag{5-1-12}$$

根据质量守恒定律，可知返排液体体积一定，即流量一定，由式（5-1-13）可得最大油嘴半径。

$$r=\sqrt{\frac{4Q}{\pi V}} \tag{5-1-13}$$

上述式中 v——压裂液经过油嘴的流速，m/s；

A——单个支撑剂的迎风面积，m^2；

γ——地层岩石泊松比；

r——油嘴半径，m；

v_1——压裂液在油管中的流速，m/s；

R——油管半径，m；

p_t——井口压力，MPa；

p_0——大气压，取 0.1MPa；

ζ——局部阻力系数，取 0.5。

（2）实验校正模型并建立返排模板。

① 临界流速室内实验。

使用改装 DL-2000 型酸蚀裂缝导流能力试验仪进行支撑剂、煤粉的返排临界流速测定。

a. 石英砂临界流速测定实验。

由第一临界流速公式可知，支撑剂粒径越小，临界流速越小，故选用压裂施工中常用的最小粒径 40～70 目石英砂进行临界流速测定实验。

实验步骤：（a）将石英砂充填到改进的 API 导流室中；（b）加载所需的闭合应力，

排出导流室和管线中的气体；（c）以 5cm³/min 的流量开始实验；（d）待压力稳定后，以5～10cm³/min 的增量提高流速到下一个测量值；（e）观察导流室出口或者流出液，如果含砂则表明发生了石英砂回流，停止实验；（f）如果没有出现回流则重复步骤，直到流量的最大值或者泵的最大排量。

实验结果：实验测得在闭合压力 0～30MPa 范围内，40～70 目石英砂的临界流速（图 5-1-20）与数学模型计算得出的临界流速平均吻合率达 81%。

b. 不同粒径煤粉临界流速测定实验。

实验步骤：（a）将 40～70 目石英砂和煤粉按照 5∶1 比例混合，充填到改进的 API 导流室中；（b）设定闭合应力为 20MPa，加载应力，排出导流室和管线中的气体；（c）以 5cm³/min 的流量开始实验；（d）待压力稳定后，以 5～10cm³/min 的增量提高流速到下一个测量值；（e）每一个测量值下对产出液体进行取样、离心、烘干、称重；（f）当煤粉含量达到 5% 时，认为达到该粒径煤粉的临界流速。

实验结果：实验测得在闭合压力为 20MPa 时，不同粒径煤粉的临界流速与数学模型计算得出的临界流速平均吻合率达 80%。

② 压裂后放喷返排图版。

室内实验结果表明，数学模型合理性较高，可以直接应用。根据数学模型绘制煤层气井压裂后放喷返排图版（压力—油嘴尺寸），如图 5-1-21 所示。

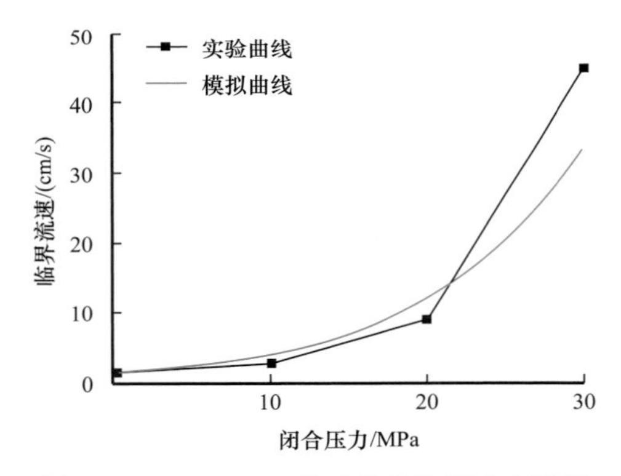

图 5-1-20　40～70 目石英砂临界流速随闭合压力变化

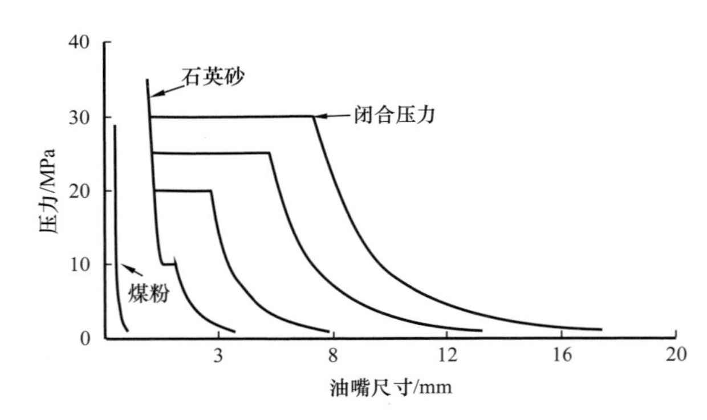

图 5-1-21　煤层气井压裂后放喷返排图版（压力—油嘴尺寸）

第二节　压裂施工工艺

水平井与直斜井相比，在控制储量面积、产能、资源有效利用率等方面具有较大优势。对于大多数水平井，必须进行分段压裂改造来释放产能，提高采收率。采用水力压裂技术逐段进行压裂，每一段可以有数条有效压裂裂缝，增加井眼与煤储层、割理与裂缝之间的连通性，形成复杂网络裂缝，增大煤储层的泄流和解吸面积，密集的压裂裂缝有效降低了钻完井对储层的伤害，提高煤层气产量和采收率。

水平井分段压裂工艺，既要满足施工排量的要求，又可降低漏失，提高压裂液使用效率。华北油田煤层气水平井通过不断优化完善，形成了连续油管底封拖动分段压裂技术、普通油管底封拖动分段压裂技术、不动管柱水力喷射分段压裂技术、桥射联作多簇分段压裂技术四项主体技术（表5-2-1），满足了煤层气低成本、高效分段改造的要求。

表5-2-1　煤层气水平井分段压裂工艺评价

井型	压裂工艺	适应范围	射孔方式	工艺简述	工艺评价
水平井	连续油管底封拖动分段压裂	以原生煤为主，套管完井	喷砂	利用连续油管底带工具，拖动上返完成多段改造，环空加砂油管补液	不动井口，环空压裂排量高，施工效率较高
	普通油管底封拖动分段压裂	以原生煤为主，套管完井	喷砂	采用普通油管底带工具，对套管先进行喷砂射孔，环空加砂压裂油管补液，压裂后快速放喷，拆井口，上提管柱至下一段位置	大排量施工；快速返排；可正反洗井避免管柱被卡风险；无新增设备，占用场地小；费用低廉。缺点：需要逐段放喷，拆井口，效率较低
	不动管柱水力喷射分段压裂	原生煤—碎裂煤，套管、筛管完井	喷砂	无接箍油管带多套滑套扩径喷枪，喷砂射孔，油管加砂，投球打开上层滑套，压裂下一段，压裂后油管放喷排液，起管柱	不动管柱，分段投球改造，施工效率高。缺点，一次管柱分段段数受限
	桥射联作多簇分段压裂	原生煤—碎裂煤，套管完井	电缆	用电缆携带可溶桥塞，以泵送方式完成桥塞坐封，电缆多簇定向射孔，起出射孔枪，光套管压裂，后期放喷排液	带压作业施工效率高、排量大，满足大规模改造需求，沟通范围大，可实现体积压裂

一、连续油管底封拖动分段压裂技术

连续油管技术已广泛应用于非常规气藏水平井储层改造工程中，其作业设备具有带压作业、连续起下的特点。该技术集合了连续油管技术、水力喷射压裂技术的特点，可以实现水力喷砂射孔与压裂联作，无须另行射孔及井筒封隔工具，可实现一趟钻具分多段压裂，起下钻作业次数减少，作业周期短，适应不同完井方式，该工艺已成熟应用于煤层气水平井压裂改造工程中。

1. 技术原理

该工艺主要采用连续油管动力设备，通过带压作业装置实现连续带压起下压裂管柱。在套管压裂之前首先油管注入，利用喷枪进行喷砂射孔射开套管，喷砂射孔是利用贝努利原理，通过喷嘴节流，将高压射孔液转化为高速射孔液对套管进行喷射冲蚀；射开套管后，利用套管环空注入、油管补液方式进行压裂，压裂液通过套管射开的孔道进入地层，改变地层渗透能力及导流范围，喷枪可重复多次实现喷砂射孔，封隔器可多次坐封、解封，实现多段分段改造的目的。连续油管底封拖动分段压裂技术管柱结构如图 5-2-1 所示。

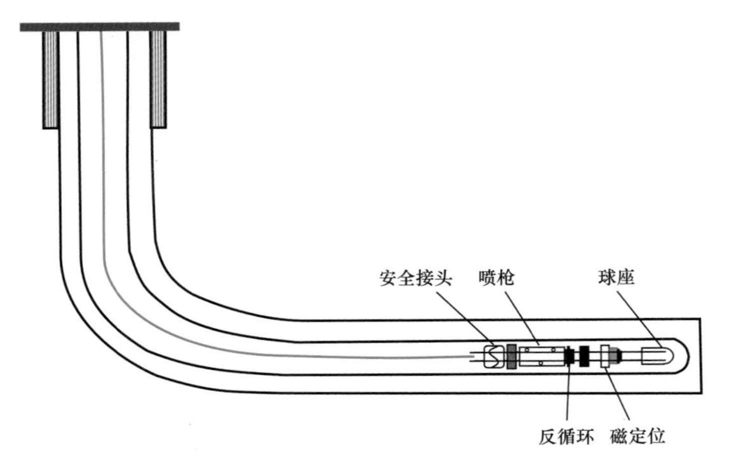

图 5-2-1 连续油管底封拖动分段压裂技术管柱结构示意图

2. 施工步骤

（1）采用连续油管设备带工具（表 5-2-2）入井。

表 5-2-2 连续油管底封拖动工具参数

序号	名称	外径 /mm	通径 /mm	长度 /m	总长 /m
1	2in CT 接头	79.5	44.9	0.35	0.35
2	机械丢手	79.5	47.8	0.31	0.66
3	扶正器 1	115.9	50	0.91	1.57
4	扶正器 2	115.9	50	0.91	2.48
5	球座	77.7	31.8	0.11	2.59
6	喷枪	95	38.1	0.59	3.18
7	压力计	78	47.5	0.25	3.43
8	循环阀	82	34	0.62	4.05
9	封隔器	117.9	38.1	0.84	4.89
10	机械定位器	132	38.1	0.43	5.32
11	压力计	78	47.5	0.25	5.57
12	导引头	79.5	38.1	0.11	5.68
自然状态下喷射孔到 MCCL 的距离 /m					2.2
坐封时喷射孔到 MCCL 的距离 /m					2

（2）采用 MCCL 定位套管接箍定位器定位、校深：下连续油管带拖动压裂工具串，至短套管位置以下，然后回拖工具串进行定位。MCCL 工具有优越的接箍显示能力，通过定位出射孔点附近的接箍位置，能准确避开接箍位置，精细校准射孔点。

（3）坐封 Y221 封隔器（图 5–2–2）：将连续油管下放至目的位置，上提工具串后立即下放完成换轨操作，完成坐封。

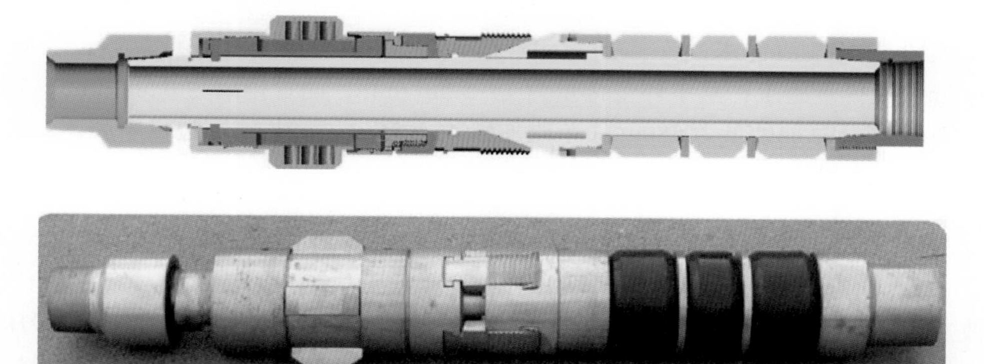

图 5–2–2　Y221 封隔器

（4）连续油管验封：从环空打压，对封隔器进行验封。

（5）采用喷枪（图 5–2–3）喷砂射孔：从连续油管内泵注射孔液进行喷砂射孔。

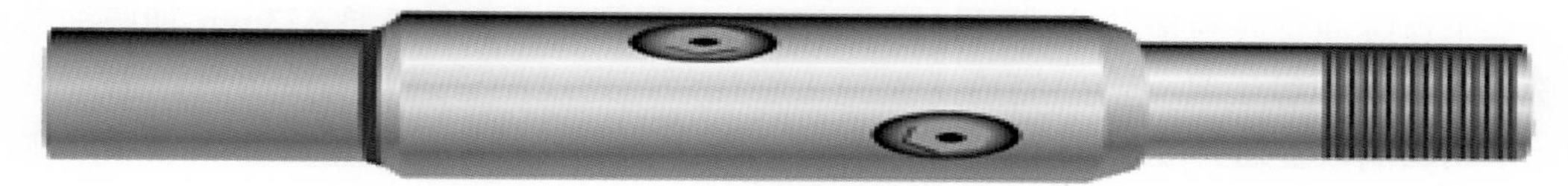

图 5–2–3　喷枪工具

（6）采用环空注入、油管补液方式压裂第一层段。

（7）封隔器解封，上提连续油管至下一井段。

（8）重复步骤（3）至步骤（7），完成后续井段施工。

（9）施工结束后起出连续油管，冲砂放喷，下泵排采。

3. 技术特点

（1）通过拖动连续油管，可完成多级分段喷砂射孔和精确定位压裂。

（2）压裂过程中出现砂堵等复杂情况可进行反循环冲砂。

（3）可实现无限级分段压裂且两压裂段之间距离无限制。

（4）某段地层压不开时，可在该段地层重新选择压裂点，喷砂射孔完成压裂施工。

（5）压裂后可实现井筒内全通径，利于下泵排采且便于后期作业。

（6）采用环空注入加砂、油管补液方式，一定程度上有利于提高施工排量。

（7）该技术可实现带压作业，避免拆装井口，作业周期短，施工效率高，适应不同完井方式。

4. 现场应用

Z4P2-2 井为一口二开套管半程固井方式完井水平井。该井套管规格 N80 钢级，外径 139.7mm，壁厚 7.72mm，完钻井深 2008m，水平段长度 1008m，倾角 99.3°，煤层钻遇率 91.77%。

该井采用连续油管底封拖动分段压裂技术分 12 段进行压裂施工，段间距 80～100m，压裂液为 0.5%KCl 活性水，支撑剂为 40～70 目石英砂 +20～40 目石英砂，实际采用 1～6m^3/min 变排量施工，其中环空排量为 1～5.5m^3/min，油管排量为 0.5m^3/min，总入地液量共 7080m^3，总加砂量为 580m^3，单段加砂 45～55m^3。该井施工过程顺利，完成了各项设计要求，达到预期施工目的。

二、普通油管底封拖动分段压裂技术

在连续油管底封拖动分段压裂技术的基础上，为了适应现场条件，降低施工费用，提高改造效果，通过优化工艺参数和施工程序，研究形成了普通油管底封拖动分段压裂技术。该技术利用普通油管代替连续油管，占用场地小，可节约大量费用，能够逐段快速放喷，减少水在煤层的滞留时间，降低固液污染堵塞，确保压裂效果，普通油管拖动喷枪、封隔器等组合工具，逐段验封、喷砂射孔、环空压裂，更换工具可实施无限级压裂。

1. 技术原理

基于连续油管底封拖动分段压裂技术原理，采用修井机下入普通 ϕ73mm 加厚油管底带喷枪、封隔器等工具一套，完成压裂施工管柱后，通过油管进行喷砂射孔，射开套管后，采用套管环空注入方式进行压裂，同时油管注入进行补液。在华北油田煤层气水平井大多数采用半程固井方式（即水平段不固井），采用常规压裂技术往往会产生管外串，利用喷砂射孔工序产生的大量煤粉及石英砂混合物，在射孔段前后套管外堆积自然形成封堵，通过控制喷砂时间及砂量，根据井口油管、套管压力的变化，实现射孔段套管外封堵（图 5-2-4）。

该技术不能带压作业，单段压裂施工结束后需放喷洗井，待井筒无返出、井口压力和溢流较小时，解封封隔器，上提油管到下一目的层，实现多段、分段改造目的。

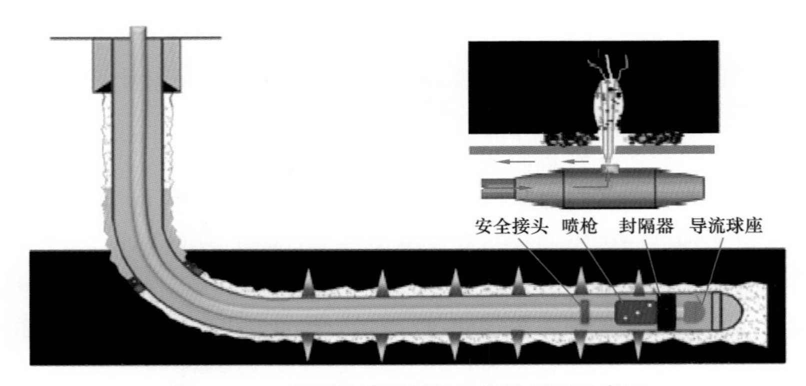

图 5-2-4 普通油管底封拖动分段压裂示意图

2. 施工步骤

（1）用修井机下入压裂施工管柱（自下而上）：引鞋 + 筛管短节 + 球座 + 水力锚 + K341–114 封隔器（图 5–2–5、表 5–2–3）+ 长孔距定径喷枪（图 5–2–6、表 5–2–4）+ 安全接头 +ϕ73mm 加厚油管至井口。

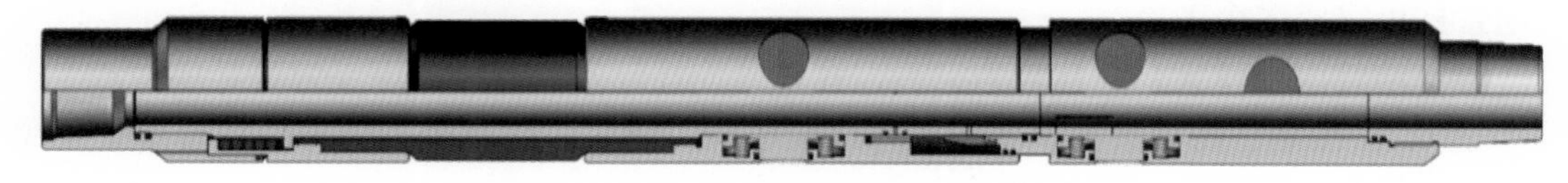

图 5–2–5　K341–114 封隔器示意图

表 5–2–3　K341–114 封隔器工具参数

胶筒扩张压力 / MPa	工作压差 / MPa	耐温 / ℃	最大外径 / mm	最小内径 / mm	两端连接方式
0.7～1.3	60	120	ϕ116	ϕ61	$2^7/_8$ in EUE

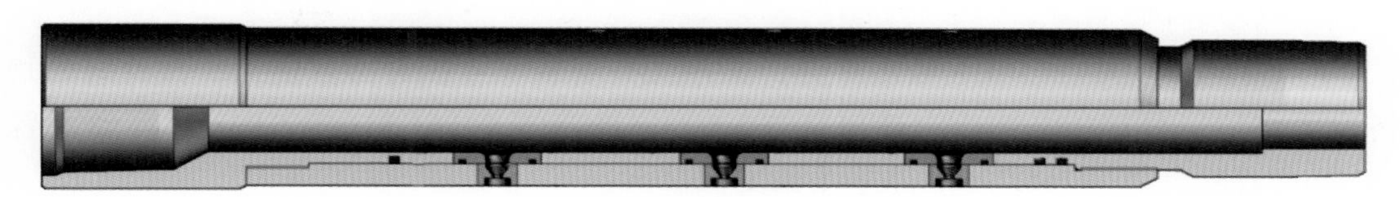

图 5–2–6　长孔距固定喷枪结构示意图

表 5–2–4　长孔距固定喷枪工具参数

参数	数值
最大外径 /mm	94
长度 /mm	1260
内通径 /mm	45
最大施工排量 /（m^3/min）	3.5～4.0
施工压力 /MPa	70
喷嘴尺寸 /mm	ϕ5.5～6
喷嘴数量 / 个	4～6

（2）喷砂射孔：采用油管注入方式，油管排量为 2.5m^3/min，砂比为 7%，石英砂 1～1.5m^3 射开套管。

（3）压裂施工：采用环空注入、油管补液方式进行压裂施工。

（4）快速返排：测压降 30min 后快速放喷，同时正洗井，防止环空沉砂。待井筒无返出，井口压力为零且溢流较小时，上提管柱到下一坐封点。

（5）采用同样方式对其余各段逐段进行射孔压裂。

（6）最后一段施工结束后放喷排液，返排结束后洗井起管柱进行下泵排采。

3. 技术特点

（1）压裂管柱结构简单，底封实现层间封隔，可实现射孔—压裂—循环冲砂联作，一趟管柱可完成多个工序。

（2）油管内径较大，射孔较为完善，孔眼延伸性较好，有利于煤层裂缝延伸。

（3）“长孔距、高抗磨蚀、防掉嘴”固定喷枪，增强喷射效果，保障使用寿命，避免套管局部集中损伤。

（4）环空压裂，可以满足大排量施工的要求，分段效果较好，可实现正反洗井，有利于压裂砂堵、管柱遇阻等事故的及时处理。

（5）逐段快速返排，减少了固液污染，保障压裂效果。

（6）不使用连续油管车、吊车，占用场地小，施工费用低。

（7）缺点是需要逐段拆装井口，施工速度受到一定影响。

4. 应用实例

ZS76P1-6 井为一口单上倾水平井，采用二开套管半程固井方式完井。该井套管规格 N80 钢级，外径 139.7mm，壁厚 7.72mm，分级箍深度 861.54～865.93m，完钻井深 1855m，着陆点垂深 765.79m，水平段长度 1260m。

该井采用普通油管底封拖动分段压裂技术分 13 段进行压裂施工（图 5-2-7），段间距 80～100m，压裂液为 0.5%KCl 活性水，支撑剂为 40～70 目 +20～40 目石英砂，实际采用 3～6m^3/min 变排量施工，其中环空排量为 2～5m^3/min，油管排量为 1m^3/min，总入地液量共 9600m^3，总加砂量为 720m^3，单段加砂 50～60m^3。通过地面微地震监测分段压裂结果（图 5-2-8），普通油管底封拖动分段压裂技术能够实现分段压裂，获得较大的改造范围。

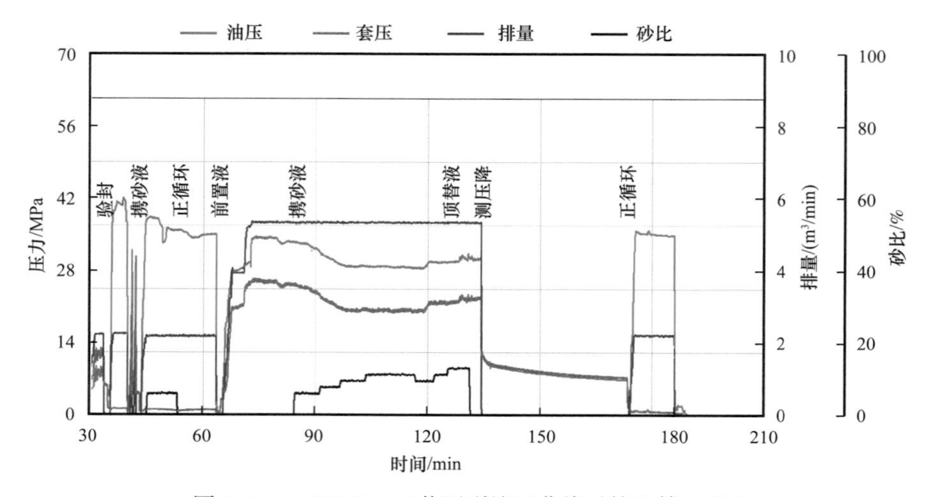

图 5-2-7 ZS76P1-6 井压裂施工曲线（摘选第 7 段）

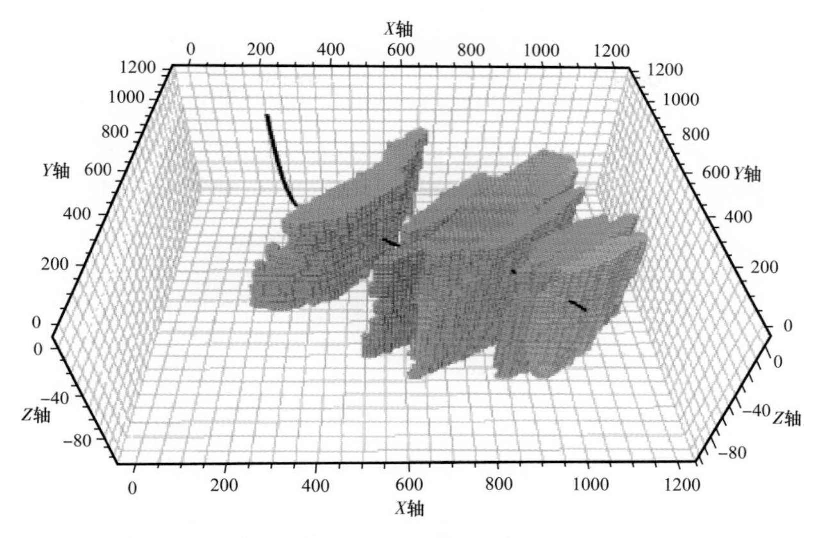

图 5-2-8 普通油管底封拖动分段压裂技术裂缝解释结果

三、不动管柱水力喷射分段压裂技术

不动管柱水力喷射分段压裂技术采用大尺寸油管喷砂压裂 + 套管补液的方式，具有携砂能力强、流速高、射流增压效果好特点，结合扩径式水力喷枪，能够满足煤层气 5～7m^3/min 施工排量需求，实现准确定向、有效封隔、不动管柱多段压裂改造。

1. 技术原理

采用 ϕ88.9mm 无接箍油管底带若干滑套扩径喷枪、油管注入方式进行喷砂射孔，根据伯努利原理，高速流体携带石英砂等磨料，通过喷枪喷嘴射穿套管，流体进入煤层后，射流动能增加孔内液体压力，诱导初始裂缝产生及延伸；射孔完成后，扩径喷枪喷嘴扩大，增大泄流面积并降低施工摩阻。以油管注入、套管环空补液方式进行正式压裂。完成首段压裂后通过投球打开上一段喷枪滑套，不动管柱逐段进行喷射压裂施工。施工管柱、球座内径及钢球直径参考图 5-2-9 中数据。

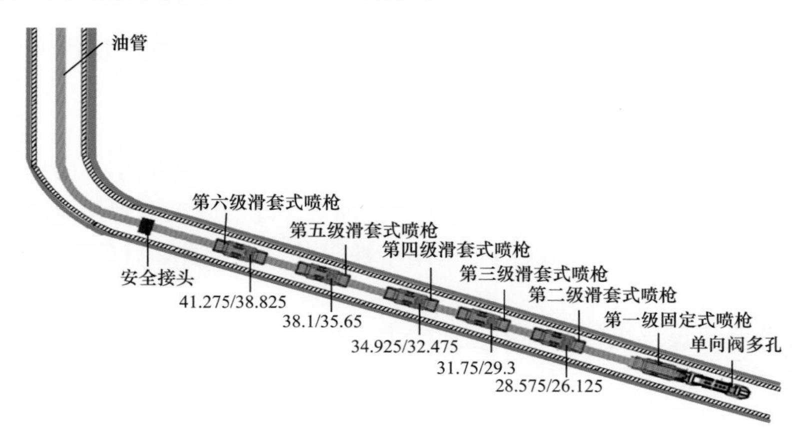

图 5-2-9 不动管柱水力喷射分段压裂示意图（单位：mm）

2. 施工步骤

（1）根据水平段分段数，用修井机下入压裂施工管柱（自下而上）：导向底球 + 扩径式喷枪（无滑套）+ϕ88.9mm 油管若干 + 滑套扩径喷枪 1（表 5–2–5）+ϕ88.9mm 油管若干 + 滑套扩径喷枪 2+……+ 滑套扩径喷枪 N+ϕ88.9mm 油管至井口。

表 5–2–5　滑套扩径喷枪工具参数

工具名称	滑套扩径式喷枪		规格型号	HKSPQ–108/47	
工具外径 /mm	ϕ108	工具长度 /mm	850	耐温 /℃	120
承压 /MPa	70	枪体外径 /mm	ϕ113	连接螺纹	$3^{1}/_{2}$in
喷嘴初始孔径 /mm	ϕ5.5～6	喷嘴扩径后孔径 /mm	ϕ14～16		
球座分级	ϕ52mm、ϕ47mm、ϕ44mm、ϕ41mm、ϕ38mm、ϕ35mm……				

滑套扩径喷枪工作原理：喷射初期采用小孔径喷嘴进行射孔作业。小喷嘴采用可磨损软质金属材料，在完成喷砂射孔作业后，随着逐渐加砂的磨蚀，小喷嘴逐渐扩径，随着扩径的出现，在保证油管、套管不出现超压的情况下，逐渐提高施工排量，小喷嘴在不断的喷射磨蚀下逐渐扩径，直至完全磨损至与大喷嘴孔径相同。在其他层段施工时，上级滑套扩径喷枪处于密封状态，施工完一层后，分别采用不同的开启球座，投相应尺寸钢球逐级开启滑套，达到逐级、分级施工的目的。

（2）喷砂射孔：采用油管注入方式喷砂射孔，油管排量 2.5m^3/min，砂比 8%，石英砂 1～1.5m^3 射开套管。

（3）压裂施工：采用油管注入、环空补液方式进行压裂施工。

（4）投球：投钢球打开上一级扩径喷枪滑套。

（5）喷砂射孔压裂：不动管柱逐层完成水平井各段喷砂射孔压裂施工。

（6）放喷投产：按要求放喷后，洗井起出压裂管柱，冲砂下泵排采。

3. 技术特点

（1）投入相应尺寸球即可打开各级滑套，一趟管柱完成多段射孔和压裂作业，节省作业时间。

（2）利用水力喷射原理进行封隔，无须机械封隔装置。

（3）具有射流增压、水力自封隔和诱导破裂的作用，施工风险小，操作简便。

（4）为降低风险，煤层段尽可能选用无接箍油管，降低施工卡管柱风险。

（5）该技术不受完井方式的限制，适用于裸眼井、套管井、筛管井等各种井型的措施改造。

（6）对部分区块煤层煤体结构差、地应力高难以破裂、加砂困难等水平井具有较好的针对性。

4. 应用实例

以 Z1P-3 井为例，该井采用二开煤层段不固井完井方式，煤层埋深 1057m，井深 2236m，初始设计采用底封拖动环空压裂方式压裂 10 段，首段压裂两次均出现加砂困难、超压等问题，如图 5-2-10 所示，第一段采用普通油管底封拖动施工压力 43～50MPa，先后两次压裂平均用液 $1266m^3$，加砂均小于 $20m^3$，无法达到设计要求。

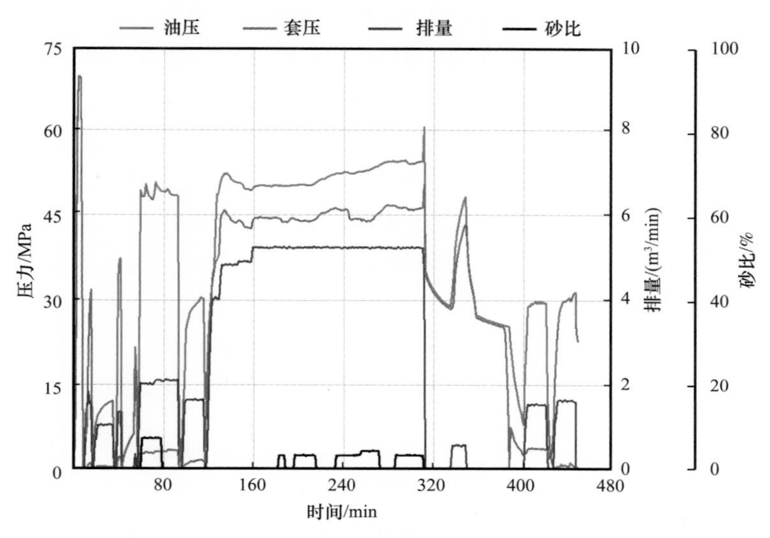

图 5-2-10　Z1P-3 井第一层（第一次）压裂施工曲线

后期更改设计，采用不动管柱水力喷射分段压裂技术顺利完成了剩余 9 段压裂施工（图 5-2-11），平均压裂用液 $1082m^3$，平均加砂 $55.24m^3$，最高砂比 14.37%（图 5-2-11）。

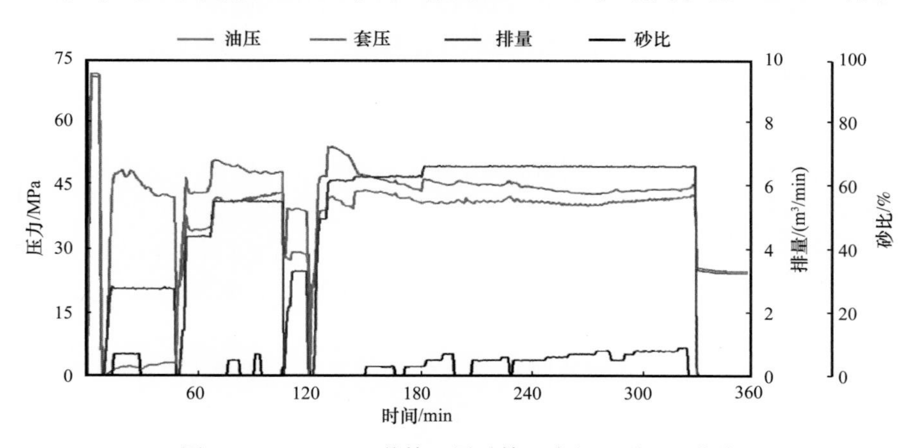

图 5-2-11　Z1P-3 井第一层（第二次）压裂施工曲线

四、桥射联作多簇分段压裂技术

泵送桥塞是一种近年来发展的压裂改造新工具，在致密油气藏中成熟应用，配套多簇射孔，分段压裂改造，也称为桥射联作多簇分段压裂技术。该技术采用电缆携带射孔枪与桥塞，以泵送方式下入水平井预定坐封位置，利用桥塞封隔井筒，光套管进行压裂。该技术有着很大的优势，其分隔、射孔、压裂一体技术满足了水平井压裂所需要的大排量、大液量等施工参数，通过不断优化改进，该技术适应于各种油气藏开发，得到广泛的应用。

1. 技术原理

桥射联作多簇分段压裂技术主要技术原理：利用射孔电缆一次将井下仪器、分簇射孔器、桥塞坐封工具、桥塞、分簇点火控制装置等通过枪串以重力或水力泵送方式输送到目地层，通过地面控制系统点火引爆桥塞点火器，引燃主装火药，坐封桥塞。再上提电缆至第一簇射孔位置，通过地面控制系统点火引爆射孔枪，逐次上提电缆完成多簇射孔，光套管压裂，依次上返完成多段储层改造。

该技术共分为三个关键环节，首先是利用桥塞实现水平井分段压裂，同时保证套管内无管柱，实现大排量压裂施工，所用桥塞早期为快钻桥塞，现多数采用可溶桥塞，该桥塞在一定时间内可自动溶解，实现井筒畅通，便于后期下泵排采；其次，利用电缆携带多级射孔枪，在水平井每段中进行多簇射孔，增加进液通道，扩大裂缝沟通范围，同时利用电缆实现桥塞坐封、丢手及射孔枪上提点火；最后，该技术能够实现带压作业，大幅度缩短施工周期，提高了施工效率。

2. 施工步骤

（1）井筒准备：采用修井机通洗井，保证桥塞坐封位置井筒无异常。

（2）第一层射孔采用爬行器拖动射孔枪下入，进行第一段射孔。依据设计孔密、孔数、相位角等射孔参数及簇数配置射孔枪及射孔弹。

（3）起出射孔枪，对第一段采用光套管注入方式压裂施工。

（4）电缆作业下入桥塞及射孔枪，进入水平段后，通过泵送方式将桥塞和射孔枪泵送至第二层坐封射孔位置。

（5）点火坐封桥塞。

（6）上提射孔枪至预定位置，射孔。坐封桥塞和射孔可由一趟电缆完成，其中可进行多级点火、多簇射孔。

（7）射孔后起出电缆和桥塞坐封工具，光套管注入压裂施工第二段。

（8）压裂后再进行下一级的桥塞和射孔枪泵送，重复以上步骤完成多段压裂。

（9）压裂完成后起出射孔枪串。

（10）若采用可钻式复合桥塞分段，下入专用工具进行钻塞后投产；若采用可溶桥塞，关井待桥塞溶解后，通井冲砂洗井，下泵投产。

① 可钻式复合桥塞。

可钻式复合桥塞为复合材料制成，芯轴为铝制，耐温140℃、耐压140MPa，最多点火级数20级（表5-2-6）。

形成了满足114.3mm、127mm和139.7mm 3种套管尺寸复合桥塞工具系列，安全可靠，易钻磨。

表 5-2-6 可钻式复合桥塞工具性能参数

型号	外径 /mm	温度 /℃	压力 /MPa	适用套管 /mm	最多点火级数 / 级	最高井口压力 /MPa
MF89	89	140	140	127	20	105
MF102	102	140	120	139.7	20	105

② 可溶桥塞。

有利于处理泵送、射孔过程中出现的复杂情况，例如桥塞提前坐封、遇阻、遇卡等情况，只需待 2～3 天桥塞溶解后，直接起出工具串；实现井筒全通径，便于后期实施井下作业。但目前可溶桥塞尚未实现真正意义上的全可溶，桥塞上的部分销钉仍不能溶解；同时，可溶桥塞在井下环境中 10～12h 后便开始溶解，对作业组织提出了更高的要求。

可溶桥塞使分段压裂流程进一步简化，免钻塞程序，级数无限制；可适应任意井型，井下无限制，全通径生产；可提高产能，压裂后迅速返排，立即实现产能；可降低风险应对复杂程度，工具遇卡可在盐水或酸液中溶解。

3. 技术特点

（1）封隔可靠性高。通过桥塞实现下层封隔，通过试压可判断出是否存在窜层的可能性。

（2）压裂层位精确。通过射孔实现定点启裂，裂缝布放位置精准。可通过多簇射孔，实现体积压裂。

（3）压裂后井筒完善程度高。可钻桥塞钻磨后的桥塞碎屑可随流体排出，为后续作业和生产留下全通径井筒；可溶桥塞可在一定时间内完全溶解，避免井筒复杂工序。

（4）受井眼稳定性影响相对较小，井眼失稳段对桥塞坐封可靠性无影响，优于封隔器分段压裂工艺。

（5）分层压裂段数不受限制。通过逐级泵入桥塞进行封隔，分层压裂级数不受限制，可实现无限级分段压裂。

（6）下钻风险小，施工砂堵容易处理。与封隔器相比，管柱下入风险相对较小。

（7）带压作业，缩短了施工周期，提高了施工效率，光套管压裂，大排量压裂改造，实现体积压裂，提高了改造效果。

4. 现场应用

以 Z76P-3-31L 井为例，该井为二开半程固井水平井，煤层埋深 815m，井深 2816m，水平段长 2001m，主力煤层为 3 号煤层，该井水平段较长，采用底封拖动分段压裂等其他工艺均不能满足压裂管柱下入需求。该井设计采用多簇定向射孔 + 桥射联作 + 可溶桥塞工艺，分 21 段、63 簇压裂改造，射孔参数为 89 枪、长度 0.5m，每簇 8 孔，活性水体压裂液体系，实际加砂 30～55m^3 / 段，总砂量 1035m^3，总液量 21960m^3，最高施工排量 8～9m^3/min，施工较为顺利，达到改造目的。

第六章　排采工艺

L 型水平井取消了洞穴排采井，促进排采设备需由常规的“管式泵 + 抽油机”有杆举升工艺向“多种驱动方式 + 多种举升设备”无杆举升工艺转变，通过无杆举升工艺攻关和配套技术优化，做到了 L 型水平井在煤层水平段直接排水采气，实现高效开发。

第一节　举升技术发展概况

2013 年之前，煤层气水平井井型主要为 U 型井和裸眼多分支水平井，旨在提高煤层渗透率、扩大单井控制面积，提高产气量。

U 型井、裸眼多分支水平井必须配有排采直井，在排采直井内下入排采管柱，采用抽油机 + 管式泵或螺杆泵有杆举升工艺，实现排水采气，同时用于水平井钻进的工程井进行封井处理。此类钻完井模式，井位选择难度大、井场及道路多、征地面积大、投资成本高，导致水平井效益开发严重受限。

抽油机 + 管式泵排采适应性强，操作简单。在排采不同阶段，根据产水量变化调整泵型，并可通过调速电动机调频，根据各井情况选择适当的排采强度。抽油机型号主要为三型、四型、五型、六型和八型；管式泵为二级密封，泵径以 32mm、38mm、44mm 和 57mm 为主，少量使用 70mm 、83mm 泵径。适合于产水量在 100m^3 以下，井斜小于 35°，压裂砂、煤粉含量较少的井上使用。对于产气量极高或大量出砂的井，需要进行特殊的井下设计。具有工艺成熟、运行成本低的优点；存在上下负荷差异大、携煤灰能力差、阀门易漏失的不足。煤粉卡泵是抽油机管式泵普遍的共识，导致大量检泵工作量。

螺杆泵排水工艺结构简单，占地面积小，维护简单；螺杆泵型号主要为 GLB40–25、GLB75–25、GLB190–25 和 GLB300–13，配上调速电动机可以在一个很宽的速度范围内工作，排量变化较大，最高日产水量可达到 250m^3 以上。具有排量易调整、携煤灰能力强、间抽安全性强的优点；但是在排采后期，当产水量少、产气量高时存在烧泵的情况。

2013—2015 年，华北油田公司初步探索了 L 型水平井，进入“十三五”后，逐步示范并成熟推广。L 型水平井取消了排采直井，有杆举升工艺在煤层水平段排采表现出强烈的不适用性。

L 型水平井没有排采直井，最大井斜一般为 85°～95°，井眼垂深最大点一般在煤层水平段，为最大化释放产能，降低储层压力，泵挂点一般靠近经验垂深最大点。有杆举升工艺存在有杆泵无法下入、杆管偏磨严重、有杆泵漏失量大或无法工作的情况，导致 L 型水平井无法实现稳定排采。

因此，需要攻关一种适配 L 型水平井的无杆举升工艺技术，实现稳定排采，以使产能高效释放。

目前，煤层气井采用的无杆排采工艺主要有射流泵、水力管式泵，电潜螺杆泵和液压双循环无杆泵。

第二节 排采举升工艺关键技术

在井斜角大于35°的大斜度井和L型水平井中，其井身结构特点及煤层气井排水降压要求，决定了在排水降压时只能采用无杆排采方式。国内油田普遍采用电潜泵、射流泵、数控电潜螺杆泵、液压无杆泵等多种无杆举升工艺。

通过对比不同工艺的工作原理、优缺点及适应性，结合煤层气大斜度水平井排采需求，以井下泵可正常工作，井筒工艺简单，防煤粉、防气应用措施得当，地面设备故障率低、维护方便，整套工艺费用相对较低等条件进行综合对比，形成了射流泵、水力管式泵、电潜螺杆泵和液压双循环无杆泵4种无杆举升关键技术。

一、射流泵排采举升技术

1. 工作原理

射流泵排采工艺由井下射流泵、73mm/48mm油管、特制井口、流量调节阀、地面动力柱塞泵、控制柜、水箱等组成。射流泵是一种特殊的水力泵，结构简单，没有运动件，它主要由喷嘴、吸入管、喉管（混合段）、扩散管等部分组成。

地面的高速动力液进入水力泵后，在喷嘴与喉管之间形成负压，井内液体吸入负压区，然后随着动力液抽汲至地面，泵压越高流速越快，产生负压越大，对流体的抽汲力就越大，相应产液量就越高。

现场应用表明，射流泵具备以下优势：

（1）射流泵井下无运动部件，避免了杆管偏磨，实现了超大斜度下（井斜不大于89°）的泵芯到位，非常适用于超大斜度井（水平井）及丛式井组（斜井）的排采。

（2）携砂（排出煤粉）能力强，筛管即使堵塞也能不动管柱正洗筛管，解堵后正常生产，管柱使用寿命显著提高。

（3）地面设施成套配置，管理方便，维护费用低廉，可通过无作业换泵（泵芯）提高排液效率。

2. 主要技术参数

射流泵的井下工作筒长度为1.4m，直径为95～110mm；同心管泵芯长度为1.2m，直径为38mm，精度为2mm；理论排量为0～150m^3/d，现场实际排量为0～50m^3/d；运行频率为0～50Hz；连接油管外径为73mm；三柱塞泵安装尺寸为2200mm×1000mm；控制柜尺寸为550mm×350mm×1700mm；水箱容积为5m^3；配备电动机功率分别为22.5kW、37.5kW和55kW。射流泵主要型号参数见表6-2-1。

表 6-2-1 射流泵主要型号参数

型号	理论排量 / m^3/d	扬程 / m	含砂量 / %	泵吸入口位置	最大外径 / mm	适用套管 / in	长度 / m	适用井斜 / (°)	允许最大狗腿度 / (°) /30m	耐用温度 / ℃	泵芯投捞方式
TPSB-1.9-78	0.1～30	800	＜10%	泵芯中部	78	内径≥82mm	＜1.3	0～90	＜30	＜220	液力
TPSB-1.9-92	0.1～40	1000	＜10%	泵芯中部	92	$4^1/_2$	＜1.3	0～90	＜30	＜400	液力
TPSB-1.9-98	0.1～50	1300	＜10%	泵芯中部	98	$5^1/_2$	＜1.3	0～90	＜30	＜400	液力

二、水力管式泵排采举升技术

1. 工作原理

水力管式泵排采系统主要由地面液压站、井下液力管式泵和动力液中心管三大部分组成。

工作原理：地面液压站由三柱塞泵与液压缸、电动换向阀、电动机等组成，为井下泵上下冲程提供需要的不同液压；动力液中心管与油管提供两个液力通道；井下液力管式泵是利用两个泵体内的大小柱塞面积差，产生不同动力，使动力柱塞和排采柱塞同步上下运行，实现井下泵间歇排液。

2. 泵工作特点

（1）液压控制井下柱塞运动，无杆管偏磨。

（2）长冲程，冲程 4m，最长可到 8m；低冲次，双速电动机定量泵，排量无级可调。

（3）动力活塞两端安装有自动补偿的四氟防尘圈，避免砂粒进入密封间隙。

（4）在冲程上死点，高压动力液进入泵腔内冲洗固定阀，实现排煤粉功能。自动洗井功能的实现：在 PLC 屏上可以输入洗井时间和洗井周期，也可手动洗井和远程控制洗井操作。

（5）防止井下无液时，烧泵、卡泵。井下供液不足时，常规排采井油管内流速慢，煤粉易沉积造成卡泵。对于无杆泵，这种情况不存在，机组内外在注入驱动液的环境中运行，尽管不产液，但井下机组是在充足的液体内运行，不存在缺液的情况。因此，只要泵在运行，油管内就始终有高速水流，将煤粉带出地面。

（6）适用大斜度井或直接下入水平段。

（7）能耗低，易于远程控制。

3. 适应煤层气排采需求的优化

1）地面电动三柱塞泵

液压动力系统采用齿轮泵 + 大容积独立液压缸形式。大容积独立缸新型液压设备具有以下优点：

（1）单变频电动机驱动，调整范围大，故障范围小，变频器内有无功补偿功能，减少能耗。

（2）油水隔离缸设计，液压元件寿命长，采用抗污能力强的齿轮泵及插装阀，可做到一定周期内免维护。

（3）减少换向冲击，减少液压换向频率。

（4）电控箱内设有不间断电源，可保证在无外电源的情况下，远程对设备进行应急操作。

2）井下泵结构设计

基于前期应用的水力管式泵具有的用动力液冲洗泵内游动阀功能，2018 年改进了柱塞与泵筒结构设计，将洗井液进口设计在固定阀相连接泵筒的上部，便于洗井位置的控制。将大小两个柱塞之间用挠性管连接，对各泵筒连接装配、各柱塞与泵筒配合密封起到很好的作用。利用中心管与油管环空液流，冲洗泵内游动阀，起到无杆泵系统自洗井功能。这样，即发挥了柱塞式排采泵的结构优势。

井下泵结构受井下管柱尺寸限制，难以实现大尺寸通道排出煤粉，同时要满足泵效要求，因此，泵径最大外径为 102mm 不变，与插管气锚一同使用，在泵径、管柱外径上降低了启泵难度，降低了砂埋、卡泵风险。其中，插管气锚进液筛管起到防止大粒砂进泵作用，插管气锚底部具有沉砂效果。

由于当前沁水盆地煤层气水平井大多垂深不超过 1300m，排采泵在井水含煤粉、砂、气、硫化物等条件下工作，泵零件容易被磨损和腐蚀，井下泵技术参数（表 6-2-2）如下：

（1）泵径：ϕ57mm/ϕ44mm/ϕ38mm，能够与煤层气井普遍下入的 ϕ73.0mm 油管匹配，固定阀球 ϕ38mm，泵径为 ϕ38mm 水力管式泵实际排量为 0～30m^3/d，能满足各阶段的不同排量要求。

（2）冲程：无杆泵柱塞冲程损失较小，泵冲程为 3～4m。

（3）冲次：排水泵冲次主要由地面液压泵站控制，普遍在 0.1～4min^{-1} 之间。

（4）下泵深度：下泵深度为 1000m，并具有良好的耐磨、耐腐蚀性。

表 6-2-2 水力管式泵的基本参数

型号	电动机功率 / kW	冲程 / m	最大外径 / mm	长度 / m	冲次 / min^{-1}	实际日排采量 / m^3	扬程 / m	驱动压力 / MPa
YFWGSS57-38-4	3.75×2	4	89	9.5	0.1～4	0～25	800	9.4
YFWGSS70-44-3	7.5×2	3	102	7.8	0.1～4	0～18	1000	7.37
YFWGSS70-57-3.3	5.5×2	3.3	102	8.3	0.1～4	0～30	1000	7.7

三、电潜螺杆泵排采举升技术

电潜螺杆泵举升工艺作为适用性较强的一种无杆举升工艺，近年在L型水平井中的应用井数逐渐增加；但不同类型的电潜螺杆泵工艺因其结构功能不同，在排采管柱及配套工艺方面均具有差异性。同时，为解决当前无杆排采设备整体泵长，泵体外径大，进液口无法防煤粉、防气，工况环境适应性差的问题，研制一体式和分体式电潜螺杆泵并开展了现场排采示范。

1. 一体式电潜螺杆泵

煤层气智能井下排水采气装置——YTZQ潜油地下直驱螺杆泵（一体泵），由电动机转子通过柔性轴直接驱动螺杆泵进行采油的一种小排量复合采油设备。

螺杆泵整体设计安装在电动机内，螺杆泵定子和电动机壳体相对固定，转子由电动机壳和电动机定子内外扶正，保证转子运转同心度，电动机转子连接螺杆泵转子转动举升井液。安装的保护器使整套机组内外压力平衡，确保机械密封正常运行。柔性轴将螺杆泵转子的偏心运动调为同心，同时把轴向力通过推力轴承传递到外壳上。因为机组长度较短，电动机油容量较少，热膨胀量也会较少，所以保护器的呼吸量可以设计得更小，长度更短。

该种新型潜油地下直驱螺杆泵解决了地面驱动螺杆泵采油带来的抽油杆磨损和能量损耗大的问题，充分发挥了井下直驱螺杆泵采油的优越性，避免了减速器故障，并减小了机组整体长度。产品结构简单，工作安全可靠，安装维护方便，具有低转速运行、大扭矩输出、控制灵活、采油能耗低等优点，适用于低产井、大斜度井排采使用。

1）设备组成

YTZQ潜油直驱螺杆泵系统井下部分自下而上依次为尾管（防砂管）、一体泵（电动机、保护器、连接器、螺杆泵）、传感器、引接电缆、动力电缆（含信号缆）、油管等，井上部分包括井口、控制柜、接线盒、隔离接线盒。

2）工艺原理

智能电潜螺杆泵装置是通过控制柜和动力电缆控制井下“潜油电动机”，并由电动机直接驱动螺杆泵进行排采的一种设备，井下传感器通过敷设在动力电缆内的信号缆传递井下压力至控制柜，控制柜根据设定的液面压力值智能调节设备转速（50～500r/min），保持恒动液面状态。

3）工艺特点及参数

YTZQ潜油直驱螺杆泵（一体泵）是通过动力电缆驱动井下“潜油直驱电动机”，并由电动机转子通过柔性轴直接驱动螺杆泵进行排采的一种小排量复合排采设备。

该种新型潜油井下直驱螺杆泵避免了减速器故障，并减小了机组整体长度。产品结构简单，工作安全可靠，安装维护方便，具有低转速运行、大扭矩输出、控制灵活、采油能耗低等优点，同时配备毛细管闭环测压技术有效避免了沉没度不足烧泵问题，适用于单井产能低、大斜度的井排采。一体泵技术参数见表6-2-3。

表 6-2-3 一体泵技术参数

主要参数	一体式
螺杆泵型号	4.2–1200
扬程 /m	1200
外径尺寸 /mm	114
机泵最大投影直径 /mm	≤115
调速范围 /（r/min）	50～500
理论最大排量 /（m^3/d）	2.9～15
整机泵长度 /m	5.6
电动机功率 /kW	4.5
承受全井段最大狗腿度 /［（°）/30m］	15
承受泵挂处最大狗腿度 /［（°）/30m］	9
泵挂位置井斜 /（°）	60～90
最大下泵斜深 /m	1200
流量调节方式	变频调节
远程通信接口	RS485 协议
电源	三相交流，380V，50Hz
驱动方式	井下电动机驱动

2. 分体式电潜螺杆泵

煤层气智能井下排水采气装置——FTZQ 潜油直驱螺杆泵（分体式），采用潜油永磁同步电动机，在额定转速下电动机可以恒扭矩输出，额定转速以上电动机恒功率输出，因其无须抽油杆和机械减速装置，能耗低、效率高，比普通采油设备节能 30% 以上。其技术先进，性能稳定可靠，结构简单，安装维护方便。并可根据井况，通过地面变频控制系统对其进行 50～500r/min 无级调速。适应性强，适用于斜井、水平井排采。

1）设备组成

根据煤层气智能井下驱动泵排水采气装置的要求设计，主要由井上部分和井下部分组成。井上部分包括井口采油树、控制柜和隔离接线盒。井下部分自下而上依次为尾管（防砂管）、螺杆泵（含柔性杆）、连接器、保护器、潜油专用永磁同步电动机（含保护器）、传感器、引接电缆、动力电缆（含信号缆）、油管等，其中防砂管中的泄油阀、单向阀、扶正器根据井况选用。

2）工艺原理

智能电潜螺杆泵装置是通过控制柜和动力电缆控制井下潜油电动机，与常规电潜螺杆泵的不同点是电动机动力组件在上部，电动机直接驱动下部的螺杆泵进行排采的一种设备。工作时，通过地面上的变频控制系统由大扁电缆给井下的潜油专用永磁同步电动机供电，对其进行无级调速，使其以低转速运行、大扭矩输出，通过连接的保护器、柔性轴驱动螺杆泵进行排采。传感器监测到的压力、温度信号反馈到控制柜，从而实时调节螺杆泵的排量，确保高效高产，同时又能防止抽空事故发生。

3）工艺特点及参数

该种新型潜油直驱螺杆泵解决了地面驱动螺杆泵排采带来的抽油杆磨损和能量损耗大的问题。产品结构简单，工作安全可靠，安装维护方便，具有低转速运行、大扭矩输出、控制灵活、动力能耗低等优点，同时配备毛细管闭环测压技术有效避免了沉没度不足造成烧泵的问题，适用于单井产量低、大斜度的井开采。分体泵技术参数见表6-2-4。

表6-2-4 分体泵技术参数

主要参数	分体式
螺杆泵型号	10–1200
扬程 /m	1200
机泵最大投影直径 /mm	≤115
外径尺寸 /mm	114
调速范围 /（r/min）	50～500
理论最大排量 /（m^3/d）	10～40
整机泵长度 /m	15
电动机功率 /kW	8
承受全井段最大狗腿度 /［（°）/30m］	10
承受泵挂处最大狗腿度 /［（°）/30m］	5
泵挂位置井斜 /（°）	60～90
最大下泵斜深 /m	1200
流量调节方式	变频调节
远程通信接口	RS485 协议
电源	三相交流，380V，50Hz
驱动方式	井下电动机驱动

四、液压双循环无杆泵排采举升技术

1. 工作原理

液压双循环无杆泵包括地面和井下两大部分，地面部分包括动力泵、液压油箱、控制装置及各种安全保护装置；井下部分包括连续复合输液管、井下双循环活塞机组及防气工具等。

工作原理：采用双循环液压的动力方式，将液压能通过连续复合输液管传送到井下排采泵，推动井下泵的一组活塞往复运行，实现吸液和排液的双向运行，从而实现连续排液举升至地面的目的。

2. 系统设计

1）地面液压泵站

（1）装置组成。

地面液压泵站由乳化液泵、乳化液箱、变频防爆电动机、电器控制柜、机架和防护罩等组成，系统采用水基乳化液作为动力液，具有防爆、防火、防盗、保温等功能。

地面液压泵站采用往复式三柱塞泵作为动力源，使用乳化液作动力液，使用寿命更长。主要优点如下：

① 动力液闭式循环，无须地面水处理。

② 地面控制泵站与井下泵相互配合调整，在功耗降低的同时，排量得到很大的提高。

③ 井口控制泵站地面占地面积小，实际占地 1.9m^2。

④ 具有根据井深、各排采阶段的排水量变化的特点，调换动力配置来降低能耗，使装置达到最大限度的节能效果。

（2）技术参数。

地面液压泵站技术参数见表 6-2-5 和表 6-2-6。

表 6-2-5　地面液压泵站技术参数

泵站型号	电动机功率 /kW	泵站排量 /L/min	扬程 /m	排量 /m^3/d
1.5	2.2	4.5	800	7
2.2	2.2	5	800	8
3.0	3.0	6.5	800	11
4.0A	15	7.5	800	13
4.0B	15	9	800	15.5

表 6-2-6　地面液压泵站检测技术参数

参数	指标
装机功率 /kW	2.2～15
乳化液箱容积 /L	300
质量 /t	≤1.2
占地面积 /m^2	1.92
额定压力 /MPa	15～25

2）井下排采泵

井下排采泵的动力液经输液管线传输至排采泵，使排采泵往复运动并通过地面液压泵站顺序阀实现井下的液体吸入排出。采用井下泵内压力换向装置，最大限度地降低了管线打压膨胀变形造成的动力损耗，使设备损耗更低、排量更大。换向密封阀采用锥形密封，防煤粉密封效果好。

（1）井下排采泵组成。

井下排采泵由泵体、动力活塞、上下吸排水阀、2 根动力液管及 1 根排液管组成。

（2）工作原理。

地面液压泵站通过 P、T 动力液管给井下排采泵交替加压、降压。当 P 动力液管加压时，动力活塞向下运行，下吸排水阀的小活塞向下运行关闭，进行排水动作，同时泵体上部进行吸水动作。当地面液压泵站换向给 T 动力液管加压时，P 动力液管降压，动力活塞向上运行，上吸排水阀的小活塞向下运行关闭，进行排水动作，同时泵体下部进行吸水动作。循环往复实现连续排液过程。

（3）技术特点。

① 泵长 7m，外径 105mm，较常规电潜式无杆泵外径 114mm 小 9mm。

② 井下排采泵应用液力自动换向，启动阻力小，使管路效率更高，适应低水位环境工作。

③ 动力液为闭式循环，可对井下排采泵起到循环降温、润滑作用，在抽空时不会出现烧泵现象。

④ 活塞与泵腔之间采用多道软密封形式，密封可靠，所以煤粉清除彻底，无卡阻危险。

⑤ 自洗泵功能是从排液管向井下注入水，可对连续管路、吸排水阀锥面、泵体管路进行冲洗，实现自洗过程。若根据需要加大自洗强度，可外接水泵注入，使泵适合一定煤粉含量、较高气液比的排采井况。

3）连续复合输液管

该输液管（图 6–2–1）由芳纶编织尼龙管、抗拉钢丝绳和信号电缆线复合而成，具备动力液和采出液传输、承重、压力信号传输 3 项功能。采用复合连续柔性设计，具有防酸、防碱、防腐、耐磨、耐高温性能；管表面光滑通过性好，大大缩短了提下井的时间及运输成本；压力信号缆从根本上解决了煤层气井下信号传输线外置捆绑形式，在起下过程中发生磕碰磨损的现象。

根据井下排采泵结构优化情况，复合管由 3 根尼龙管、钢丝绳和信号缆线组成，包覆以聚乙烯为主体材质，管体直径为 76mm，爆破压力不小于 60MPa。

五、排采举升工艺差异化选型技术

1. 排采举升工艺适应性分析

（1）射流泵排采工艺，适于 $30m^3/d$ 以上的大排量连续排采，但当煤层气井处于后期排量低时期，该工艺能耗较大。

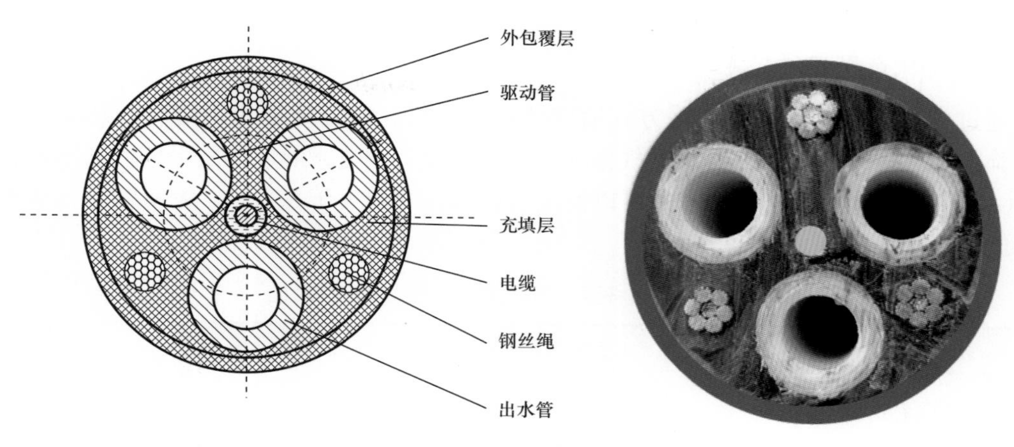

图 6-2-1 传输管结构及实物

（2）水力管式泵举升系统地面注入的动力液兼具固定阀位置的煤粉冲洗功能，井下泵对煤粉适应能力强，可有效排出井筒煤粉砂浆，防止井筒沉积卡泵和堵塞，但井下泵效降低快、地面设备故障频繁是运行中的主要难题。

（3）电潜螺杆泵排采工艺生产时运行平稳，地面智能电控柜精确控制排量大小，满足现场日降流压工艺生产要求。但因井下电动机组件与电缆投影尺寸大，对于井身结构尺寸要求较高。

（4）双循环液压无杆泵的排量范围较小（0.1～15m^3/d），适合小水量、低埋深井。闭环液力系统的乳化油泄漏是需要攻关的主要方面。

2. 系统能耗

通过调研设备制造加工厂家、收集现场生产资料，所得能耗对比数据见表 6-2-7。

表 6-2-7 无杆泵费用能耗对比

工艺设备	最大扬程 / m	单井投资费用 / 万元	功率 / kW	日耗电量 / kW·h
射流泵	1500	37	22.5～55	400～700
水力管式泵	1000	26	18～22	100～520
电潜螺杆泵	1200	28	4.5～8	50～200
液压双循环无杆泵	800	40	2.2～15	30～260

在扬程方面，射流泵和电潜螺杆泵基本能够实现对沁水盆地主力煤层开发的全覆盖。

在单井投资方面，水力管式泵和电潜螺杆泵实现了 30 万元 / 套以内的低成本开发目标。

在电动机功率方面，电气传动的电潜螺杆泵相较其他 3 种液压传动的无杆举升设备，电动机功率明显较小。

在日耗电量方面，电潜螺杆泵和液压双循环无杆泵较其他两种设备能耗可降低 50% 以上。

3. 差异化选型专项技术

通过大斜度井、水平井排采方式适应性对比分析，结合现场使用情况、泵深、井身轨迹狗腿度、排量等因素，对煤层气排采工艺进行分类研究，形成排采工艺优选模板。

（1）井斜不大于35°时，排采可以使用有杆泵；井斜大于35°时，大斜度井、水平井排采优先选用无杆泵（表6–2–8）。

表6–2–8 有杆泵、无杆泵排采方式适应性对比

<table>
<tr><th>排采方式</th><th>有杆泵</th><th colspan="2">无杆泵</th></tr>
<tr><td rowspan="2">泵挂处井斜角/(°)</td><td>≤35</td><td colspan="2">>35</td></tr>
<tr><td>3～35</td><td colspan="2">35～85</td></tr>
<tr><td rowspan="5">泵型</td><td>抽油机+管式泵+全井扶正设计</td><td colspan="2">水力管式泵</td></tr>
<tr><td rowspan="4">地面驱动螺杆泵+特殊扶正设计</td><td rowspan="2">电潜螺杆泵</td><td>分体</td></tr>
<tr><td>一体</td></tr>
<tr><td colspan="2">射流泵</td></tr>
<tr><td colspan="2">液压双循环</td></tr>
<tr><td rowspan="3">费用/万元</td><td>抽油机6、8型：17～20</td><td rowspan="3" colspan="2">26～40</td></tr>
<tr><td>地面驱动螺杆泵：4～5</td></tr>
<tr><td>直驱螺杆泵：9～10</td></tr>
</table>

（2）煤粉产出问题比较严重的水平井或斜井，水力管式泵基本满足煤层气井泵深1000m以内的变排量排采要求，适用能力优于其他排采工艺。在排采速度的控制调整方面具有较大优势，尤其在产量递减的低效能阶段，调整慢冲次或间开方式能满足煤层气精细排采的需要。

（3）井身轨迹较好，狗腿度小于9°/30m，泵深大于1000m，可以选用一体式和分体式电潜螺杆泵，水平井地质设计排水量不大于30m^3/d时采用分体泵，排水量不大于15m^3/d时采用一体泵，基本满足不同排量排采需要（表6–2–9）。电潜螺杆泵能够实现低能耗稳定排采的目标。

表6–2–9 无杆泵排采工艺选型

<table>
<tr><th colspan="2">无杆泵型</th><th>泵挂处最大狗腿度/[(°)/30m]</th><th>最大垂深/m</th><th>排量/(m³/d)</th></tr>
<tr><td colspan="2">水力管式泵</td><td>9</td><td>1000</td><td>2～38</td></tr>
<tr><td rowspan="2">电潜螺杆泵</td><td>分体</td><td>5</td><td>1200</td><td>0.3～40</td></tr>
<tr><td>一体</td><td>9</td><td>1200</td><td>0.3～15</td></tr>
<tr><td colspan="2">射流泵</td><td>12</td><td>1500</td><td>2～50</td></tr>
<tr><td colspan="2">液压双循环无杆泵</td><td>9</td><td>800</td><td>0.1～15</td></tr>
</table>

（4）井身轨迹较差，狗腿度小于 12°/30m，泵深大于 1200m，排量大于 $30m^3/d$ 时，选用射流泵排采方式可以稳定排采。

第三节 排采举升工艺配套技术

一、射流泵一机多井控制技术

为了降低地面排采设备的成本，同一井场两口或多口 L 型水平井采用同一套射流泵或水力管式泵实现举升排采，实现一套地面设备带多口井同时排采的一机多井排采方式。一机多井排采方式参数调节涉及变频器运行频率、柱塞泵泵压、单井动力液注入压力、单井入井动力液排量分配等。

1. 控制原理

煤层气射流泵一机多井智能控制方法：采用远程智能自动控制思路，实时保持柱塞泵泵压高于单井最高需求压力且不超过安全阀最高压力；自动调配单井动力液注入量，满足单井不同排采阶段的需求；自动控制每口井井底流压值与套压值始终保持一定的差值，保证每一口井的稳定排采；彻底解决了人工调参难度大及恶劣天气调参不及时的问题，大大降低了员工的劳动强度。

2. 控制流程

分离罐中的动力液经过柱塞泵加压后，成为高压动力液，其压力通常为 10～20MPa。每口井都有一台高压流量自控仪，负责调节输入井口的动力液的实际流量。高压动力液到达井下泵体后，由喷嘴高速喷出。高速液体的流动在喷嘴附近产生负压，将井筒内的液体吸入油管，形成混合液被举升到地面，实现了排液功能。

3. 控制系统算法

一体化智能监控柜智能控制模型：在射流泵排采运行过程中，井底流压因动力设备周期性换向而出现周期性波动的特殊井况。针对流压短时间内瞬时波动的特殊工况，进行井况数据处理和算法优化。

1）数据处理

相当于普通排采设备，射流泵排采系统具有压力大、流量高、动力需求大、电源种类多的特点，仪表、控制、通信之间的相互干扰远高于一般井场控制系统，因此采取电源隔离技术，对仪表、控制、通信分别采用隔离电源系统，做好接地极电磁屏蔽等工作，采用磁 / 光隔离的通信技术，确保控制命令的通信过程准确无误；通过多级平滑滤波的方式，来获取反映井场真实井况的动态平衡的流压值。

2）算法优化

滤波算法假设：X_1，X_2，X_3，⋯，X_n 为观察期的 n 个数据，则

$$X=[\sum X-(X_{min}-X_{max})]/(n-2)$$

式中 n——周期内数据个数；

X_{min}——观察期最小值；

X_{max}——观察期最大值。

通过对数据的拟合计算，获取井况的变化趋势，在系统控制调整时，提高系统响应速度和准确度，从而使流压动态下降。

总体上获取了 n 组观察值（X_1，Y_1），（X_2，Y_2），…，（X_n，Y_n），平面中的这 n 个点是离散的，假设这 n 组数量变量是连续的，并对其进行回归分析，分析预测一段时间内数据的变化速率和趋势。

实验说明：观察样本（X_1，Y_1），（X_2，Y_2），…，（X_n，Y_n）

$$斜率\ a=(n\Sigma XY-\Sigma X\Sigma Y)/(n\Sigma X^2-(\Sigma X)^2) \tag{6-3-1}$$

$$偏移\ b=y(平均)-ax(平均) \tag{6-3-2}$$

其中，（X_1，Y_1），（X_2，Y_2），…，（X_n，Y_n）中 X 代表时间，Y 代表数据值；a 代表数据拟合斜率，即数据变化速率和趋势；b 代表变化趋势上的偏移值。

通过滤波算法，提高了采集的生产数据的准确性；通过对生产数据的分析和处理及趋势算法，可提取出数据的变化趋势；通过获取这些变化趋势，在系统控制调整时可提高系统的响应速度及控制的准确率。

4. 智能液位保护功能

通过井下压力计计算出煤层气井实时液位，为提高液位维持精度，研发智能液位保护功能，维持井况稳定。

（1）通过实时采集的流压和套压，计算当前实时液位。

（2）系统预设的保护液位，当检测到液位小于保护液位时，通过调整高压自控仪入口流量，使井底液位快速恢复到保护液位，维持井况稳定。

5. 上位机监控系统

控制系统的上位机监控系统设置了射流泵动力液调节界面，可进行远程控制和调参，煤层气井实时生产参数存入实时数据库，在报表系统中展示，并可用 Excel 导出（图 6-3-1）。

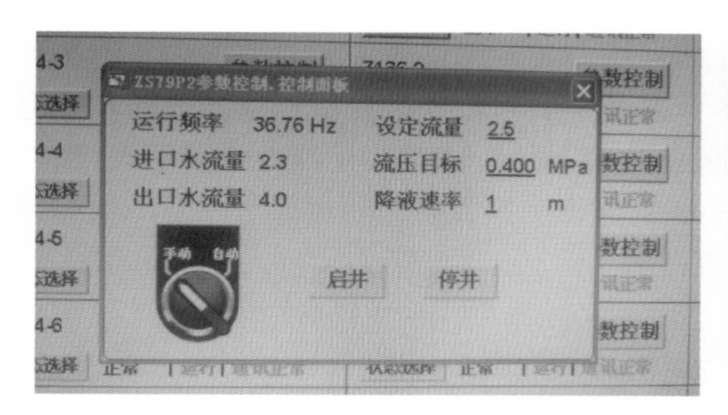

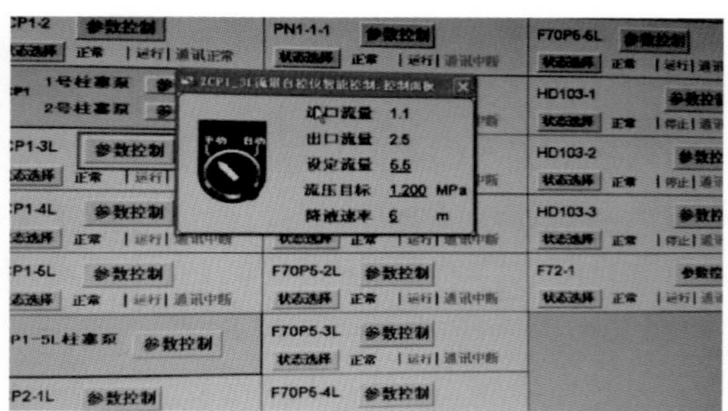

图 6-3-1 上位机监控界面

二、不动管柱井筒煤粉清理技术

1. 煤粉成因分析

煤储层产出的煤粉颗粒呈深灰色，其粒径变化范围较大，大部分从 3～8mm 到 0.074mm（200 目）不等，甚至更细。而煤层气井筒内井液所携带的煤粉颗粒通常较细，在流动井液中呈悬浮态，在静止井液中放置一段时间后，可见糊状沉淀产生。图 6-3-2 和图 6-3-3 分别为现场调研沁水盆地某区块煤层产出的煤粉和井筒内排出液样品。

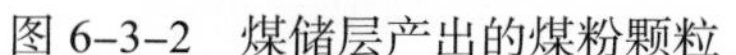

图 6-3-2　煤储层产出的煤粉颗粒　　图 6-3-3　静止井液中的煤粉沉淀物

煤粉的产生与煤岩性质密切相关，黏土矿物是煤粉的重要来源，主要有高岭石、伊利石、绿泥石和伊 / 蒙混层矿物，其中以高岭石和伊利石为主。高岭石晶体之间的结合力和对骨架颗粒的附着力很弱，高速流体的作用使高岭石从煤岩骨架上以碎片的形式脱落，堵塞煤层渗流通道，降低了煤储层渗透率；而伊利石主要以片状、发丝状和卷曲片状分布于煤粉颗粒表面或粒间孔隙，使煤基质孔隙在原来的基础上变成大量的微孔隙，进一步降低煤层的渗透率。

在漫长的地质构造演化过程中，煤储层逐渐形成目前的应力平衡状态。经研究我国高煤阶煤的显微岩石特征，认为煤基质块中的空隙包括孔隙和裂隙，在钻井、压裂和排采过程中，外部压力条件改变，导致煤基质应力条件变化，使得煤岩原来均匀的应力场重新分布，煤岩的弹性自调节效应导致煤层产出煤粉。

钻井过程中，当井筒周围及其煤层内部的受力状态超过煤岩所能承受的最大载荷时，煤基质将发生结构破坏而引发出煤粉颗粒。另外，钻具与煤层煤岩间发生研磨，煤层被机械作用破坏，在井筒附近产生颗粒直径变化较大的煤粉，这部分煤粉颗粒通常在抽排初期随井液排出井筒。

压裂过程中，压裂液的高压高速渗入和支撑剂的注入对煤层基质裂缝产生冲击，在裂缝表面产生煤粉，造成早期抽排过程中出煤粉量较大，同时，压裂液的渗入降低了煤粉颗粒对煤岩骨架的附着力，使煤岩变得更加疏松，从而更容易出煤粉。

抽排初期，产水量较大，需要提高排液量的大小，保证动液面短期降低，使煤储层压力降到煤层气解吸压力以下，尽快产气；排采中，需要调整井底流压与煤层压力间的生产压差，以利于煤层气解吸，提高煤层气井产能。然而，提高排液量、加快排液速度和增大生产压差等生产措施，会增大作用在煤岩颗粒上的冲刷作用力和压力梯度，颗粒更加容易脱落，形成高渗透带，进一步加大压力梯度下降值和煤粉产出量。

随着排采进入井筒的煤粉包括游离煤粉和骨架煤粉。游离煤粉主要是煤层中的煤泥、固性颗粒等成分。骨架煤粉主要是施工导致煤层骨架破坏形成的颗粒。不论是游离煤粉还是骨架煤粉，其成分都由煤粉及其颗粒、泥质成分和石英砂三大类组成。

2. 不动管柱井筒煤粉清理技术

煤层气的排水采气过程，井筒内的流态由初始的水的单相流动转变为气水两相流，再到排采后期变为单相气的流动，在排采全过程中都有煤粉产出。煤粉的排出一方面可有效改善地层的渗透性；另一方面，煤粉的运移可能造成煤储层孔隙喉道堵塞，引起渗透率下降，也容易造成举升设备卡泵、堵泵事故，影响气井连续、稳定排采。由此可见，在煤层气勘探开发过程中，煤粉管理是特别重要的方面，直接影响单井的产气效果。因此，在水平井、抽油机井上开展了煤粉防治方面的相关技术研究。

1）不动管柱恒流压注水冲灰洗井方案

（1）注水洗井参数确定。

① 所有煤层气井都会有一定数量的煤粉产出，对于不同大小的煤粉颗粒，要用合适的速度将其排出。结合常规油气田冲砂洗井工艺水力计算，当液体流速大于沉降末速度的 2.5 倍时，才能保证煤粉举升至地面。煤粉沉积的原因在于没有达到最低液流速度，由于井筒内各位置的液流截面积不同，因此，在相同日产水量下的液流速度也不同。现场一般选用泵径 ϕ44mm、管 ϕ73mm 和杆 ϕ19mm 组合进行生产。根据现场实测，煤粉颗粒直径主要集中在 0.15mm，因此大部分煤层气井排出的煤粉最低日产水量为 9.8m^3。

② 注水洗井周期的确定，有效计算施工井油管体积，以 1.5 倍油管体积作为洗井周期结束第一节点，如泵挂 1000m，所需最小洗井周期为洗井排量下排出 3.9m^3 液体。实际情况是煤层气井筛管附近口袋中也存在大量煤粉悬浮，洗井过程中口袋中的煤粉被有效稀释，通过油管携带出地面。因此，实际洗井过程中部分井出现 1.5 倍循环周期后仍存在水质含大量煤粉颗粒的情况，需延长洗井周期，直至洗井返排液与注入液一样清澈。

（2）不动管柱注水洗井方式确认。

利用地面驱动装置将洗井液通过油套环空克服套压注入井内，通过阶梯提排量洗井，最终大排量洗井，将井筒内的煤粉、杂质等带到地面，在井底流压基本恒定的条件下实现井下设备的清洗，从而有效预防、减少煤层气井的卡泵、堵泵，达到延长检泵周期的目的。

煤层气井的排采管控关键是井底流压的管控。在排采全过程中，需要保持井底流压连续、平稳、缓慢下降。在注水洗井过程中，也同样需要保持井底流压的相对平稳。通过洗井泵排量和抽油机运行冲次同步调整，满足流压平稳管控。

（3）注水洗井制度的确定。

① 连续注水洗井：对于产水量低于携带煤粉的最小产水量的井，经常卡泵的井或后期液位低、煤粉量大的井，此 3 类井由于低产水、高煤粉含量、易卡泵，建议对其进行

连续注水洗井，持续改善泵的运行工况，延长检泵周期，以保证煤层气井连续排采。

② 定期洗井：对于产煤粉量不大、煤体结构好、排采过程很少出现卡堵泵的井，可制订定期洗井计划，按照洗井周期定期洗井。

③ 紧急洗井：在排采过程中，观察产出水的水质、扭矩和电流等情况，发现以上参数异常或设备软卡等，应立即安排紧急洗井。

（4）注水洗井现场实施方案。

采用不动管柱的恒流压井口注水洗井方式进行洗井，直接从井口四通接上洗井管线连接洗井系统，进行注水洗井，要求洗井时井口套压不得低于最低套压，同时保证泵的沉没度，洗井建立循环两个周期（产出水质为清澈）或工况正常后，停止洗井，达到清理井筒煤粉的目的。

对于有井下压力计的井，通过调节注入量，将流压波动范围控制在20kPa以内；对于无井下压力计的井，调整排出量等于注入量＋日产水量，同时观察套压和产气量变化，若套压出现快速下降（下降超过8kPa）或产气量快速下降，减小注入量，保证流压基本稳定。

2）现场试验情况

在井下电子压力计辅助下，洗井过程中控制流压波动范围在20kPa以内。如FZP16-1V井2020年6月10日洗井，该井洗井前后的井底流压、套压、日产气量、日产水量和扭矩数据。洗井前该井日产气量为1626m^3，井底流压和套压均为0.054MPa，日产水量为0.2m^3。洗井后，日产水量、流压和套压均无变化，产气量变化幅度为26m^3/d，为恒流压洗井。

三、防砂防气技术

1. 防砂技术

1）地面地下一体“分级排砂”理念

影响水平井排采的颗粒粒径分布范围为0.06～6mm，分布区间较大，且由于不同粒径颗粒物的产出机理不同，粒径分布曲线并未呈现正态分布特征，对集中处理高频出现的粒径煤粉带来难度。

不同粒径的颗粒在沉降规律、处理工艺上具有典型特征。针对粒径小于1mm的煤粉及少量压裂砂，在当前管柱结构及举升工艺运行参数下，可以顺利被带出井下，进入地面设备；而稍大粒径的压裂砂颗粒及其他杂质则不易被带出井下。根据该差异，设计基于固体颗粒分级防治的地面地下一体化“分级排砂”理念。

针对可以被顺利携带出井筒的小颗粒杂质，采取地面彻底过滤的方式清除，避免其对动力液造成二次污染；针对无法被带出井筒的大颗粒杂质，通过对管柱结构实施多层优化实现物理隔离，防止其对井下泵造成伤害。

2）地面防砂工艺技术

与地下防砂工艺技术不同，由于0.2mm以下粒径的煤粉能够悬浮在井液中被带出井筒，可以通过设计优化，将这部分颗粒物过滤分离，不让其进入动力液造成二次污染。

根据颗粒物沉降规律研究结果，粒径小于40μm的固体颗粒物沉降时间较长，很难在地面通过重力分异的方式隔离，因此，以此粒径为划分界限，利用不同设备、配件的过滤精度，搭建了分级地面过滤工艺体系，分级处理携带至地面的固体颗粒物。

（1）三联体过滤器。

对于水力管式泵回水线，由于水箱小，采用橇装式结构，不宜采用内置大的过滤装置，因此需要处置过滤装置。而对于粒径0.1mm以上颗粒，研制了采用三联体结构的处置过滤器，该装置采用三级过滤、三级排污，可并联、可串联，灵活实现回水过滤，增加过滤面积和时间，承受压力2.5MPa，过滤流量25m³/h(表6-3-1)，解决了过流面积小、易堵塞的问题，以及粒径0.1mm以上颗粒的过滤问题。

表6-3-1 三联体过滤器技术参数

参数	指标
过滤精度/mm	0.2
承受压力/MPa	2.5
过滤流量/（m³/h）	25
设计温度/℃	0～60
本体材质要求	碳钢
过滤元件	316绕丝管
压力预警装置	压力表
密封件材质	橡胶
表面处理	喷漆

（2）前置低压过滤器。

对于大的射流泵设备，需要大的低压过滤装置，因此对低压水采用低压的处置过滤方式。前置低压过滤器主要解决常压下地面水回注的过滤问题，该过滤器应用于粒径小于40μm的固体颗粒物过滤。该装置为标准单袋式过滤器，是由一个无缝管壳体跟滤筒及滤袋组成，滤筒为不锈钢材质，起到支撑滤袋的作用，具有一定的耐腐蚀性。滤袋过滤器应用范围广，通用性强，并且维护成本低。将该产品三联使用，加装在水箱入口前端，采用快开设计，在水箱外明装，用专用螺母扒开即可开盖，在方便现场工人进行定期清理的同时，也可以避免不法分子的破坏。

（3）多级沉降过滤水箱。

根据伯努利方程计算得出固体颗粒物可进行沉降的临界流速，在水箱中设计多层束流沉淀板，控制流体在有限水箱中实现多级降速，缩小可沉积固体颗粒物的临界粒径。该沉淀装置一共分为两级沉淀。井下煤粉水进入罐中，第一道整流隔板起缓冲、降压、平稳分散煤粉水于沉降槽中进行下行辅助沉淀的作用。煤粉水在底部转向上行，进行上行主流沉淀，流速减缓，动力液自身携带煤粉能力降低，煤粉依据自身重力与流速的关系分批下沉，清水溢流过第二道隔板进行二级沉淀。此外，隔板设计高低有序，既防止倒流，又方便溢流。

原理 1：设煤粉沉降临界流速为 A，水流速为 B，当 $A>B$ 时，煤粉下沉；当 $A=B$ 时，煤粉漂浮水中任何部位；当 $A<B$ 时，煤粉漂浮在顶层随水流动。

阻流层：在上流沉淀中的某个位置，随着水流速减缓，从 $A=B$ 转变为 $A>B$，这时会在沉降槽中某个位置形成一道漂浮阻流层，阻流层使下部水流速度减缓形成沉降场，流速与煤粉重量进行升与降的较量，这时又出现更多的 $A>B$ 的煤粉，就像多米诺骨牌效应一样，阻流层从上至下强迫水流速减缓，使煤粉一层层地下沉，清水上升，完成竖流沉淀。

原理 2：设煤粉沉降末速为 A，水流速为 B，当 $A>B$ 时，煤粉下沉；当 $A=B$ 时，煤粉漂浮在水中任何部位；当 $A<B$ 时，煤粉漂浮在顶层随水流动。

阻流层：在水向上流动过程，水流速减缓，部分 $A=B$ 或 $A<B$ 的煤粉会转变为 $A>B$，形成一道漂浮阻流层，阻流层从上至下强迫水流速减缓，使煤粉一层层地下沉，完成竖流沉淀。

水箱最终通过四级沉降、三道过滤、两套排污的结构，其具有以下 3 个功能特点：

① 管流变为径向流，由于面积差变化，流速下降至原来的 1/200。

② 底部 V 形斜板状可实现自动排污功能。

③ 连接自清洗管，具备自清洗功能。

3）井下防砂防气一体化工艺

通过计算，由钻井、压裂产生的煤粉、煤颗粒、压裂砂粒径普遍在 0.2mm 以上，悬浮临界流量一般大于 30m^3/d，目前 95% 投产井的临界流量小于此值。因此，对于粒径在 0.2mm 以上的颗粒物，采用地下物理隔离的方式进行预防。

在设计管柱结构时，根据历次故障井的颗粒物产出量进行匹配，在筛管下部加装 30m 沉降尾管，中心管吸入口同步下放 30m。形成 30m 环空沉降空间，根据 Stokes 沉降规律，可沉降 0.2～6mm 粒径颗粒物，且口袋容积设计为检泵周期内颗粒物产出量 1.5 倍，可基本排除砂埋管柱风险。

在泵下中心管底部增加 0.2mm 绕丝管，在重力分离的基础上，强化了过滤作用。优化后，增加 0.2mm 绕丝中心管，与钻孔筛管形成双层过滤，分别隔离 6mm 与 0.2mm 固体颗粒。

2. 防窜气技术

1）窜气原因分析

（1）管柱结构的影响。L 型井在钻井完成后，全部采用底部开口的管柱结构进行排采，排采管柱最下端吸入口位于生产井垂深最深处的下倾井段，随着排采时间的延长，当煤层气解吸后，气体会直接从吸入口进入泵工作筒，此时气量越大，进入泵筒的气体越多，泵组受影响越大，同时排采泵组的抽汲作用也会加剧气体的进入量。

（2）井底流压的影响。随着排采时间的继续延长，井底流压逐步减小，动液面也会随之降低，当生产井进入控压产气阶段时，井底流压已降低至与井口套压接近或基本持平，此时井筒动液面位于排采管柱的进液口位置，泵筒沉没度为零，甚至为负值，气体从进液口进入排采管柱，产生窜气。

2）防窜气技术

（1）插管式重力气锚。

依据水平井现场生产经验，为避开煤粉多影响，将井下无杆泵设计在井斜角小于 85°位置，泵底端连接空芯管插管式重力气锚组合。

① 结构组成：倒锥丝堵 + 尾管 ×20m+ 筛管 ×2m（D48mm 小油管 ×9.5m 置于筛管内）。

② 筛管孔径：射流泵 2mm 绕丝筛管；水力管式泵 8mm 圆孔筛管。利用重力偏心旋转的原理控制打孔部位的朝向，使中心管的进液口始终朝下。

③ 进液口位置：进液口置于井斜小于 90° 的井段（87°～90°），呈下倾状态；小油管有 8m 长度位于尾管中，在井筒中进液口和筛管垂深相差 0.5～1m，利用垂深差（重力作用）达到较好的气液分离效果。

（2）合理泵挂点。

根据钻井井眼轨迹和井斜角变化率，选择较平滑的井段下泵，防止井斜变化较大导致管柱无法下放至指定位置，发生二次事故。

合理的管柱结构可缓解窜气问题，降低煤灰对排采的影响；保持井底流压稳定下降，延长检泵周期，从而保证生产平稳运行。

第四节 智能化控制技术

以前生产管理基本延续老油田的“人工巡井、现场调参”模式，自动化系统的应用深度不足，用工量相对较多。尤其在新井生产过程中，单井产水量、产气量差异大，地质部门根据降液、出水量、套压及出气量变化，频繁地调整控制参数，生产管理难度较大。对于生产参数变化较快的单井，人工下指令进行调节时间长、不及时，容易在井筒内造成液面大幅波动，进而对排采过程产生影响。因此，建立流压、套压双闭环控制，可实现煤层气井控压降、稳流压、控套压的目的，保障煤层气井不同排采阶段的智能控制日渐重要。

一、智能化工作原理

根据煤层气生产的特性，煤层气智能排采工艺均是以井筒内液面为核心来控制降液速度，在排采系统的架构上主要分为以下两种：

（1）以井筒内液面为核心，通过智能排采控制器实现计算和就地控制、上位机远程监控与调整。其中，采用井下压力计监测井底流压或自动液面测试仪监测。

（2）以井筒内液面为核心，通过上位机实现计算和远程控制，上位机既是计算终端，也是监控终端。

二、通信传输系统

当前主要采用“无线传输 + 光缆传输”的总体思路，在已建铁塔上安装相应数量的TD–LTE设备，如遇无法覆盖的地方，采用光缆有线桥接的方式，接入信号覆盖范围内，既有效保障信号传输，又避免光缆距离过长，可保证生产区数据传输稳定。

三、智能化控制技术

1. 智能控制软件

以智慧气田建设目标为指导，依据中国石油A系列的数据建设标准，基于自身信息化现状，山西煤层气数据支撑平台完成了9项建设内容实施，实现了数据通用采集、数据汇聚存储、数据综合外部服务的功能（图6–4–1）。

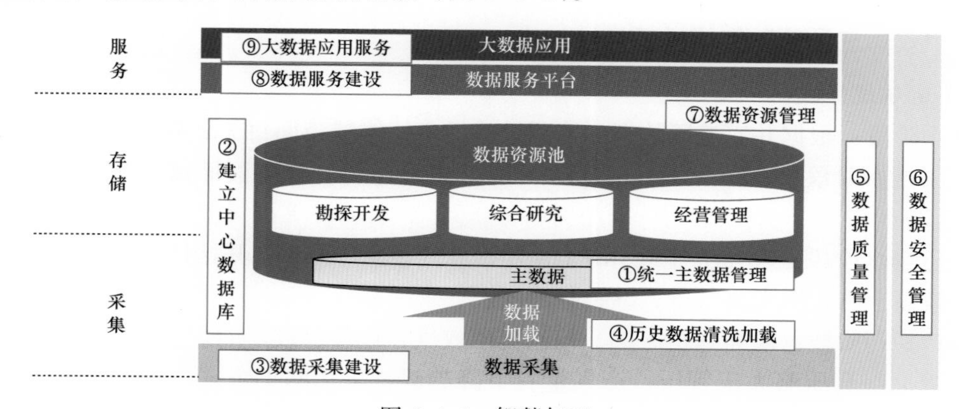

图6–4–1　智慧气田

1）生产监控

实时监控：用于分层级系统综合监控，突出生产情况的实时掌控，精准监控各节点的生产情况，可展示单井实时数据及各集气站内实时数据和工艺流程。

报警预警：通过监测采集的各节点实时数据、多参数组合监测、实时预警信息推送，及时发现生产环节中的异常情况。

2）生产动态

生产动态模块按专业集成生产动态指标及井、站的运行信息，基于自动化数据，自动汇总形成业务分析所需的包括单井、集气站等的班次、日度数据，并结合多种曲线形式，满足生产管理的各项数据需要。

3）生产管理

生产管理模块分开发管理、采气管理和集输管理等6个子模块，以系统自动采集和数据资源池数据为基础，实现日常关注的采气、开发指标统计，将生产分析与日常生产运行相结合，按业务管理日常生产运行。

4）设备管理

实现设备保养提示、维修公示、运转记录自动生成、关键运行参数实时展示及设备信息查询等功能。

5）应急管理

采用多种信息化手段，是贯穿从事发现场、作业区到分公司的多级应急指挥系统，通过固化接处警流程，整合应急资源、应急队伍、应急预案，实现快捷高效、上下贯通、横向协同的应急指挥功能，全面提高应急管理和处置能力。

采用导航式操作、预设接收（发送）的信息模板等方式，可快速完成事件接报、信息记录、上报领导、应急启动4项工作内容，实现了事件接警、预案启动、任务一键下达的功能。

6）专业应用——生产动态分析

系统能够基于总控平台数据资源池中的各类动静态数据实现产量计划跟踪、开发效果分析、多井产量对比、多维度数据统计及产量预测等动态分析功能。

2.“双环三控法”智能排采控制技术

1）地质规律认识

排水阶段：根据井底流压数据，控制排采设备，维持液面每天下降3～5m。

憋压排水阶段：套压大于0.02MPa时降低排采速度，维持液面每天下降2～3m，暂不放气。

控压排水阶段：套压大于0.5MPa时开始放气，从100m^3/d开始持续降液面，如套压稳定并持续上涨，增大放气量，继续降液面。

高产稳产阶段：液面降至煤层，控制套压放气，逐步释放产能。

衰减期：套压略大于管压，产气量有下降趋势，采用间抽方式，保证液面不升至煤层，继续产气。

建立流压、套压双闭环控制，实现煤层气井控压降、稳流压、控套压的目的，实现煤层气井不同排采阶段的智能控制。

2）智能排采控制器

（1）可通过各种接口与现有自动化控制柜实现数据交换，将自动化控制柜采集的参数与控制器内控制参数对比，下达控制指令。

（2）通过自动化控制柜将接收到的上位机指令变成控制指令，控制排采设备与电动调节阀。

（3）实现每口井各阶段判断与排采速度控制。

（4）实现现场与远程控制参数的录入，接收人工输入或上位机输入的液面值，并转化成对应的排采阶段，实现控制。

（5）实现排采设备一般故障报警。

3）智能排采控制系统软件

（1）实现异常参数监控，提示不同阶段控制参数是否需要修正。

（2）实现批量修改控制参数功能，或根据不同的井况单独设置，做到“一井一法”。

（3）实现控制参数趋势报警，如下降速度无法有效控制等。

4）电动调节V形球阀

电动V形球阀的阀芯上开有V形切口，选用调节型电动执行器，无须另配伺服放大器，输入4～20mA（DC）或1～5V（DC）信号及单相电源即可控制运转，实现对压力、流量、温度、液位等参数的调节。

电动V形球阀以AC260V、AC380V或DC24V电源电压作动力，接收4～20mA电流信号或1～5V(DC）电压信号，即可控制运转，以角行程输出的扭矩转动球体0°～90°，完成启闭动作或调节动作。

3. 控流压智能排采技术

长治地区煤层气井的智能排采基本原理与晋城相似，但只控制井底流压，不控制套压，该模式下，煤层气井解吸产气后的放气阶段依靠人工。

由于不控套压和仅利用控制柜的PLC就可以实现程序控制，减少了智能排采控制器和电动阀门的采购费用2万～3万元。

4. 低恒套压智能排采技术

在煤层气井排采过程中，产气阀门完全打开，套压基本与管压相等，维持一个相对低且稳定的状态，通过控制井底流压，控制煤层气井排采。

该控制模式下，仅以井底流压一个参数来控制降液和放气两个阶段的稳定。与“双环三控”模式相比，控制参数简化。

根据低恒套压的原理，控制核心为井底流压，建立以井底流压为核心的控制模型。

配套上位机软件，上位机只需设定下降高度或流压降幅，即可实现低恒套压下井底流压控制。

5. 智能间抽技术

间抽原理：通过启停设备控制动液面高度，储存煤层渗流至井筒内的水，保证井筒内液面不影响煤层的压力，确保井底流压相对稳定，从而达到既保证煤层气井正常生产、不影响产量，又能减少排采设备运行时间的效果。

根据周期法、阈值法理论模型，利用生产自动化系统平台自动启停，实现智能间抽。智能间抽技术核心为PLC控制技术，周期法间抽技术的实现主要应用了PLC控制技术，通过地质人员利用公式计算间开井启停井周期，上位机对时间进行限定，PLC通过采集排采设备运转时间并与上位机限定时间对比，控制排采设备的自动启停。阈值法间抽技术主要应用了PLC控制技术及智能排采技术，地质人员根据每口井的煤层位置及泵下入位置计算两位置的压力值，将计算出来的值作为启井和停井的压力，PLC通过采集井底压力计回传数值和阈值进行比对实现自动启停，保持井底流压相对稳定。

1）智能间抽程序原理

煤层气井智能抽开是根据煤层气井底流压变化规律，以周期法和阈值法两种控制方法为基础，通过地质人员计算排采设备启停周期或启停压力，在上位机进行设定后，排采设备按照指定的程序自动启停，无须人员操作，实现智能化启停井。

2）间抽控制技术

间抽控制技术核心为 PLC 控制技术，现阶段 PLC 技术在工业生产自动控制领域得到了广泛的应用，比较成熟，具有结构简单、编程方便、性能优越灵活、使用方便、可靠性强、抗干扰性强的特点。煤层气井智能间抽应用的 PLC 控制技术相对简单，根据采集对象不同，考虑因素也有差异。

周期法间抽主要是利用 PLC 采集和对比、同步功能，PLC 采集上位机限定的时间，同时上位机根据 PLC 回传时间对比同步，将对比同步后的时间再返回 PLC 中，实现在限定周期内抽油机启停。在 PLC 控制程序编制过程中最主要考虑的因素就是时间同步，如果时间不同步会造成数据的误差，利用 ABPLC 厂家提供的 SyncTAD 软件，实现了周期法间抽井时间的精确控制。

阈值法与周期法 PLC 控制有所不同，区别在于采集对象不一样，阈值法是通过采集井底压力值，与上位机设定阈值进行比较，实现排采设备的启停。阈值法程序编制过程中要考虑两方面因素：首先，压力计传输错误将如何解决；其次，启井后怎样保证压力平稳下降。

第七章 沁水盆地水平井开采应用实例

沁水盆地常规直井开发产气效果差异大、地质条件适应性较差，尤其在煤层埋深大、渗透率低的地区直井难以实现效益开发，水平井开发技术是提高煤层气采气速度和开发效益的有效途径（宋岩等，2015）。

华北油田自2006年以来，不断探索适用于沁水盆地高煤阶煤层气开发的水平井技术，先后试验或推广应用了裸眼多分支水平井、仿树形水平井、鱼骨状水平井、L型筛管单支水平井、L型套管压裂水平井等多个水平井井型，开发效果不断向好，开发效益不断改善。目前，基本确立了以L型套管压裂水平井为主的高效水平井开发技术，在郑庄、马必东等地区推广应用后，开发方式实现了直井向水平井的转变，取得了较好的应用效果。

第一节 裸眼多分支水平井

一、井型概况

裸眼多分支水平井是指在一个水平井眼两侧再钻出多个分支井眼作为泄气通道。分支井筒能够穿越更多的煤层裂缝系统，最大限度地沟通裂缝通道，增加泄气面积和地层的导流能力，从而提高单井产量，对煤层气渗透率很低或地面条件恶劣等不适于直井方式开采的煤层，具有一定优势。

其井型一般由2口井组成，1口垂直井也可称为洞穴井或排采井，用于下泵生产；1口工艺井也可称为H井，与垂直井连通后，在煤层中钻大量水平分支后裸眼完井。井眼一般设计2个主支、6个分支（崔新瑞等，2016），主支单支进尺800～1000m，夹角10°～20°；分支单支进尺350～650m，夹角15°～30°；设计单井煤层进尺4500m以上，单井控制面积在0.4km^{2}以上。为了降低成本和考虑不同的地质条件，在一个井场可朝对称的三或四个方向各布一组水平井眼。

二、钻完井情况

2006—2013年，沁水盆地樊庄、郑庄等区块实施多分支水平井120口，采用裸眼方式完井。在钻完井过程中，发现具有轨迹控制难度大、钻井轨迹易于偏移、施工摩阻扭矩大、钻压传输困难、井眼易污染且难以清洁、井眼易坍塌、易发生卡钻等常见问题。实际钻井成功率低，事故复杂率高，120口井中90口井出现井眼坍塌，68口井未达到煤层进尺或控制面积设计标准，实际平均单井煤层进尺3600m，井控面积0.31km^2。

三、生产情况

投产110口井，产气井104口，初期平均日产水量20m^3，平均解吸时间6个月，单井高峰日产气量63000m^3，平均稳产气量7840m^3/d，产能到位率43%。其中，樊庄南部、郑庄西南部区域构造简单，埋深400～600m，投产62口，全部产气，平均稳产气量12100m^3/d，产能到位率67%，开发效果相对较好；樊庄中、北部以及郑庄中、东部等区域构造较复杂，埋深500～800m，投产48口，产气井42口，平均稳产气量2360m^3/d，产能到位率仅13%，开发效果较差。

由于技术难度大，单井投资高（平均1200万元），钻完井及排采过程中井眼易坍塌，缺乏监测、作业改造手段，产气能力低于预期，难以实现整体效益开发，制约了该类型水平井的推广应用，2013年以后产能建设未再采用该井型。下面以FZP04-5井和FZP09-1井为例对裸眼多分支水平井进行实例分析。

四、单井实例分析

1. FZP04-5井

FZP04-5井位于樊庄区块南部，开发煤层为山西组3号煤层，目的煤层为下二叠统山西组（P_1s）3号煤层，以无烟煤Ⅲ号为主，煤体结构为原生结构煤，煤层埋深500m，煤层厚度5.6m，含气量20m^3/t，试井渗透率1mD，煤层地质条件较好，属于Ⅰ类储量区（周叡等，2018）。

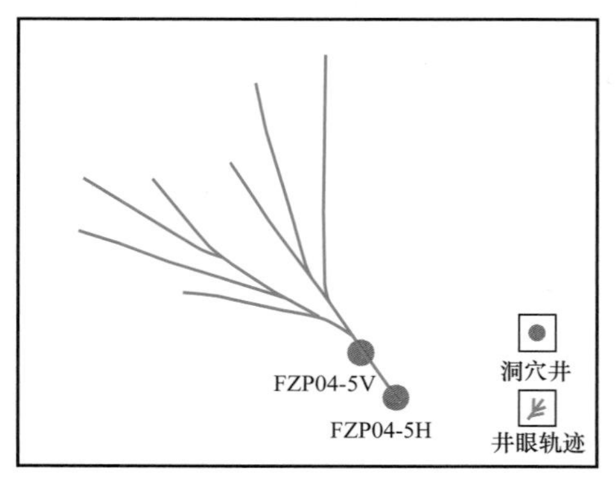

图7-1-1　FZP04-5井身结构

该井实钻煤层进尺5138m，井身轨迹上倾20～70m，单井控制面积0.68km^2，钻完井及排采过程中未发生严重煤层垮塌，井身结构较为完整（图7-1-1），井身质量、固井质量良好。

2008年5月完钻投产，初期日产水量达50～60m^3，排采6个月后解吸产气，见气6个月后基本达到稳产，初期高峰日产气量达5.7×10^4m^3，稳产3年后产量开始快速递减，年递减率15%，到2018年日产气1.2×10^4m^3，此后基本保持稳产，目前日产气1.1×10^4m^3，累计产气1.43×10^8m^3，整体开发效果较好（图7-1-2）。

图7-1-2　FZP04-5井生产曲线

2. FZP09-1 井

FZP09-1 井位于樊庄区块北部，目的煤层为下二叠统山西组（P_1s）3 号煤层，以无烟煤Ⅲ号为主，煤体结构为原生结构煤，煤层埋深 600m，煤岩厚度 6.7m，含气量 $18m^3/t$，煤层物性相对樊庄南部较差，试井渗透率 0.05mD，煤层地质条件相对较差，属于Ⅱ类储量区。

该井实钻煤层进尺 4425.9m，井身轨迹下倾，单井控制面积 $0.55km^2$，钻完井过程中未发生严重煤层垮塌，井身结构较为完整，井身质量、固井质量良好。

2009 年 3 月完钻投产，初期日产水量达 $20m^3$，排采 4 个月后解吸产气。由于煤粉大量产出，多次卡泵停井作业，排采不连续，见气 1 年后才基本达到稳产，高峰日产气量达 $0.64\times10^4m^3$。稳产仅 10 个月后由于煤粉聚集造成井眼堵塞，日产气量突降至 $0.32\times10^4m^3$，作业解堵未见明显效果，产量仍以较快速度递减，年递减率达 19.5%。2016 年以来，保持低水平稳产，目前单井日产气量 $0.12\times10^4m^3$，累计产气 $960\times10^4m^3$（图 7-1-3）。效果与樊庄区块南部相同井型差距较大。

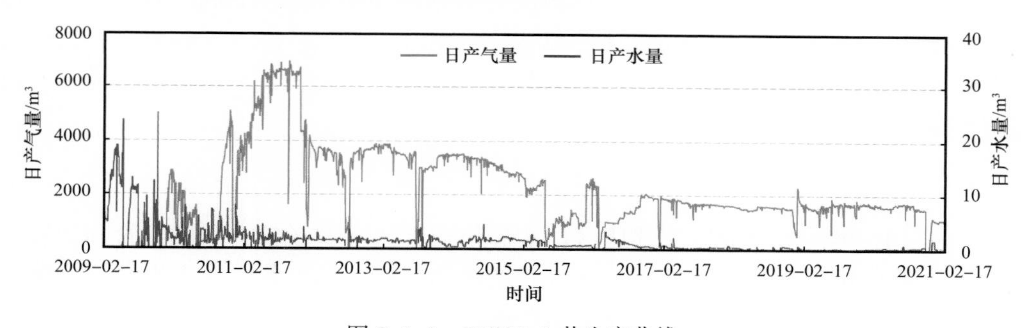

图 7-1-3　FZP09-1 井生产曲线

五、结论与认识

通过实例分析认为，在生产实践中裸眼分支水平井主要具有如下特点：

（1）单井开发效果差距大，地质适应性较差，储层和构造要求高，构造复杂区成井风险大，难以适应煤层产状变化大及构造复杂地质条件。

（2）钻完井过程中井下事故复杂率较高，井眼易坍塌，在现有工艺条件下钻井施工技术难度大。

（3）相对于直井，煤层有效进尺长，单井控制面积大，初期产水量大，解吸时间长，峰值产量高。

（4）开发过程中，由于煤粉聚集、井筒垮塌等易发生井眼堵塞，缺乏可监测、维护、增产作业的有效治理措施，管控难度较大。

整体来看，缺点多于优点，产出与投入不成正比，在沁水盆地地质条件与当前技术水平下，难以规模推广应用。

第二节 仿树形水平井

一、井型概况

仿树形水平井由1口工艺井（即多分支水平井）和2口排采井组成，其中远端排采井也可作为监测井。工艺井分别与两口排采井连通，连通位置置于稳定的煤层顶板（或底板），工艺井的主支在稳定的煤层顶板（或底板）沿上倾方向钻进，形成稳定的排采通道；工艺井水平段由主支、分支和脉支构成。工艺井的直井段位于煤层的低部位，主支在稳定的顶板或底板岩层，沿煤层上倾方向钻进，井斜角大于90°，距离煤层保持尽可能小的距离，但不触煤。水平段长度一般不小于800m，与两口排采井均在顶板（或底板）岩层中连通。在主支两侧钻若干分支（一般6～12个），分支沿地层上倾方向侧钻进入煤层，井斜角保持不小于90°，在煤层内保持平缓上倾延伸，尽可能钻长，以满足多钻脉支的需要，分支长度一般不小于200m，同侧分支侧钻点间距100～200m，异侧分支侧钻点间距50～100m。在每个分支上侧钻若干脉支（一般3～8个），脉支在煤层内，以沟通煤层内裂隙为主要目的，不出煤层，长度一般50～100m，不求长，但数量尽可能多，以增大煤层气解吸面积（杨勇等，2014）。

二、钻完井情况

2011—2015年，华北油田在郑庄区块实施仿树形水平井3口，采用筛管和裸眼完井方式，均顺利完井。ZS1P-3井和ZS1P-5井的成功试验，标志着主支在煤层顶板泥岩钻井技术基本成熟，且由于顶板泥岩稳定，形成的泥岩主支井眼稳定，主支与分支的泥岩夹壁墙稳定，增加了煤层气水平井的成井效率（李浩等，2020）。QS12P1-H井完成“一井双通”接力式循环、分支选择性重入及PE筛管分支完井等技术试验，完善了顶板泥岩造穴技术、液相接力式双循环携岩技术及洗井完井技术。

三、生产情况

投产3口井，均位于沁水盆地南部晋城斜坡带郑庄北部，产气井2口，初期平均日产水量7m^3，平均解吸时间6个月，单井日产气量0～13000m^3，平均稳产气量9568m^3/d，产能到位率53.15%，取得了较好的开发效果，但是该井型钻井周期长、单井投资大（平均超4000万元），难以实现效益开发，没有进行此类井型的规模推广。

四、单井实例分析

QS12P1-H井为三开双洞穴多分支水平井，在山西组3号煤层顶板底部1～3m范围内的泥岩段钻探主支，同时主支与近端洞穴QS12P1-V1井及远端洞穴QS12P1-V2井连通，在主支上钻进分支，在分支上钻进脉支，其中煤层总进尺约10088.24m，1个主支，15个分支，40个脉支，除一个分支试验D50.8mm PE筛管完井外，其他都裸眼完井（图7-2-1）。2016年9月17日投产，排采3个半月解吸产气，解吸压力为2.79MPa，见气1年后达到稳产，日产气11200m³，稳产期1.5年，生产至2021年底，日产气6550m³，日产水0.3m³，流压0.04MPa，累计产气1256×10^4m³，累计产水2380.4m³，取得了较好的开发效果（图7–2–2）。

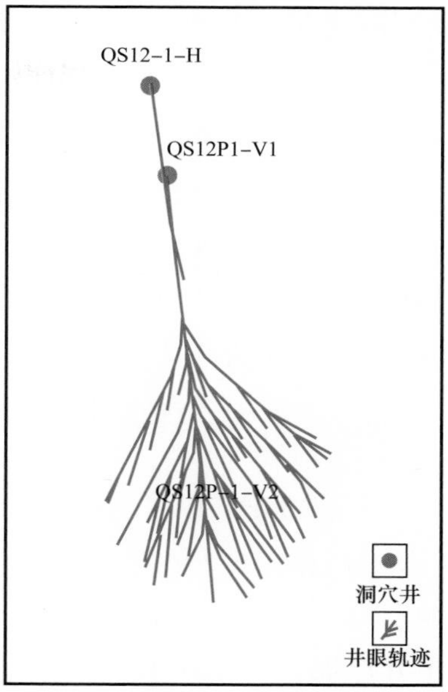

五、结论与认识

通过实例分析认为，煤层气仿树形水平井具有以下特点：

（1）主支井眼形成稳定的排水、疏灰通道，井眼轨迹平缓上倾，有利于水、灰进入排采井洞穴。

（2）脉支是该系统产气的主要来源，钻穿煤层内夹矸层，以沟通煤层内裂隙为主要目的，不要求长度，但其数量尽可能多，以增大泄气通道。

（3）主支与两口排采井构成“山”形，可监测生产过程中的主支畅通情况。

图7–2–1　QS12P1–H井平面结构

（4）水平井完钻后可实施洗井作业，成井或成井后当主支某部位有堵塞时，可重入钻柱实施维护作业（杨勇等，2014）。

（5）钻井周期长，单井投资大，技术要求高，难以实现效益开发。

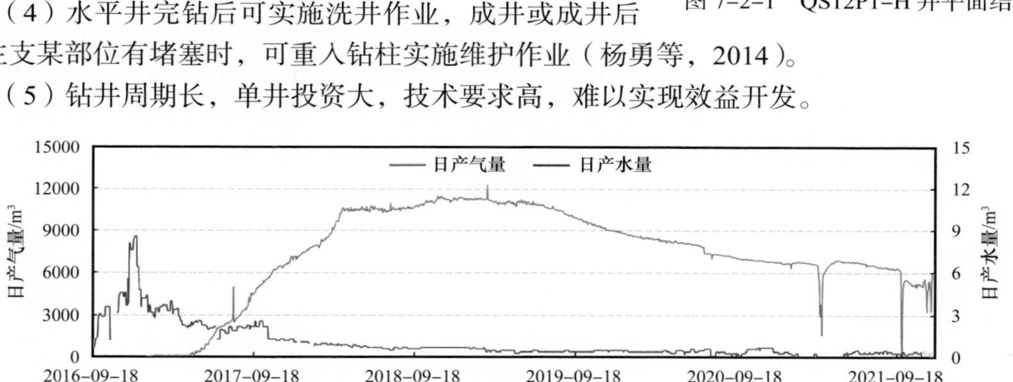

图7–2–2　QS12P1–H井生产曲线

第三节　鱼骨状水平井

一、井型概况

针对裸眼多分支水平井、仿树形水平井存在的问题，华北油田优化设计鱼骨状水平井，井眼设计1个主支，采用钢筛管或套管完井，水平段总长1000m以上；4～6个分支，采用裸眼完井，分支长度在300m左右。采用递进式钻进方式，通过钻井参数优化及钻井液体系降低分支夹壁墙垮塌风险（李宗源等，2019），优选的钻井液体系可降解性高，分支完钻后通过注入低浓度破胶剂解除伤害，主支可通过循环破胶洗井或分段压裂改造的方式解除储层伤害，保证主支产气通道畅通，后期可重入主支进行洗井疏通、改造增产等作业。

二、应用情况

2015—2016年，华北油田在郑庄、马必东区块完钻鱼骨状水平井9口，其中筛管完井8口，套管完井1口，水平主支段长945m，平均煤层进尺2430m，成井率100%，平均单井投资500万元。截至2021年底，产气井6口，均位于郑庄区块，平均稳产气量为5000m^3/d，整体实现了效益开发。

三、单井实例分析

1. ZS34P1井

ZS34P1井是沁水盆地南部晋城斜坡带郑庄区块北部的一口二开鱼骨状水平井，目的层为山西组3号煤层，钻探目的为利用水平井盘活老井，改善老区的开发效果，提高单井产能。共设计主支1个、分支6个，煤层埋深778m，厚度5m，含气量25m^3/t，试井渗透率0.03mD，控制面积0.65km^2。该区地层向北部抬升，构造较为简单，地层倾角2°～6°，3号煤层分布相对稳定，厚度较大，含气饱和度较高，煤层气资源丰富。

该井总进尺3694m，主支进尺1880m，水平段总长1009m，采用筛管完井，6分支共计进尺1814m，煤层水平段进尺2823m，煤层钻遇率100%。钻完井过程中未发生煤层垮塌，井身结构较为完整（图7-3-1）。

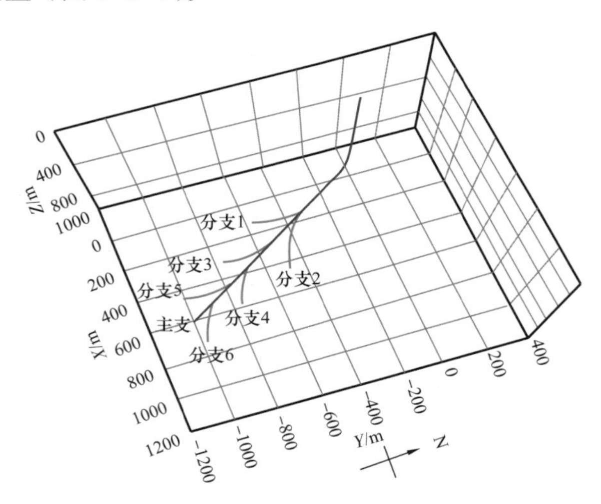

图7-3-1　ZS34P1井投影图

该井2016年5月30日投产，采用水力管式泵进行排采，排采1个月后开始解吸产气，解吸压力3MPa，稳产气量7000m^3/d，是周围直井产气量的4～8倍。生产至2021年5月底，该井日产气量6400m^3，日产水量0.4m^3，流压0.1MPa，排采62个月共累计产气1029×10^4m^3，累计产水863.5m^3，生产效果显著（图7-3-2）。

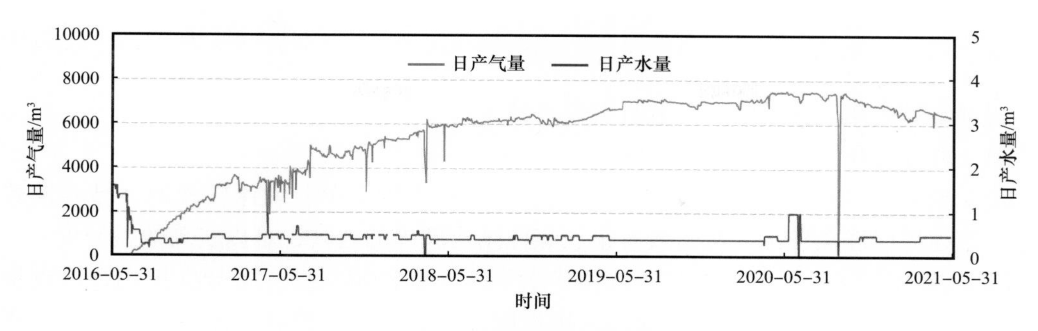

图 7-3-2 ZS34P1 井生产曲线

2. MP1-3-7 井

MP1-3-7 井是沁水盆地西部安泽斜坡翼部马必东区块的一口三开试验鱼骨状水平井，目的层为山西组 3 号煤层，钻探目的为试验水平井组在马必东区块开采煤层气的适应性。共设计主支 1 个、分支 5 个，煤层垂深 1056.65～1061.95m，煤层垂厚 5.30m，试井渗透率 0.03mD，控制面积 0.3km²。该区构造比较复杂，应力作用较强，3 号煤层分布相对稳定，厚度较大，含气饱和度较高，煤层气资源丰富。

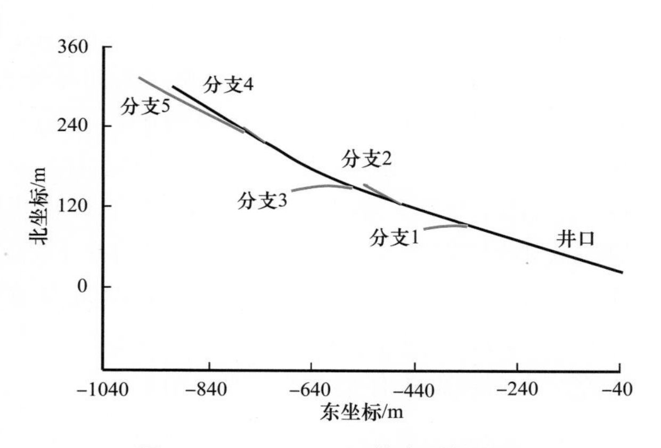

图 7-3-3 MP1-3-7 井水平投影图

该井总进尺 2652m，主支进尺 1289m，水平段总长 772m，采用筛管完井，煤层钻遇率 87%。钻完井过程中未发生煤层垮塌，井身结构较为完整（图 7-3-3）。

该井 2016 年 6 月 10 日投产，采用水力管式泵进行排采，排采第 3 天见套压，解吸压力 4.4MPa，峰值日产气量 1100m³，平均日产气量 330m³，生产效果较差，目前已关井（图 7-3-4）。分析低产原因，除排采管控不够成熟外，还与该区煤层埋深较深、煤体结构破碎、应力集中有关，该井在钻井过程中分支多次出现卡钻。

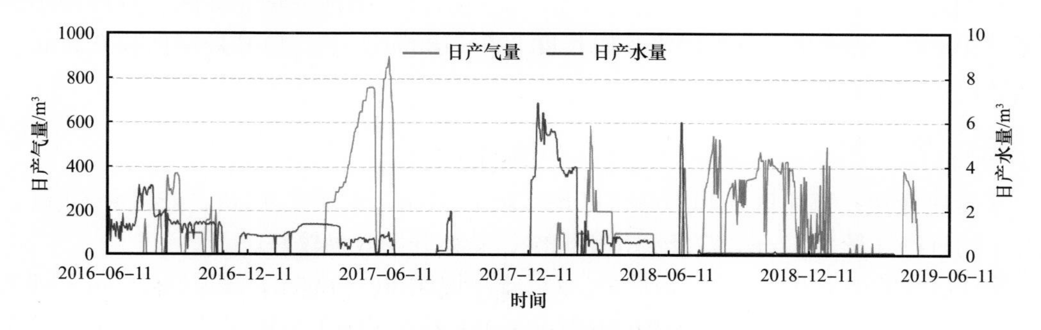

图 7-3-4 MP1-3-7 井生产曲线

四、结论与认识

现场实例表明，鱼骨状水平井具有以下特点：

（1）井控面积大，单井控制储量大。

（2）地质适应性较差，在煤体结构较好、构造比较简单、埋深较浅的区域开发效果较好，但在煤层埋藏较深、构造较复杂、煤体结构破碎的地区，难以实现效益开发。

（3）相比裸眼多分支水平井，鱼骨状水平井主支稳定支撑、多分支控面，可重复作业疏通，防垮塌，减少伤害，但分支采用裸眼完井方式，仍然存在易垮塌的问题，影响开发效果。

第四节　L型筛管单支水平井

一、井型概况

为了解决前期水平井开发技术存在的不足和问题，华北油田通过优化井身结构和施工工艺，在现场试验并应用L型筛管水平井技术。L型筛管水平井是一种主支下筛管的单支水平井，可以确保主井眼稳定，后期可重入进行洗井等作业，解决了井眼稳定和井眼重入的难点。一般为二开井身结构，一开下入直径244.5mm套管，二开下入直径139.7mm套管，钻至靶点，保证完成设计煤层进尺，然后筛管完井，由于筛管完井煤层段不用固井，需采用顶部注水泥固井工艺封固煤层上部斜直段。完井后下入洗井管柱进行洗井作业，清洁井眼，同时解除近井地带伤害，大幅度减少煤粉对裂缝的堵塞（图7–4–1）。L型筛管水平井一般以井组的方式布井，以此实现更大控制面积，沟通更多裂隙，大面积降压开采（张波等，2017）。

二、钻完井情况

2016年以来，华北油田在沁水盆地樊庄、郑庄、马必东等区块实施L型筛管水平井96口，其中79口目的层为山西组3号煤层，17口目的层为太原组15号煤层。在非煤储层段采用套管固井，煤储层段采用PE筛管完井，钻井过程中，主要预防井漏和井眼垮塌，控制好井眼轨迹，确保顺利钻进煤层。在目前技术条件下钻完井施工难度较小，成井率达100%，完钻井主支煤层水平段长度800～1000m，平均单井控制面积0.2km^2，全部达到设计指标要求。

三、生产情况

在樊庄区块、郑庄区块和马必东区块实施L型筛管水平井91口，产气井67口，产气井平均日产气量4587m^3，产能到位率80%，整体开发效果较好。

樊庄区块断层不发育，构造较简单。3号煤层埋深300～800m，煤层厚度为4.5～8.7m，含气量为7～32m^3/t，渗透率为0.01～0.91mD。15号煤层位于3号煤层下100m处，15号煤层厚度为0.5～2.4m，含气量为6.7～27.2m³/t，渗透率为0.02～0.9mD。截至2021年底，樊庄区块投产L型筛管水平井74口，平均单井产气4900m³/d，整体取得较好的开发效果。其中，3号煤层投产L型筛管水平井61口，产气井平均日产气量5424m³，15号煤层投产L型筛管水平井13口，产气井平均日产气量1892m³，不同目的层之间开发效果差距较大。

郑庄区块内构造相对复杂，小断层发育，陷落柱较多。3号煤层埋深417～922m，煤层厚度为3.5～8m，含气量为10～30m³/t，渗透率为0.01～0.15mD。截至2021年底，郑庄区块投产L型筛管水平井14口，目的层位均为3号煤层，产气井平均单井产气量2965m³/d，取得了较好的效果。郑庄区块通过钻L型筛管水平井，盘活了整个多分支水平井，从而提高了整个区块的单井产气能力。

马必东区块呈东西两翼抬升、中间凹陷的向斜状态，构造十分复杂。3号煤层埋深900～1200m，煤层厚度为5.8～6.6m，含气量为15.7～27.8m³/t。据煤样测试，该区块M6井3号煤层渗透率为0.025mD，M67井为0.029mD，平均渗透率为0.023mD。截至2021年底，马必东区块投产的3口L型筛管水平井，目的层位均为3号煤层，只有1口井产气，应用效果较差。

下面以F70P3-5L井、ZS76P1-4井和MP1-3-8井为例对L型筛管水平井进行实例分析。

四、单井实例分析

1. F70P3-5L井

F70P3-5L井位于樊庄区块南部，目的层为山西组3号煤层，煤顶深度390m，纯煤进尺800m，煤层钻遇率100%。该井于2020年11月28日投产，日产气量快速上升，生产至2021年12月底，日产气10033m³，日产水0.2m³，流压0.96MPa，套压0.39MPa，累计产气197 ×10⁴m³，累计产水93m³（图7-4-1），其周围直井平均产气2000m³，裸眼多分支水平井平均产气3800m³，开发效果远好于直井与裸眼多分支水平井。

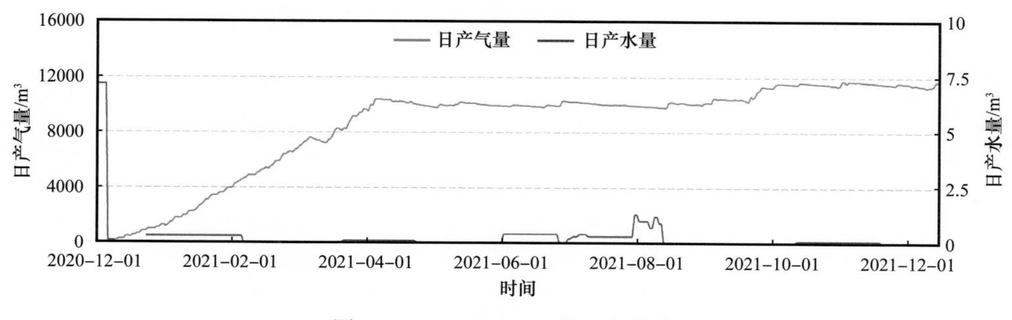

图7-4-1 F70P3-5L井生产曲线

2. ZS76P1-4井

ZS76P1-4井位于郑庄区块西南部，目的层为山西组3号煤层，煤顶深度677.56m，纯煤进尺 1014m，煤层钻遇率 100%。该井于 2016 年 6 月 2 日投产，生产至 2021 年 6 月，日产气 3966m³。井底流压 0.321MPa，套压 0.055MPa，累计产气 478×10^4m³，累计产水 751m³（图 7-4-2）。其周围直井平均日产气量 1185m³，同井组内的多分支水平井 ZS76P1-2 井日产气 1783m³，开发效果相对周边直井、裸眼多分支水平井较好，但仍未达到开发方案设计 5000m³/d 的要求。

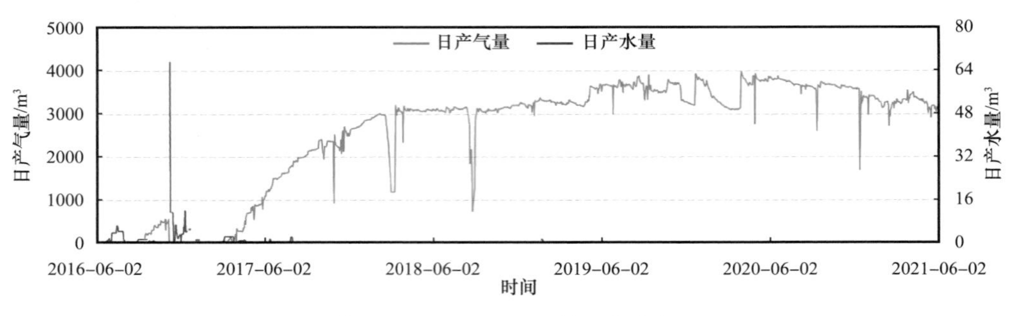

图 7-4-2 ZS76P1-4 井生产曲线

3. MP1-3-8 井

MP1-3-8 井位于马必东区块中部，目的层为山西组 3 号煤层，煤顶深度 1062.02m，钻井过程中由于煤层垮塌导致废支 86m，纯煤进尺 735m。由于井区煤储层物性差，区块内其他两口筛管完井水平井均低产，需要进行增产改造，因此，优选该井进行多级滑套喷枪分段喷射压裂先导试验，改善储层导流能力，以提高产气量，探索低产筛管水平井增产改造技术。

该井于 2016 年 6 月 10 日投产，投产后几乎不产气，增产改造后产气效果得到大幅改善，生产至 2021 年 6 月，日产气 2760m³，井底流压 0.248MPa，套压 0.226MPa，最高日产气 3206m³，累计产气 168×10^4m³，累计产水 3826m³（图 7-4-3），其周围直井平均日产气 1176m³，开发效果虽好于周边直井，但未达到设计要求。

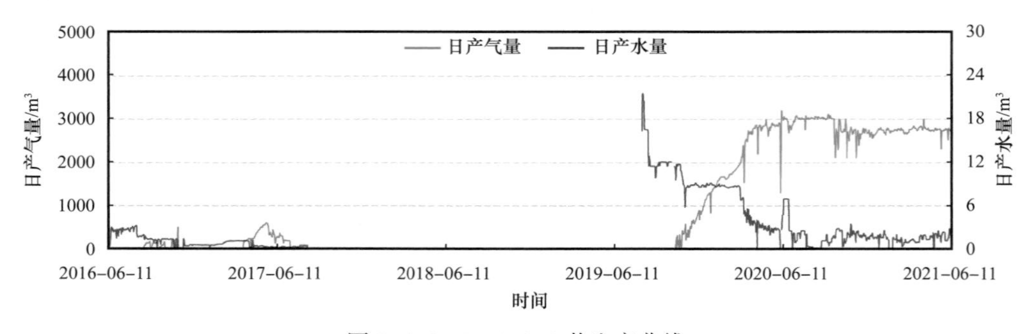

图 7-4-3 MP1-3-8 井生产曲线

五、结论与认识

通过实例分析认为，L 型筛管水平井在开发中具有以下特点：

（1）采用筛管完井，在水平段下入筛管支撑井壁，可以减少煤层垮塌，保证气、水通道畅通。

（2）L 型筛管水平井由于未对水平段进行压裂，无法有效改善煤储层渗透性，应部署在煤层厚度较大、含气饱和度较高、储层渗透性较好的区域。

（3）筛管水平井不仅在钻井工艺、钻井周期、钻井成本、后期维护、改造作业等方面具有一定的优越性，而且提高了煤层气井的单井产量和生产寿命。

（4）以井组的方式，可实现更大控制面积，沟通更多裂隙，大面积降压开采，对促进煤层气高效开发具有一定的实际意义。

第五节 L 型套管压裂水平井

一、井型概况

华北油田在沁水盆地相继研发裸眼多分支水平井、仿树形水平井、鱼骨状水平井等工艺技术，并在部分区块取得了一定开发成效，但受限于国内煤层气地质条件和开发效益限制，难以满足煤层气井规模推广的需求。2017 年以来，华北油田以疏导式开发基本理论认识为基础，结合大量煤层气开发实践经验，兼顾无杆泵排采工艺技术，提出了以“单筒成井、管串支撑、无杆排采、增产改造”为设计理念的新型煤层气 L 型套管压裂水平井，使煤层气水平井井眼可控，具备二次维护、作业、改造条件。

二、钻完井情况

L 型套管压裂水平井在樊庄区块、郑庄区块和马必东区块进行规模推广应用，设计主支 1 个，煤层进尺一般 800～100m，控制面积 0.2km^2，单井投资 600 万元左右，井身结构采用二开结构，全井段采用套管完井，完井后煤层段射孔压裂。目前，钻完井工艺技术已较为成熟，成井率达到 100%。

三、生产情况

2017 年以后，华北油田在樊庄区块和郑庄区块和马必东区块投产 L 型套管压裂水平井 82 口，其中郑庄区块投产 L 型套管压裂水平井 35 口，平均稳产气量达到 7600m^3/d，樊庄区块投产 L 型套管压裂水平井 29 口，平均稳定产气量达 7800m^3/d，马必东区块投产 L 型套管压裂水平井 18 口，平均稳产气量达 5600m^3/d，单井产量是邻近单井日产量的 8～10 倍，在不同地质条件下实现全面效益开发。

四、单井实例分析

1. Z1P–3L 井

Z1P–3L 井位于郑庄区块中部，开发煤层为山西组 3 号煤层，目的煤层为下二叠统山西组（P_1s）3 号煤层，以无烟煤Ⅲ号为主，煤体结构为原生结构煤，煤层埋深 700m，煤层厚度 5.5m，含气量 23.9m³/t，试井渗透率 0.029mD，属于Ⅱ类储量区。

改造层段长度为 909m，分 12 段进行压裂施工，采用 ϕ73mm 普通油管 + 底封拖动压裂工艺，每段设计加砂量 30～50m³，注入方式为套管加砂、油管补液。该井于 2018 年 9 月 23 日投产，投产后产气量稳定提升，峰值气量 17000m³/d，目前累计产气 1023×10^4m³（图 7-5-1）。

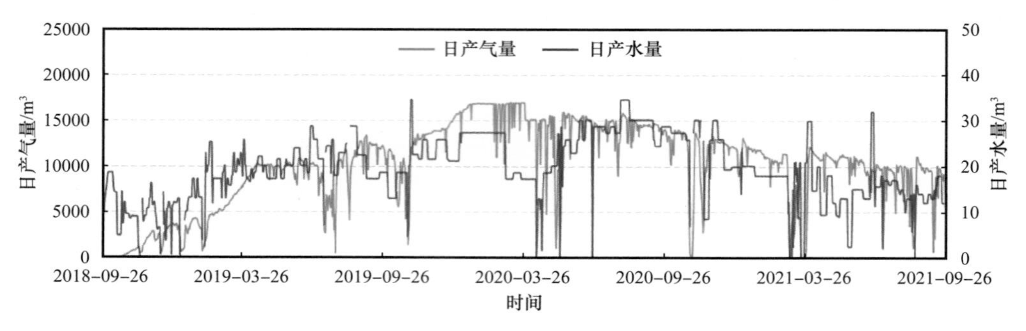

图 7-5-1 Z1P-3L 井生产曲线

2. ZS79P15-2L 井

ZS79P15-2L 井位于郑庄区块西南部，开发煤层为太原组 15 号煤层，目的煤层为上石炭统太原组（C_3t）15 号煤层，以无烟煤Ⅲ号为主，煤体结构为原生结构煤，煤层埋深 800m，煤层厚度 3m，含气量 24.1m³/t，试井渗透率 0.51mD，属于Ⅰ类储量区。

改造层段长度为 900m，分 13 段进行压裂施工，采用 ϕ73mm 普通油管 + 底封拖动压裂工艺，每段设计加砂量 35～40m³，注入方式为套管加砂、油管补液。该井于 2020 年 5 月 10 日投产，投产后产气量稳定提升，截至 2021 年底，稳定产气量为 12300m³/d（图 7-5-2）。

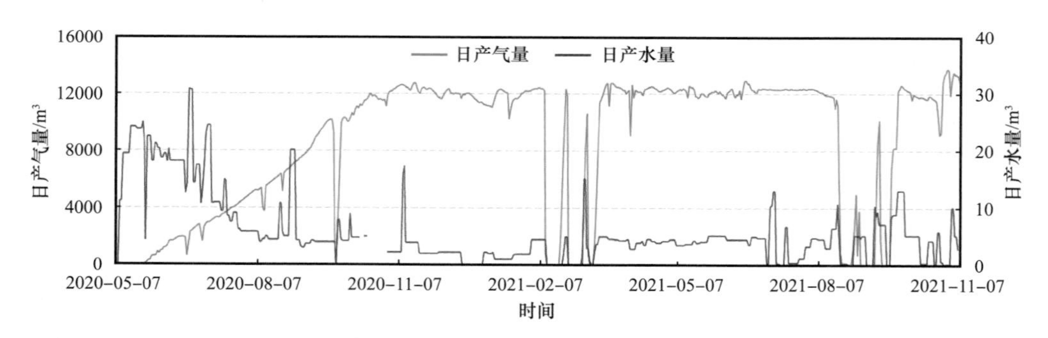

图 7-5-2 ZS79P15-2L 井生产曲线

3. MP63-3-2S 井

MP63-3-2S 井位于马必东区块东部，开发煤层为山西组 3 号煤层，目的煤层为下二叠统山西组（P_1s）3 号煤层，以无烟煤Ⅲ号为主，煤体结构以原生—碎裂煤为主，煤层埋深 1100m，煤层厚度 6m，含气量 17.65m³/t，试井渗透率 0.34mD，属于Ⅱ类储量区。

改造层段长度为806m，分11段进行压裂施工，采用ϕ73mm普通油管＋底封拖动压裂工艺，每段设计加砂量30～100m^3，注入方式为套管加砂、油管补液。该井于2019年10月31日投产，投产后产气量稳定提升，截至2021年底，稳定产气量为11000m^3/d（图7-5-3）。

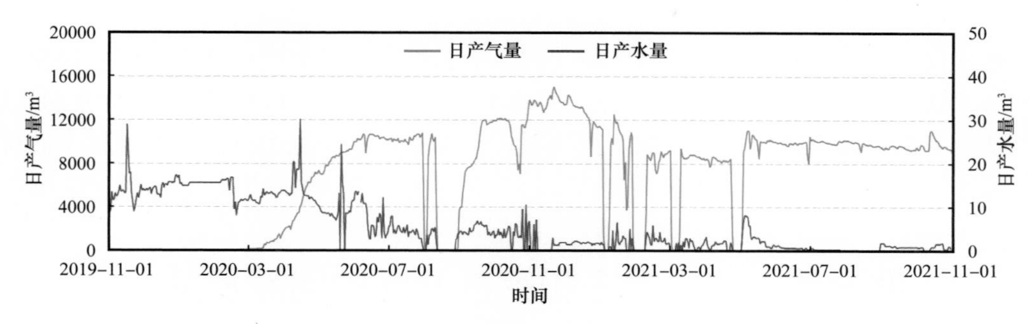

图7-5-3　MP63-3-2S井生产曲线

五、结论与认识

通过实例分析认为，L型套管压裂水平井在开发中具有以下特点：

（1）适应性强，适合于低渗透、应力集中区，通过压裂改造实现增渗，提高开发效果。

（2）井场占地面积较少，在煤层侧钻水平井，便于绕过山地、林地、建筑物等不利地表，有利于环境保护。

（3）钻井周期短，施工难度小，单井投资相对较小，井眼尺寸大，下入套管后井眼支撑能力强，井眼稳定，且方便后期修井作业，有利于煤层气排采。

整体来看，L型套管压裂水平井优点较为明显，布井相对灵活，地质适应性强，单井产量较高，经济效益好，在目前技术条件下可实现规模推广，也是目前产能建设所广泛应用的水平井类型。

第八章　新型水平井技术完善与前景展望

沁水盆地煤层气水平井开采技术及实践，大力提升了煤层气单井产气量，深化了煤层气开采认识，为煤层气高效开发提供了技术思路和方法，引领了煤层气行业的发展。但是从技术的全面可推广、可复制情况来看，仍面临一些问题和挑战，需要技术的持续优化完善。

第一节　技术提升和完善面临的问题及挑战

通过现场应用与实践，虽然沁水盆地水平井开采技术取得了较好的成效，但客观而言，仍存在地质选取技术精准性不够高、钻井一体化设计难度大、钻井高质量与低成本之间的矛盾、水平井分段压裂不可控及排采设备工艺有缺陷等需要持续完善的方面。厘清这些技术上不完善的情况，有助于读者更好地了解技术的不足之处，把握技术的适用范围，以避免相关应用上的问题重复发生，同时也希望相关专家能够进一步提升和完善沁水盆地水平井开采技术。

一、地质选区技术仍面临精准性不高的问题

分析沁水盆地针对水平井选区涉及的微构造、含气性、厚度、渗透率、天然裂缝、地应力及煤体结构等影响产量的关键参数，除含气性和厚度外，其他参数均不同程度存在求取不够精确的情况。

（1）微构造解释成果与实钻情况有偏差，表现在微构造解释精度受限于地震分辨率，还不能精准确定断距在5m以内的断层，对于地层闭合高度小于5m的微幅构造存在多解性。

（2）渗透率在地层埋深超过800m后求取难度增加，在埋深800m以浅渗透率与埋深基本呈线性关系，但随着埋深加大，尤其是局部微幅构造的叠加影响，在中深部煤层局部构造高部位，渗透率会出现异常高值，增加了渗透率参数取值难度。

（3）天然裂缝作为煤储层气、水产出的主要关键通道，平面分布差异大，能够准确求取的单井取心测试方法，在平面上控制点达不到精准性要求，能够实现全区预测的地球物理方法准确度偏低。

（4）地应力的准确认识关联压裂改造的效果，水平应力差系数法或侧压系数法均为平面大范围预测技术，不能满足局部水平井段压裂选取要求。

（5）受限于水平井测井技术和投资，实际工作中选择部分水平井进行测井，对于精确识别水平段内的地质情况不够。

二、钻井一体化设计存在多个技术层面的挑战

针对煤储层非均质性强，钻井、压裂、排采三大关键环节均不同程度影响产量的情况，水平井钻井设计需要兼顾考虑三大过程的情况，在一体化设计方面难度较大。

（1）在钻井设计环节，对于地质非均质性强的特点做不到兼顾，目前以产量最大化目标为关键，进行最优可控钻井设计。

（2）在钻井设计环节，对于后续高效压裂面临技术上的难题，需要统筹微构造、渗透率、天然裂缝及地应力发育情况，进行包括水平井段长度、井距大小、井眼方位等的井网部署。

（3）在钻井一体化设计环节，对于满足后续排采设备的运行存在设计不到位的问题，满足钻井设计的水平井眼轨迹，往往难以满足排采设备的下入及后续的连续排采。

三、钻井质量与过程管理存在一定工作挑战

部署在有利区的水平井，经过钻井优化设计后，是否能够达到工作要求，钻井质量与过程管理就显得尤为重要。从实际情况来看，由于采取低成本市场化模式，钻井质量方面还存在钻井轨迹不圆滑、煤层钻遇率不高、钻井周期偏长、钻井出层频繁等问题，需要进一步完善市场化用工队伍与钻井质量优良率两者之间的匹配关系，从钻井技术和管理规范上，从实现“双赢”的角度，优化并形成一套符合煤层气钻井施工质量管控的方法。

四、水平井分段压裂还面临一定技术瓶颈

如前所述，对于埋深大、渗透率低、地应力大的煤储层，水平井下套管 + 压裂改造能够大幅提高单井产气量，是实现资源品质劣质化煤层气开发的有效技术途径。从目前现场情况来看，水平井多段压裂改造工艺，同一地质区域内，甚至同一井组内，在采取相同或基本相同的压裂改造后，单井产量之间存在较大差异，分析认为主要是部分压裂改造层段没有达到增产要求。而如何实现水平井全部压裂层段都增产，需要研究 1000m 水平段长内地质非均质性的差异，目前还面临着选段精准度低、压裂改造工艺针对性差、现场压裂参数调整效果差等技术问题。

五、无杆排采工艺应用仍存在多方面的问题

从现场应用的 4 类无杆排采设备工艺情况来看，均存在不同程度技术适应性差的情况。射流泵能够满足排采连续性问题，但能耗高，生产运行成本大。水力管式泵在埋深浅于 800m 范围内运行良好，在埋深大于 800m 后地面部分设备由于震动大，配件频繁损坏，排采连续性变差。煤层气专用电潜螺杆泵，窜气及防煤粉效果相对较差，易发生烧泵或煤粉卡死泵芯情况。双循环液压无杆泵，井下管柱结构复杂，现场操作难度大，极易发生故障，不利于连续排采及推广应用。

第二节　技术的应用前景展望

沁水盆地水平井开采技术随着地质情况的差异不断演化，在“十一五”期间裸眼多分支水平井开采技术工作的基础上，“十二五”提出新型可控水平井开采技术“十三五”期间持续完善，该技术日益成熟、完善，解决了裸眼多分支水平井因井眼垮塌造成的井筒问题，由于下入筛管或套管支撑井眼，实现了井下可作业、入井管柱可重入，建立了稳定的气、水运移通道，尤其是针对埋深大、物性差、地应力强等较差地质条件的煤层气开采，以套管 + 压裂为核心的可控 L 型单支水平井，有效实现了资源品质变差区域的煤层气高效开发，对于占比超过 70% 的中深部煤层气开发，具有较大的推广价值，技术的应用前景十分广阔。

（1）可控水平井开采技术趋于成熟，能够实现煤层气有效开采。

目前，在沁水盆地高煤阶煤层气规模化应用的 5 种水平井型，裸眼多分支水平井和仿树形水平井的推广受到一定限制，主要原因：一是两者均不能实现井下作业施工，受到井筒的影响大；二是技术受到多方面制约，其中多裸眼分支水平井要求较好的地质、工程条件和较为苛刻的排采过程，仿树形水平井受限于钻井工艺的复杂性和较高的投资。在“十三五”期间逐渐成熟完善的 L 型套管压裂水平井，具有地质适应性广、工程适应性强的特点，目前不仅在地质条件较好的樊庄区块、潘庄区块及郑庄区块南部，实现了单井日产气量超过万立方米，而且在埋深超过 800m 的中深部、地质条件较差的郑庄区块北部、马必东区块、里必区块等，随着技术日趋完善配套，单井日产气量由 4000m^3 左右逐步提升到 7000m^3 以上，实现了煤层气二类、三类资源的有效开采，推广应用的价值越来越大，应用前景广阔。

（2）能够建立长期稳定渗流通道，实现水平井眼工具重入、可作业。

如前所述，“十三五”期间形成的可控水平井类型，主要有两大类，即主支下入筛管、分支下入 PE 管的鱼骨状水平井和水平段下入筛管或套管的 L 型单支水平井。通过在水平段下入管柱实现井眼支撑，防止水平井眼变形后煤层垮塌、煤粉堵塞等造成通道堵塞，进而建立了长期稳定的渗流通道，是煤储层流体实现三级运移的最后一关。逐步完善并形成的二开全通径 L 型单支水平井，下入管径 139.7mm、壁厚为 7.72mm 的筛管或套管，实现了从井口到井底全程大通径井眼，保证了井下作业工具正常自由下入井筒，现场通过冲砂洗井、作业通井等方法，能够彻底清除水平井筒内的煤粉、压裂砂等各类残留物，保证了井筒作为最后渗流通道的畅通，是煤层气井长期稳定生产的基础。

（3）水平井比直井更能够实现单井控制储量最大化。

以樊庄区块为例，采取直井网开采方式，井距 320m×260m，菱形井网部署，单井控制地质储量在 $1250\times10^4m^3$ 左右。L 型筛管或套管单支水平井，一般煤层进尺 1000m，控制地质储量在 $4400\times10^4m^3$ 左右；鱼骨状水平井一般煤层进尺 1900m，控制地质储量在 $5200\times10^4m^3$ 左右；裸眼多分支水平井一般煤层进尺 4000m，控制地质储量在 $6400\times10^4m^3$

左右。就控制地质储量而言，分别是直井的3.52倍、4.16倍和5.12倍。在地质条件适合裸眼多分支水平井和鱼骨状水平井情况下，钻遇的水平段越长，水平井控制的地质储量越高，开发效果越好。L型筛管或套管压裂水平井控制的储量相对较低，但因其对地质条件的适应性更强、适应范围更广，因而更具有普遍性提高控制储量意义。

（4）能够大幅提高中深部煤层气单井产气量，是开采中深部资源的有效手段。

以郑庄区块北部和马必东区块可控水平井开采为例。郑庄区块北部煤层埋深800～1150m，马必东区块煤层埋深950～1400m，均为中深部煤层气资源，由于两个区块煤层埋深大，地应力高，储层物性差，渗透率小于0.1mD，直井开采难度大，平均单井日产气量低于1000m^3。采用下套管+分段压裂的L型水平井开采方式，郑庄区块水平井单井日产气量3500～16800m^3，平均7600m^3；马必东区块水平井单井日产气量2600～14800m^3，平均7000m^3，分别是该区块直井产量的9.3倍和7.2倍。按照国土资源部的资源评价报告，沁水盆地埋深超过800m的煤层气资源量占比超过70%，可控水平井实现单井产量的大幅提升，表明中深部煤层气资源能够通过该技术实现有效开发动用。

（5）产能建设投资合理，经济效益显著。

从沁水盆地应用的可控水平井产能建设投资来看，L型筛管单支水平井一般投资在450万元左右，L型套管+压裂单支水平井一般投资在680万元左右，鱼骨状水平井一般投资在600万元左右，分别按照单井配产4500m^3/d、7000m^3/d和5500m^3/d计算，亿立方米投资分别为3.35亿元、3.56亿元和3.58亿元，内部收益率均可达到10%以上，经济效益显著，具有技术规模推广应用的经济可行性。

参考文献

崔新瑞，张建国，刘忠，等，2016. 煤层气水平井井眼堵塞原因分析及治理措施探索［J］. 中国煤层气，13（6）：31–34.

冯文光，梅世昕，侯鸿斌，等，1999. 煤层气藏三维数值模拟［J］. 矿物岩石，19(1)：43–48.

冯小英，杨延辉，左银卿，等，2019. 敏感属性与参数反演融合定量预测煤体结构［J］. 石油地球物理勘探，54（5）：1115–1122.

蒋海涛，周俊然，董颖，等，2011. 煤层气井复合造穴技术研究及应用［J］. 中国煤层气，8（6）：42–45，21.

李斌，1996. 煤层气非平衡吸附的数学模型和数值模拟［J］. 石油学报，17（4）：42–49.

李浩，谭天宇，徐明磊，等,2020. 煤层气仿树形水平井钻完井技术研究与应用［J]. 中国煤层气,17(3)：37–41.

李德鹏，2020. 煤层地应力形成机制及对开发利用的影响［J］. 化学工程与装备（9）：217–218.

李明潮，张五侪，1990. 中国主要煤田的浅层煤成气［M］. 北京：科学出版社.

李前贵，康毅力，罗平亚，2003. 煤层甲烷解吸－扩散－渗流过程的影响因素分析［J］. 煤田地质与勘探，31（4）：26–29.

李宗源，陈必武，李佳峰，等，2017. 煤层气可控水平井洗井工艺技术研究与应用［J］. 中国煤层气，14（3）：17–20.

李宗源，刘立军，陈必武，等，2019. 煤层气鱼骨状可控水平井完井方法与实践［J］. 煤矿安全，50（9）：164–167.

连承波，赵永军，李汉林，等，2005. 煤层含气量的主控因素及定量预测［J］. 煤炭学报，30（6）：726–729.

梁冰，章梦涛，王泳嘉，1996. 煤层瓦斯渗流与煤体变形的耦合数学模型及数值解法［J］. 岩石力学与工程学报，15（2）：135–142.

廖可鹏，黎铖，张艳萍，等，2018. 近钻头方向伽马导向工具在煤层气水平井的应用［J］. 中国煤层气，15（6）：7–10.

刘立军，陈必武，李宗源，等，2019. 华北油田煤层气水平井钻完井方式优化与应用［J］. 煤炭工程，51（10）：77–81.

刘勋才，黎铖，史彦飞，等，2017. 地质导向技术在煤层气鱼骨状水平井关键技术环节的应用探讨［J］. 中国煤层气，14（6）：16–20.

鲁秀芹，杨延辉，周睿，等，2019. 高煤阶煤层气水平井和直井耦合降压开发技术研究［J]. 煤炭科学技术，47（7）：221–226.

鲁秀芹，张永平，周秋成，等，2019. 郑庄区块地应力场分布规律及其对煤层气开发的影响［J]. 中国煤层气，16（5）：14–18.

吕绍林，1995. 孔测超声波仪预测煤体结构的理论基础［J］. 焦作矿业学院学报，14（1）：54–59.

孟召平，田永东，李国富，2010. 煤层气开发地质学理论与方法［M］. 北京：科学出版社.

齐奉忠，于永金，刘子帅，2015. 大宁—吉县地区煤层气水平井固井技术研究与应用［J］. 非常规油气，

2（1）：54–60.

乔磊，申瑞臣，黄洪春，等，2007. 煤层气多分支水平井钻井工艺研究［J］. 石油学报，28（3）：112–115.

曲庆利，关月，聂上振，等，2014. 水平井大通径可捞式免钻塞筛管完井技术应用［J］. 石油矿场机械，43（12）：55–58.

申瑞臣，时文，徐义，等，2012. 煤层气 U 型井 PE 筛管完井泵送方案［J］. 中国石油大学学报（自然科学版），36（5）：96–99，104.

史进，吴晓东，韩国庆，等，2011. 煤层气开发井网优化设计［J］. 煤田地质与勘探，39（6）：20–23.

宋岩，张新民，2015. 中国煤层气地质与开发基础理论［M］. 北京：科技出版社.

陶松龄，梁红梅，蒋海涛，等，2018. 煤层气顶板泥岩造穴工具研制及应用［J］. 石油矿场机械，47（3）：64–67.

田炜，王会涛，2015. 沁水盆地高阶煤煤层气开发再认识［J］. 天然气工业，35（6）：117–123.

王红岩，2005. 山西沁水盆地高煤阶煤层气成藏特征及构造控制作用［D］. 北京：中国地质大学（北京）：22–27.

王琳琳，姜波，屈争辉，2013. 鄂尔多斯盆地东缘煤层含气量的构造控制作用［J］. 煤田地质与勘探，41（1）：14–24.

王学军，张庆辉，傅学海，2015. 山西省煤层气储层物性特征及资源评价［M］. 北京：煤炭工业出版社.

徐兵祥，李相方，邵长金，等，2011. 考虑压裂裂缝的煤层气藏井网井距的确定方法［J］. 煤田地质与勘探，39（4）：16–19.

许朋琛，陈宁，胡景东，等，2017. 可降解清洁钻井液的研究及现场应用［J］. 钻井液与完井液，34（3）：27–32.

杨勇，崔树清，倪元勇，等，2014. 煤层气仿树形水平井的探索与实践［J］. 天然气工业，34（8）：92–96.

杨勇，崔树清，倪元勇，等，2016. 煤层气排采中的“灰堵”问题应对技术——以沁水盆地多分支水平井为例［J］. 天然气工业，36（1）：89–93.

杨勇，邵兵，王风锐，等，2015. 基于 Lagrange 显式算法的井壁侧钻过程动态破碎规律［J］. 煤炭学报，40（7）：1491–1497.

杨延辉，王玉婷，陈龙伟，等，2018. 沁南西—马必东区块煤层气高效建产区优选技术［J］. 煤炭学报，43（6）：1620–1626.

姚艳斌，刘大锰，2006. 煤储层孔隙系统发育特征与煤层气可采性研究［J］. 煤炭科学技术，34（3）：64–68.

岳晓燕，1998. 煤层气数值模拟的地质模型与数学模型［J］. 天然气工业，18（4）：28–31.

曾艳春，2016. 大位移井漂浮下套管技术研究［D］. 大庆：东北石油大学.

张波，倪元勇，张丹琪，等，2018. 煤层气水平井造穴及解堵造缝技术探索与实践［J］. 煤炭技术，37（9）：188–190.

张波，张彬，陈必武，等，2017. 煤层气水平井筛管完井工艺实践［J］. 煤炭技术，36（11）：50–51.

张永平，杨延辉，邵国良，等，2017. 沁水盆地樊庄—郑庄区块高煤阶煤层气水平井开采中的问题及对策［J］. 天然气工业，37（6）：46–54.

赵阳升，1994. 煤体—瓦斯耦合数学模型及数值解法［J］. 岩石力学与工程学报，13（3）：229–239.

郑立，2011. 煤层气压裂井试井及井网优化研究［D］. 青岛：中国石油大学（华东）：1–6.

周叡，鲁秀琴，张俊杰，等，2018. 沁水盆地樊庄区块煤层气开发生产规律认识［J］. 煤炭科学技术，46（6）：69–73.

朱庆忠，2021. 高煤阶煤层气勘探开发新技术与实践［M］. 北京：石油工业出版社.

朱庆忠，刘立军，陈必武，等，2017. 高煤阶煤层气开发工程技术的不适应性及解决思路［J］. 石油钻采工艺，39（1）：92–96.

朱庆忠，鲁秀芹，杨延辉，等，2019. 郑庄区块高阶煤层气低效产能区耦合盘活技术［J］. 煤炭学报，44（8）：2547–2555.

朱庆忠，左银卿，杨延辉，等，2015. 如何破解我国煤层气开发的技术难题——以沁水盆地南部煤层气藏为例［J］. 天然气工业，35（2）：106–109.

Dikken B J，1989.Pressure drop in horizontal wells and its effect on their production performance［C］.SPE 19824.